DANIELLE CLODE

EXPÉDITIONS
DANS LES MERS DU SUD

TRADUIT DE L'ANGLAIS (AUSTRALIE)
PAR PATRICIA KOMAROWER

fi

COPYRIGHT

© Danielle Clode *Voyages to the South Seas :
In Search of Terres Australes* 2007
Première publication par Miegunyah Press
© Patricia Komarower 2021 (Traduction en français)

Présente publication en 2021
par Ligature Pty Limited
34 Campbell St · Balmain NSW 2041, Australie
www.ligatu.re · mail@ligatu.re

ISBN 978-1-925883-40-4
e-book ISBN 978-1-925883-41-1

Tous droits réservés. Sauf dans le cas d'une utilisation équitable ou toute autre exception au droit d'auteur, aucune partie de ce livre ne peut être reproduite ou transmise sous quelque forme ou par quelque moyen que ce soit sans l'autorisation écrite de l'éditeur. L'auteur fait valoir ses droits moraux dans le monde entier sans renonciation..

La recherche sur ce livre a été menée
à la State Library of Victoria Creative Fellowship.

ligature *fi*nest

PROLOGUE

J'ai grandi dans une petite ville d'Australie-Méridionale située à l'extrémité de la péninsule d'Eyre qui, d'un côté, donne sur le golfe Spencer et, de l'autre, est battue par les vagues de l'océan Austral, qui s'engouffre dans la Grande Baie australienne. Port Lincoln est fier de son port trois fois et demie plus grand que celui de Sydney et de ses silos à blé, deuxièmes en importance dans l'hémisphère Sud. De l'autre côté de la baie, au sommet de Stanford Hill, un cairn blanc commémore les huit hommes morts en explorant la région sous les ordres de Matthew Flinders, qui découvrit officiellement Port Lincoln lors de son voyage à bord de l'*Investigator*.

Mais Port Lincoln a aussi une histoire cachée. Selon celle-ci, c'est le port de Champagny (nommé en l'honneur du ministre de l'Intérieur de Napoléon) qui fait face vers l'est aux golfes de Bonaparte et de Joséphine. Les îles Sir Joseph Banks, baptisées en mémoire de la plus grande autorité anglaise dans le domaine de la science australienne, deviennent les îles de Leoben. Le détroit de l'*Investigator* devient le détroit de Lacépède, d'après l'un des plus grands spécialistes français en poissons et reptiles. Les explorateurs français passèrent plusieurs jours à Champagny durant lesquels ils dressèrent des cartes et explorèrent la région. Le récit officiel de l'expédition de Baudin en conclut que le port de Champagny était « l'un des plus beaux et des plus sûrs que possède la Nouvelle-Hollande », qu'il avait « tant d'avantages particuliers » que « l'on peut assurer sans crainte que, de tous les points de cette terre, celui-ci est le plus propre à recevoir une colonie européenne[1] ».

La perspective d'une Australie française avait beau être très tentante, ni l'expédition Baudin ni les autres explorations françaises en Australie n'avaient pour but de coloniser la Nouvelle-Hollande. Elles n'étaient pas tant inspirées par un désir de posséder un territoire ou d'obtenir des avantages commerciaux que par la soif de découverte et de savoir. De l'Australie, ses terres, ses peuples, ses animaux et ses plantes, elles revendiquaient une meilleure connaissance que celle des Britanniques qui affirmaient les posséder. Les expéditions françaises étaient par-dessus tout des expéditions de découverte scientifique.

L'« INCONNAISSANCE » DU PRÉSENT

Il y a deux manières d'étudier l'histoire des sciences. La perspective externaliste est celle de l'historien qui cherche à comprendre les chercheurs dans leurs milieux sociaux et politiques. La perspective internaliste est celle du chercheur qui s'intéresse, de l'intérieur, à l'histoire de son sujet. La perspective externaliste porte surtout sur les facteurs sociaux et politiques et tend à négliger la passion intellectuelle et les motivations individuelles, d'ordre plus personnel. La perspective internaliste, au contraire, s'intéresse essentiellement aux idées. Les chercheurs ont une tendance naturelle à écrire une histoire intellectuelle parce que c'est leur mode majeur de communication. Chaque article scientifique est comme une carte intellectuelle, où chaque découverte – chaque acquisition de connaissance – est située par rapport à l'ensemble de la recherche précédente et marquée de signaux qui reconnaissent les contributions des autres chercheurs.

Quand j'ai commencé à écrire l'histoire des explorations françaises en Australie, il était important pour moi, en tant que chercheur, de l'écrire de l'intérieur et d'adopter le point de vue des savants qui avaient fait le voyage, ainsi que celui de ceux qui les avaient envoyés. Je voulais expliquer la force qui motivait ce désir de connaissance et de découverte et qui, à elle seule, avait pu justifier un siècle d'expéditions coûteuses, sans faire appel à des ambitions coloniales déçues ou à des tentatives infructueuses d'exploitation commerciale. Cependant, le compte rendu rétrospectif de la science du XVIIIe siècle est semé d'embûches. Je me surprenais souvent à chercher le rapport entre ces activités historiques et la science moderne. Il me semblait impossible d'éviter le piège de l'« extrapolation du présent vers le passé[2] », où la science du passé devient le passé de la science d'aujourd'hui. Finalement, j'ai compris qu'il était important de rendre compte, non pas tant de la valeur des découvertes des explorateurs et naturalistes français pour la science contemporaine ou les Australiens modernes, mais de leur valeur pour ceux qui faisaient ces découvertes, pour leur propre pays et leur propre culture.

Il n'y avait d'autre choix que de prendre son élan et plonger dans le passé, dans un monde complètement différent, dans une culture différente. C'est pour cette raison que j'ai décidé d'écrire ce livre en prenant le point de vue de l'époque, la perspective des gens qui vivaient à ce moment-là. Cependant, il ne s'agit pas là d'un roman historique. Bien que je ne puisse être certaine que les personnages aient eu les idées que je leur attribue au moment et à l'endroit indiqués, je suis convaincue qu'ils ont eu ces idées, qu'ils se sont trouvés dans ces endroits. Il y a très peu de différence entre ce livre et un ouvrage de recherche universitaire – la principale étant que j'ai utilisé un discours direct plutôt qu'un discours indirect. Cela mis à part, il y a à peu près le même degré de spéculation et, j'espère, le même degré de rigueur intellectuelle.

Pour essayer de raconter ces histoires comme l'auraient

fait les participants, j'ai écrit chaque chapitre du point de vue d'un narrateur différent. Dans bien des cas, ces narrateurs ont eux-mêmes rédigé des récits de leurs voyages (comme par exemple Labillardière, d'Entrecasteaux, Péron, Baudin, Rose de Freycinet et Dumont d'Urville), ou bien ils ont laissé de nombreux écrits sur différents sujets (comme Banks, Geoffroy Saint-Hilaire et Cuvier). Quelques-uns de ces récits, comme ceux de Labillardière et de d'Entrecasteaux, sont circonspects et ont été soigneusement rédigés à l'intention du public, ne révélant que peu de chose sur leur auteur. D'autres narrateurs font preuve de plus de réserve encore et n'ont laissé aucun écrit ; seule une série de citations leur est attribuée (c'est le cas de Louis XVI et de Joséphine). En revanche, ils ont fait l'objet d'une multitude de récits contemporains rapportant leurs faits et gestes. Dans d'autres cas encore, tel le journal de Baudin, longtemps inédit, l'écriture est vivante et très évocatrice de l'auteur lui-même. Beaucoup de ces récits se contredisent entre eux, en particulier ceux de Baudin et de Péron : leurs versions d'un même événement sont souvent diamétralement opposées ou accompagnées d'opinions divergentes proposées par ceux qui ont observé ou pris part à ces événements. Dans tous les cas, je me suis appuyée sur la documentation vaste – parfois trop – qui existe sur les personnes, les endroits et la période en question.

En suivant cette approche, quelque peu inhabituelle, j'ai tiré un grand réconfort des conseils de Greg Dening concernant la recherche historique.

> La trame de sens de n'importe quel événement, endroit ou personne, est fine et ténue. Il faut faire un grand effort pour la distinguer. Les réponses aux questions qu'on leur pose ne sont jamais évidentes, car ce ne sont pas des questions que les gens de l'époque s'étaient

posées ... La pire entorse que l'on puisse faire à l'histoire est d'imaginer que le passé est comme le présent en habits d'époque. Notre imagination doit nous permettre de ressentir ce que nous partageons avec le passé tout en percevant les différences ... Quand nous donnons son autonomie au passé en le rendant à lui-même, nous donnons à notre imagination la possibilité de nous voir nous-mêmes. Nos convictions sont nos pires ennemies quand nous abordons le passé. La rétrospection nous rend toujours aveugles. Nous savons par expérience que le moment présent – ce moment-ci – contient encore en lui toutes les possibilités du futur. Aucun d'entre nous ne prescrit la réalité dans laquelle nous vivons. Aucun d'entre nous ne contrôle les conséquences de nos propres actions. Aucun d'entre nous ne peut prédire avec certitude ce que sera la réaction d'un autre au geste le plus simple, au signe le plus clair, au mot le plus précis. Il nous faut compter avec ces ambivalences, interpréter ces possibilités sans fin. La rétrospection, au contraire, réduit toutes les possibilités du passé à une seule. La rétrospection n'élimine pas nos incertitudes, mais elle efface toutes les incertitudes du passé. La rétrospection enferme notre imagination. La rétrospection ne nous permet pas de voir le passé tel qu'il était, seulement ce qu'il aurait pu être si toutes ses incertitudes en avaient été retirées. La rétrospection immobilise chaque image du passé. Elle enlève tous les processus de la vie. Elle fait du passé notre pantin[3].

Le processus d'« inconnaissance » que demande ce genre d'histoire est particulièrement difficile pour les scientifiques pour qui l'accumulation des connaissances fait partie de la formation. Et il est particulièrement difficile pour les biologistes dont l'accès au passé est bloqué par une montagne, le darwinisme, et dont la science est dominée par le paradigme premier de toute science biologique moderne, l'évolution par sélection naturelle. Est-il vrai que tous les chemins mènent à Darwin ?

Théodore Dobzhansky avait raison : « En biologie, rien n'a de sens sans l'évolution[4]. »La sélection naturelle est une partie intégrante de toute ma réflexion sur ce sujet, de la façon dont je vois le monde. Imaginer un monde sans sélection naturelle, sans même l'évolution, c'est imaginer un monde sans fondations, sans passé, un monde où la vie devient une substance amorphe, quelconque, sans nom, non classifiée.

IMAGINER LE PASSÉ

Nous devons nous reporter à une période qui précède la découverte par Buffon des différences systématiques qu'on pouvait observer entre les espèces se trouvant sur des continents différents, les nouveaux systèmes de classification et de nomenclature de Jussieu et de Linné, la nouvelle théorie transformiste de Lamarck et la démonstration, par Cuvier, de la réalité de l'extinction des espèces. Nous devons nous replacer à une période où il n'y avait pas de concept d'espèce bien défini, pas de hiérarchie bien établie entre les lignées, pas de points de contact ou de séparation entre les familles, pas de variation, pas de continuité. Un mouton n'était qu'un mouton, une bernache nonnette n'était qu'une bernache nonnette – à moins que ce ne fût un arbre ... À cette époque, le monde connu n'était pas beaucoup plus grand que l'Europe, ni plus vieux que l'histoire des hommes ; d'immenses régions du monde étaient encore inconnues, de vastes étendues océaniques n'avaient pas encore été cartographiées, de longs pans du passé étaient encore inexplorés et des continents entiers restaient à découvrir. Les hommes et les femmes dont je parle dans ce livre vivaient dans le contexte de ce passé et c'est avec cet héritage culturel que quelques-uns d'entre eux ont commencé à pratiquer ce que nous appelons la science et à essayer de révéler d'une manière systématique et rigoureuse les secrets de la nature.

Nous commençons à un moment décisif dans l'histoire de la politique et des voyages d'exploration français. En 1793, la France avait perdu non seulement son roi, mais aussi Lapérouse, le chef d'une des premières expéditions financées par le gouvernement. Les cinquante années qui suivirent furent tumultueuses et marquées par des changements de gouvernement et des bouleversements : la Terreur révolutionnaire, puis les ambitions impériales de Napoléon, la restauration des Bourbons avec Louis XVIII et Charles X et, finalement, la monarchie constitutionnelle de Louis-Philippe qui suivit la révolution de Juillet. Malgré ces bouleversements politiques, malgré les guerres et les problèmes financiers, la France continuait de lancer des expéditions scientifiques coûteuses et bien équipées vers l'Australie et dans le Pacifique : celles de d'Entrecasteaux, Baudin, Freycinet, Duperrey, Hyacinthe de Bougainville et, enfin, les voyages de Dumont d'Urville[5].

Leur mission n'était certes pas d'ordre politique ou commercial (bien qu'on leur eût demandé de tenir compte de ces considérations pendant leurs voyages). Ces expéditions avaient été entreprises principalement à cause de l'engagement scientifique de la France et grâce aux efforts des chercheurs. Si l'on ne comprend pas l'importance de ces facteurs dans les expéditions, le but et les idéaux de ces voyages demeurent cachés derrière la phraséologie opportuniste des instructions officielles. Ces voyages étaient des voyages de découverte – à la recherche du neuf (comme les terres australes et les îles du Pacifique), mais aussi de ce qui avait disparu (en particulier Lapérouse). D'Entrecasteaux avait été envoyé au secours de Lapérouse et Baudin avait été chargé de cartographier la côte sud de l'Australie. Freycinet était poussé par l'ambition de compléter ce qu'il n'avait pu finir durant l'expédition Baudin. Quant à Hyacinthe de Bougainville, bien qu'il se fût trouvé à la tête d'une expédition entreprise pour des raisons politiques, il était poussé par le désir personnel de suivre les traces de son père dans le Pacifique. Duperrey et Dumont d'Urville, quant à eux, étaient inspirés par la volonté de reconquérir cette gloire passée et, en ce qui concerne Dumont d'Urville, une obstination à l'excéder et à la dépasser.

Pendant ces quarante-sept ans, entre 1793 et 1840, l'Australie et le Pacifique restaient l'image même de l'inconnu pour les Français, une région où l'on pouvait se créer une réputation et réaliser ses rêves. L'expédition perdue de Lapérouse avait marqué l'imagination des Français et était devenue un symbole d'occasions manquées, d'épopée héroïque et de rêve romantique. Pendant des années, des théories bizarres concernant le destin de Lapérouse avaient proliféré dans les pièces de théâtre, les music-halls et les livres. Toutes ces fictions illustrent l'emprise qu'avait le Pacifique sur l'imagination du Français moyen. Le nom de Lapérouse impressionne encore de nos jours, même ceux qui n'ont jamais entendu parler des explorations françaises en Australie.

La découverte définitive, en 1828, de ce qui était arrivé à Lapérouse referma un chapitre dans l'histoire de l'exploration française du Pacifique. Mais il restait un ultime défi à relever, un défi lancé par Buffon un siècle auparavant, un défi que même le fameux Cook n'avait pas réussi à relever : la découverte du continent antarctique. Bien que les Américains et les Anglais se fussent disputé avec passion l'honneur de cette découverte, ce furent en fait les Français qui, les premiers, ont découvert cette terre au-delà des glaces australes, des neiges et du brouillard. En 1840, Dumont d'Urville compléta la tâche assignée à tant de ses prédécesseurs et, une poignée de roches à la main comme preuve irréfutable, revendiqua la découverte du dernier grand continent austral, l'Antarctique. Pour tous ces hommes et ces femmes qui ont cherché à explorer l'Australie – que ce soit physiquement ou spirituellement, comme ce fut le cas de Louis XVI, de Joséphine Bonaparte ou des savants du Muséum d'histoire naturelle – celle-ci était comme une toile blanche sur laquelle ils pouvaient projeter leurs propres ambitions. Ces expéditions s'élancèrent vers des objectifs insaisissables et indéfinissables, imprégnés de gloire et de fierté nationales autant que d'ambition et de désirs personnels. Dans ce livre, la quête est la motivation principale de tous les narrateurs. Ils recherchent tous quelque chose qu'ils espèrent trouver dans cette terre inconnue. Pour les Anglais, l'Australie s'est rapidement résumée à Port Jackson, mais pour les Français, elle est demeurée ce vaste continent inexploré, qui appartenait encore à l'Inconnu.

À LA RENCONTRE DE « L'AUTRE »

Mon intérêt personnel pour l'histoire des Français en Australie a été motivé en partie par le fait que mon arrière-grand-père maternel, Frank Jaunay, avait émigré de France en Australie après avoir vendu sa marque de champagne à son beau-frère, Paul Krug. Il est venu s'installer avec sa jeune famille dans les régions vinicoles du sud de l'Australie avec l'intention de mettre en œuvre son expérience en matière de méthode champenoise. Bien sûr, mon désir d'écrire un livre sur les motivations des naturalistes français venus en Australie a été nourri par ma formation de biologiste. Les disciplines littéraire et scientifique sont très différentes, tout en ayant des points communs : il me semble qu'il manque toujours une dimension essentielle, une vue « de l'intérieur » à l'histoire des sciences quand elle est écrite par un littéraire – comment devient-on chercheur scientifique ? Quelles sont ses aspirations et ses motivations ?

Bien sûr, les savants du début du XIXe siècle faisaient face à des contraintes différentes de celles auxquelles sont confrontés les scientifiques d'aujourd'hui. Certains aspects de mon histoire personnelle m'ont aidée à comprendre un peu mieux leur expérience. À l'âge de douze ans, j'ai quitté Port Lincoln pour faire le tour de l'Australie avec mes parents à bord d'un cotre à voile aurique et j'ai eu ainsi l'occasion d'explorer mon pays par voie maritime. Je n'ai jamais vécu sur un petit bateau puant et surpeuplé où la nourriture est infecte, l'eau putride et où on risque de mourir de faim ou de maladie ; mais je sais ce que l'on ressent lorsqu'on est malade comme un chien dans le détroit de Bass par grand vent, lorsqu'on trouve refuge dans un havre paisible, sûr et inexploré, lorsqu'on visite des endroits en dehors des sentiers battus et inaccessibles par voie de terre. Je n'ai jamais fait naufrage, ni risqué d'être abandonnée, mais je sais ce que c'est d'être obsédée par le temps qu'il fait, de rester éveillée et d'écouter le bateau tirer sur son ancre, sachant fort bien que prêter attention à de tels détails favorise les chances de survie. J'ai ressenti cette poussée d'adrénaline en cas d'urgence qui conduit, dans le feu de l'action, à des exploits physiques apparemment impossibles et qu'on accomplit sans y penser. Je me rappelle ce contraste entre ces périodes d'exigences incessantes de la navigation à voile et les longs moments d'inactivité et d'ennui. Je n'ai pas eu l'expérience de la discipline de la marine, mais je comprends très bien le besoin de discipline que demande la vie en mer et l'importance capitale d'un commandement unique. Je sais comment les pieds s'endurcissent sur les cordages coupants des enfléchures et comment les muscles s'adaptent au rythme du halage des drisses. Comme mon père s'intéressait aux techniques de construction traditionnelle des voiliers et que j'ai fait la connaissance, assez tôt, d'Alex Stenross, un des derniers constructeurs de navires à voiles, j'ai une certaine expérience de la couture de voiles en coton, j'ai construit des espars en bois, des caps de mouton, des drisses, et connu différents aspects d'un métier et d'un mode de vie longtemps disparus.

J'ai aussi fait mon premier voyage à l'étranger en bateau : dans les petits villages côtiers de la Papouasie-Nouvelle-Guinée, nous échangions des fruits et des légumes contre des hameçons avec les villageois venus à notre rencontre sur des outriggers, comme l'ont fait de multiples générations de marins avant nous. Chose étonnante, nos cartes étaient en fait établies d'après celles de Bougainville, car de nombreuses régions n'avaient pas été cartographiées depuis. C'est en Papouasie-Nouvelle-Guinée que j'ai eu, pour la première fois, cette expérience d'être l'« autre » – un objet de curiosité, d'attirance et d'antipathie. J'ai fait là bien des faux pas, car les conventions sur la propriété, les biens et la vie privée qui me sont habituelles n'y avaient pas cours. Dans ce pays, le plus proche voisin de l'Australie, je me suis sentie plus étrangère que partout ailleurs dans le monde. Bien des fois, j'ai été frappée, dans les récits des voyages d'exploration français, par ce même sentiment d'incompréhension de chaque côté de la barrière culturelle. Le soulagement des Français, même en rencontrant leurs ennemis traditionnels, les Anglais, est comique mais naturel.

Comme je ne suis ni anthropologue ni historienne, je ne peux espérer rendre justice à cette rencontre culturelle qui eut lieu entre les Français et les populations indigènes. Ce livre repose sur les descriptions françaises de cette rencontre, écrites au XIXe siècle par des savants pour qui l'étude même de l'humain, l'anthropologie, venait d'être inventée. Ces descriptions ne sont ni politiquement correctes ni culturellement sensibles. Mais c'est ainsi que ces hommes et ces femmes percevaient le monde et les « autres ». Je laisserai aux anthropologues le soin de décrire comment les peuples indigènes percevaient ces conquérants.

Ce livre raconte l'histoire de l'exploration de l'Australie et du Pacifique par les Français, une histoire qui parle de découverte, de connaissance et de l'esprit du siècle des Lumières. Cette histoire est aussi celle de la naissance d'une science et du rôle de la flore et de la faune australiennes dans le développement de cette science. Elle met en scène des hommes et des femmes que la passion et la soif de connaissances et de découvertes ont conduits à des accomplissements remarquables. L'Australie n'a jamais couru grand risque de devenir une colonie française, mais pendant de longues années elle a été la propriété intellectuelle, non pas des Anglais qui faisaient de leur mieux pour l'exploiter, mais de la France qui l'avait comprise.

À LA RECHERCHE DE LAPÉROUSE

D'ENTRECASTEAUX (1791–1794)

LOUIS XVI

ÎLE DE LA CITÉ, PARIS

21 JANVIER 1793

Louis XVI, *petit-fils de Louis XV, naquit le 23 août 1754. À seize ans, il épousa Marie-Antoinette, archiduchesse d'Autriche, et fut couronné à l'âge de vingt ans. C'était un jeune homme vigoureux et bien portant qui sut d'abord se faire aimer de son peuple, mais il était sujet à la dépression et à l'indécision. Il était de nature sérieuse et sensible, mais peu doué pour la vie en société. Il condamnait les excès de son grand-père mais demeurait très attaché à sa femme, en dépit de sa frivolité. Il était fasciné par la géographie et l'horlogerie mais semblait manquer d'habileté politique. Le voyage de Lapérouse lui avait fourni une échappatoire aux complications de la vie royale tout en apportant, à lui et à la France, une certaine gloire. Malgré les efforts de ses conseillers, Louis XVI s'est trouvé incapable de lever des impôts sur les nobles pour alléger les problèmes financiers de son pays. En 1789, les États généraux furent convoqués pour la première fois depuis 1614. L'Assemblée nationale fut constituée principalement par les membres du tiers état, qui comprenait les roturiers et les commerçants. Louis XVI fut arrêté en 1792, condamné à mort le 20 janvier 1793 et décapité le lendemain. Marie-Antoinette fut exécutée en octobre 1793. Leur fils, le Dauphin, mourut en prison*[1].

Il était beaucoup plus calme et tranquille qu'on aurait pu s'y attendre de la part d'un homme en route vers la mort. La voiture avançait, bruyamment et inexorablement, à travers les rues de Paris ; les sabots des chevaux proches et le son lointain des tambours noyaient la rumeur de la foule qui s'assemblait. Le roi leva les yeux momentanément de son livre de prières ; le visage impassible, il posa un regard distant au-delà de ses gardes. Les psaumes le réconfortaient : la veille, il avait fait ses adieux à sa femme et à ses enfants en pleurs ; il craignait pour leur avenir mais connaissait le sien. Les yeux fatigués de Louis laissèrent échapper une lueur de douleur avant que le masque royal ne reprît sa place. Avec fermeté, il éloigna ses pensées des souffrances de sa famille.

« Avons-nous reçu des nouvelles de Lapérouse ? » demanda-t-il au prêtre anglais qui l'accompagnait.

Mal à l'aise, les gendarmes changèrent de position sur leur siège. Ils n'étaient pas censés permettre au roi, le condamné, de parler. Une toux embarrassée rompit leur silence.

Même en ces temps agités, le nom de Lapérouse était synonyme de bravoure. Les nouvelles de ses victoires sur les pirates au large de la côte de Malabar et sur les Anglais pendant la Révolution américaine, ainsi que de l'habileté tactique de ses combats au Canada, s'étaient répandues dans toute la France. Lapérouse était admiré pour ses talents de militaire et de navigateur, mais il était aussi aimé pour ses qualités humaines. « Sachez qu'un ennemi vaincu n'a rien à craindre d'un vainqueur civilisé : il devient un ami. » Le capitaine menait une vie romantique et bénie des dieux : il avait le don de se tirer des situations les plus difficiles. Pendant les cinq années précédentes, la France avait attendu, en retenant son souffle, des nouvelles de ce grand capitaine qu'on n'avait pas revu depuis qu'il avait quitté la nouvelle colonie anglaise de Botany Bay en janvier 1788. On apprendrait certainement bientôt, par l'intermédiaire de d'Entrecasteaux, ce qui était arrivé à Lapérouse dans les mers du Sud.

« Nous n'avons pas reçu de nouvelles, Votre Altesse », murmura le prêtre en jetant un coup d'œil inquiet vers les gardes[2].

Louis XVI, roi de France et cinquième monarque de la dynastie des Bourbons qui avait régné sur la France pendant près de deux siècles, regarda par la fenêtre : le ciel s'éclaircissait mais il faisait encore gris et humide après une nuit fraîche. Ses cheveux blonds commençaient à blanchir. Il était autrefois plutôt dodu (ses frères le taquinaient et lui disaient qu'il ressemblait plus à un garçon de ferme qu'à un roi), mais ses traits s'étaient tirés et avaient pris une couleur de cendre. Comme il enviait Lapérouse, quel que fût son sort, si loin, au milieu du Pacifique ! Il imaginait une île lointaine dans les mers du Sud, un minuscule avant-poste français, une émeraude flottant sur une mer cristalline ... Est-ce que le commandant et ses hommes étaient, comme le craignait l'Assemblée nationale, « fixés sur le rivage, leurs jours se consument dans un long désespoir, leur vue s'égarant sur l'immensité des mers, pour y découvrir la voile heureuse qui pourrait les rendre à la France, à leurs familles, à leurs amis[3] » ?

Le roi avait mis tant d'espoir dans Lapérouse ! Cette expédition devait être l'héritage qu'il léguerait à la nation, un monument durable qui justifierait la prédiction que Charles de Brosses avait faite dans son histoire de la navigation, *Les Terres australes*, publiée cinquante ans plus tôt.

> Parmi les souverains des derniers siècles, y en a-t-il un seul qui osât comparer sa gloire à celle de Christophe Colomb ? Et le nom d'Amerigo Vespucci n'est-il pas

plus universellement connu et plus assuré de vivre à jamais dans les siècles à venir que celui d'Alexandre ? Ce n'est donc pas un paradoxe d'affirmer que c'est par les entreprises géographiques qu'un roi peut parvenir à la plus grande gloire possible, et que le plus célèbre des souverains sera celui qui pourra donner son nom au monde austral.

Louis XVI acceptait pleinement que « l'entreprise la plus grande, la plus noble, la plus utile peut-être que puisse faire un souverain, la plus capable d'illustrer à jamais son nom, est la découverte des terres australes » – mais son grand-père avait eu un autre point de vue. Même le récit par Gonneville en 1504 de la découverte du continent austral par un Français (avant les Portugais), un récit qu'on avait longtemps cru perdu, n'avait su émouvoir le vieux roi. L'influence du naturaliste Georges Buffon à la cour ne l'avait pas atteint. Les distractions de la cour, ainsi que les guerres en Pologne et en Autriche, suffisaient à occuper l'esprit de Louis XV. Il se souciait fort peu de remplacer les pirateries auxquelles s'était jadis livrée la France par des efforts plus légitimes. « La gloire est la passion dominante des rois : mais leur erreur commune et invétérée est de la chercher dans la guerre, c'est-à-dire, dans le malheur réciproque de leurs sujets et de leurs voisins. » De Brosses ne connaissait que trop bien ses souverains[4].

C'est la maîtresse du roi, Madame de Pompadour qui, en dernier lieu, avait repris le flambeau. Elle avait été conquise par l'enthousiasme de Louis Antoine de Bougainville et avait persuadé le roi de donner son appui au voyage d'exploration scientifique autour du monde qu'il projetait. C'était, Louis XVI se le rappelait mélancoliquement, un de ses caprices les plus constructifs.

Quand Bougainville était revenu en 1769, il avait ramené

avec lui Ahu-Toru, un Tahitien élégant et assuré qui, pour beaucoup, semblait être l'exemple même du « bon sauvage » de Rousseau. Ce Tahitien avait su se faire apprécier à Versailles et dans les salons à la mode ; on l'aperçut souvent à l'opéra, on le vit maintes fois arpenter les rues de Paris. En dépit des préoccupations que lui donnait alors son mariage imminent, Louis XVI se rappelait l'effervescence qu'avait suscitée le retour de Bougainville. Les collections d'animaux et de plantes avaient enchanté Buffon, l'intendant du Jardin du roi. Elles comprenaient de nombreuses espèces nouvelles pour la science et l'horticulture : des bougainvilliers spectaculaires d'Amérique du Sud, d'énormes hortensias, de grosses fraises délicieuses, sans parler du coco-de-mer, étrangement troublant, qui avait piqué la curiosité de tant d'hommes de science[5].

Le retour couronné de succès de Bougainville avait suscité autant de questions que de réponses. Le grand continent austral qui n'avait pas été découvert par Bougainville n'avait pas perdu son attrait pour l'imagination des Français. Où se trouvait donc cette société riche et évoluée que Gonneville avait décrite ? En Nouvelle-Hollande, peut-être en Nouvelle-Zélande, voire plus loin, sur ce continent antarctique encore inconnu ? Et si un tel continent existait, ce dont presque personne ne doutait, occupait-il seulement les latitudes glaciales des mers australes ou bien s'étendait-il jusqu'à des zones plus clémentes, habitables et exploitables par l'homme[6] ?

Une succession d'expéditions financées par des fonds privés quittèrent la France pour le Pacifique. Au cours de son voyage, Surville redécouvrit la Nouvelle-Zélande qui n'avait pas été visitée par des Européens depuis le passage de Tasman, cent trente ans plus tôt. Marion-Dufresne navigua sur les eaux glaciales de l'océan Austral, laissant derrière lui des îles minuscules et embrumées, peuplées d'oiseaux et de phoques, pour atteindre la terre de Van Diemen. Les membres de son équipage furent les premiers Européens à se lier d'amitié avec le peuple timide et primitif qui y habitait, et cela grâce à une méthode nouvelle qui consistait à envoyer à terre deux officiers entièrement nus[7].

Mais les Français n'étaient pas les seuls à avoir été inspirés par les livres de de Brosses. À peine deux ans après le départ de Bougainville, les Anglais s'empressèrent de lancer leur propre expédition dans le Pacifique, à la tête de laquelle se trouvait un commandant dont le choix avait surpris mais qui s'avéra être le navigateur par excellence. James Cook était un homme d'origine modeste (et certainement pas un littérateur) mais il agissait avec la détermination nécessaire à l'exécution des instructions et avait l'adresse indispensable pour éviter les désastres, rapportant de ses voyages des cartes et des observations minutieusement détaillées.

Comme Bougainville, Cook avait aperçu la côte est de la Nouvelle-Hollande. Comme Bougainville, il avait décidé de mettre le cap au nord, vers les eaux familières de l'Asie du Sud-Est. Mais tandis que Bougainville avait été forcé au large par les dents acérées de la Grande Barrière de corail, Cook partant de plus au sud, avant le début des récifs, avait eu la bonne fortune de découvrir les trésors cachés de la côte est, parmi lesquels se trouvaient des ports abrités, des montagnes couvertes de forêts et des rivières. Dans sa jeunesse, le roi avait dévoré le livre de Cook, *Relations de voyages autour du monde*, et avait repéré sur la carte chaque description, chaque événement, identifiant ainsi ce qui n'avait pas encore été découvert, ce qui restait à faire pour la France[8].

Finalement, encouragé par la grande renommée de Cook, son grand-père, Louis XV, avait monté sa propre expédition d'exploration, cette fois-ci payée par la cour. Kerguelen, qui était né dans une bonne famille et avait des relations ainsi que des références impressionnantes dans la marine, les avait tous enchantés, dès son retour sur *La Fortune*, avec ses comptes rendus prometteurs de la découverte d'un grand continent antarctique – une France australe dotée d'un sol et d'un climat qui auguraient de récoltes de céréales et de bois et seraient propices à la colonisation. C'était exactement ce qu'ils voulaient tous entendre, malgré la perte d'un des vaisseaux de Kerguelen, *Le Gros Ventre* qui avait été abandonné dans l'océan Austral à un sort inconnu. Seul Buffon ne semblait pas convaincu : il demanda des détails, des cartes, des échantillons, des objets. On envoya une deuxième expédition dirigée par Kerguelen, dont le but était d'explorer ces hautes latitudes en utilisant ce continent antarctique supposé si riche comme point de ravitaillement pour le combustible et les vivres.

Kerguelen repartit, sans grand enthousiasme, et retourna en France peu de temps après, n'ayant guère fait qu'effleurer la pointe de son prétendu continent sans parvenir encore une fois à débarquer. Les esprits s'échauffèrent et les officiers supérieurs lancèrent des accusations. Mensonges, corruption, écarts de conduite – tout cela fut étalé au procès de Kerguelen, et, à sa montée sur le trône, Louis XVI avait eu l'infortune d'être témoin de ce sordide déballage. Le retour du *Gros Ventre*, le vaisseau abandonné par Kerguelen, s'avéra peut-être l'événement le plus accablant.

À la suite de la disparition mystérieuse de son commandant, le capitaine du *Gros Ventre*, Saint-Allouarn, avait tout simplement suivi les instructions. Il débarqua, prit possession de cette terre embrumée et constata que le mauvais temps et le froid intense la rendaient peu propice à la colonisation. Il suivit la côte et remarqua qu'elle s'étendait encore plus loin dans la direction du sud glacial. Ayant mis le cap sur la côte ouest de la Nouvelle-Hollande, Saint-Allouarn démontra l'absence indubitable de toute terre d'importance au nord du cinquantième parallèle. Si elle existait réellement, la terre australe, ce continent antarctique mythique, devait se trouver plus au sud, dans les neiges et les glaces des hautes latitudes.

Quant à la Nouvelle-Hollande, Saint-Allouarn la décrivit comme une terre aride et brûlée par le soleil, marquée de baies aux écueils traîtres qu'il cartographia et revendiqua au nom du roi avant de reprendre le chemin de la France. La mort de Saint-Allouarn à Timor et le scandale autour de Kerguelen éclipsèrent ces exploits et l'on s'intéressa peu à ce morceau de terre stérile et improductive qui avait été revendiqué au nom de la France de l'autre côté du globe[9]. Il était maintenant clair que le pays qui avait été visité par Gonneville ne pouvait être la Nouvelle-Hollande. L'existence même du grand continent légendaire de l'hémisphère austral, l'équivalent du bloc continental eurasien s'étendant dans le Pacifique jusqu'au pôle Sud, semblait maintenant improbable. Cook avait prouvé une fois pour toutes que la Nouvelle-Zélande n'était pas la côte nord d'une terre australe mythique. Saint-Allouarn, quant à lui, avait exclu la possibilité d'un deuxième continent au nord du cinquantième parallèle. Si un grand continent se trouvait près du pôle Sud, il serait enseveli sous la glace et le brouillard et séparé du reste du monde par les orages violents de l'océan Austral. Malgré ces déceptions, il restait encore beaucoup à découvrir en Nouvelle-Hollande et dans le Pacifique[10].

L'ombre d'un sourire éclaira le visage tiré de Louis XVI au souvenir des jours heureux de la conception de son grand voyage de découvertes dans les mers du Sud. Il partageait sa passion de la géographie avec son ministre de la Marine, le comte de Fleurieu, qui avait une connaissance incomparable de tout ce qui touchait à la mer. Fleurieu était l'expert français le plus éminent en ce qui concerne la région du Pacifique : il avait publié plusieurs livres et avait une connaissance technique exceptionnelle des cartes de marine. Louis XVI se rappelait encore le mécanisme extrêmement élaboré du chronomètre de marine que Fleurieu avait créé. Il avait une telle envie de perdre une fois encore toute notion du temps en contemplant les rouages de cette mécanique infaillible ...

Pour Louis XVI, Lapérouse et Fleurieu étaient comme des âmes sœurs ; ensemble, en s'aidant des cartes les plus récentes de la région, ils avaient mis leurs connaissances considérables et leur enthousiasme passionné au service de la découverte. Une centaine de pages d'instructions à l'intention de Lapérouse en furent le résultat exhaustif. Le roi avait inclus dans leur plan d'ensemble chacun des voyages, chacune des explorations qu'il avait souhaités. Aucun recoin de la région ne serait oublié, aucune île ne resterait inexplorée. Cette expédition serait le monument qui marquerait son règne, son triomphe et sa gloire. Tous les autres échecs, toutes les autres faiblesses seraient oubliés au souvenir de cette grande réussite. Pour une fois, son habit de souverain lui convenait, ses responsabilités de roi étaient en parfaite harmonie avec sa passion personnelle[11].

Sa Majesté avait donné l'ordre à Lapérouse de prendre la mer à Brest en août 1785 avec deux navires (*La Boussole* et *L'Astrolabe*) dès qu'il serait prêt. L'expédition devait mettre le cap sur le sud, vers l'Afrique et la Géorgie du Sud, puis doubler l'extrémité de l'Amérique du Sud, passer par l'île de Pâques et explorer à fond les îles du Pacifique. Une circumnavigation détaillée de la Nouvelle-Hollande suivrait, depuis la Nouvelle-Guinée jusqu'à la terre de Van Diemen en longeant les côtes ouest et sud (ce qui permettrait de visiter cette grande partie du continent qui n'avait pas été explorée par Cook). Après avoir atteint la Nouvelle-Zélande (vers mars 1787), Lapérouse devait retraverser le Pacifique jusqu'à la côte nord-ouest de l'Amérique et explorer toute cette région, de l'Alaska à la

Russie, puis rejoindre la Chine et le Japon avant de retourner aux Moluques, en Asie du Sud-Est. Ensuite, après avoir traversé l'océan Indien, il devait s'arrêter à l'île de France, la base française dans cette région du globe qui avait autrefois été une colonie hollandaise sous le nom de Mauritius. De là, l'expédition pourrait rentrer en contournant l'Afrique et, peut-être, essayer d'établir l'emplacement exact des îles Gough, Alvarez, Tristan da Cunha, Saxenburg et dos Picos. Il y avait eu alors peu de raisons de douter que l'expédition serait de retour à Brest vers juillet ou août 1789 après un voyage de trois ans, pourvu, bien sûr, que le temps et les circonstances le permettent.

Les instructions de Lapérouse ne se limitaient pas aux détails de l'itinéraire. La diplomatie politique était essentielle au succès d'une expédition devant traiter avec tant de pays et de gouvernements étrangers parmi lesquels certains se trouvaient ou pourraient se trouver en guerre avec la France. Bien que le récent traité avec la Grande-Bretagne protégeât les expéditions scientifiques de tout engagement militaire, il pouvait y avoir des malentendus et un commandant devait être aussi un diplomate accompli. Par conséquent, les notes géographiques et historiques détaillées nécessaires à l'information de Lapérouse occupaient autant de place que les instructions elles-mêmes[12].

Il fallait aussi se montrer diplomate envers des étrangers bien moins puissants. La France, en tant que nation avancée, voulait éviter de se comporter en conquérante comme par le passé. Lapérouse trouvait tout à fait ridicule que l'on imposât son autorité sur des pays habités depuis des générations par la seule force des armes à feu et des baïonnettes. Il s'était exclamé que la religion ne devait plus servir de prétexte aux violences et à la cupidité[13].

Les arguments passionnés de Lapérouse avaient suscité la

compassion naturelle de Louis XVI. Il donna les ordres suivants : « Le Sieur de La Pérouse, dans toutes les occasions, en usera avec beaucoup de douceur et d'humanité envers les différents peuples qu'il visitera » et « il prescrira à tous les gens des équipages de vivre en bonne intelligence avec les naturels, de chercher à se concilier leur amitié par les bons procédés et les égards[14] », bien qu'évidemment il fût nécessaire, dans des circonstances extrêmes, d'assurer sa propre protection.

Le roi fronça les sourcils. Ces débats philosophiques sur les droits et les devoirs de l'homme et du souverain le ramenaient trop près des circonstances présentes. La voiture s'était avancée lentement le long de la Seine. Par la fenêtre, il pouvait apercevoir les lignes classiques de l'architecture à l'italienne du Louvre. Celui-ci avait été restauré par son grand-père et abritait maintenant les chefs-d'œuvre de la collection royale qui y étaient exposés. Là aussi, l'Académie royale des sciences tenait ses réunions deux fois par semaine – cinquante-six des meilleurs savants de France et même d'Europe s'y consacraient au progrès des sciences physiques et mathématiques[15].

Les académiciens avaient naturellement donné à Lapérouse leurs propres instructions concernant les recherches scientifiques en matière de géométrie, d'astronomie, de mécanique, de physique, de chimie, d'anatomie, de zoologie, de minéralogie, et de botanique. Les académiciens avaient aussi demandé aux savants à bord de répondre si possible à une série de questions précises sur les habitants des pays étrangers : quatorze questions sur l'anatomie, six sur l'hygiène, six sur les maladies, onze sur la médecine et six sur la chirurgie. Certains philosophes sceptiques pourraient se moquer de l'étendue de ce programme de recherches, mais l'Académie comptait parmi ses membres des hommes comme Bougainville dont l'expérience pratique les aidait beaucoup à développer des objectifs réalisables. Dix expériences spécifiques devaient être menées à bord ; quant aux instructions destinées au jardinier, elles étaient à la fois détaillées et complètes[16].

Rien n'avait été épargné dans la préparation de cette expédition. Comme cela avait été le cas pour les expéditions françaises précédentes, un personnel scientifique spécialisé avait été chargé d'enregistrer des données astronomiques et de faire des collections d'animaux et de plantes. Les bateaux étaient chargés de toutes sortes d'équipement tels que quadrants et horloges astronomiques, télescopes et théodolites, boussoles et aimants. Joseph Banks, qui faisait partie du Board of Longitude anglais, avait généreusement prêté deux compas d'inclinaison qui avaient été utilisés par Cook. La supériorité des innovations anglaises récentes pour résoudre le problème difficile de la longitude était bien connue (et avait été vérifiée et confirmée par Cook) ; l'expédition française se devait d'emporter un chronomètre, des sextants et des boussoles de déclinaison d'origine anglaise.

Pour les chimistes, un assortiment de baromètres, thermomètres, eudiomètres, hydromètres, aéromètres et hygromètres se trouvaient à bord. Des microscopes (à lentilles uniques ou multiples), une machine électrique, un appareil pneumatique, un four à réverbère, une balance hydrostatique, une pompe à air, un ballon de vingt-six pieds de haut, en lin doublé de papier joseph, avaient été jugés indispensables pour les expériences qui avaient été projetées. Un miroir ardent concave d'un pied de diamètre, capable de mettre le feu à un bâtiment situé à quelques pieds de distance en n'utilisant que l'énergie du soleil, était aussi à bord : il avait été recréé par le talentueux Buffon à partir des descriptions grecques de cette arme ancienne.

L'équipement des naturalistes était plus simple : de nombreuses rames de papier pour le séchage et le dessin, beaucoup de boîtes de peintures et de crayons, un assortiment de filets et de boîtes pour attraper les insectes. Un grand nombre d'arbustes, de plantes et de semences avaient aussi été chargés à bord sur l'ordre d'André Thouin, le jardinier en chef du Jardin du roi, pour l'introduction dans ces nouvelles contrées de cultures vivrières pour le profit des autochtones et des futurs voyageurs.

Chacun des deux vaisseaux transportait une vaste bibliothèque (« pour l'usage des officiers et des savans »). Les récits de toutes les expéditions d'importance s'y trouvaient, y compris les *Voyages* de Cook, en français et en anglais. Il y avait les publications les plus récentes en astronomie et en navigation, ainsi que les textes clés de physique et de chimie. Les naturalistes compensaient leur manque d'équipement de pointe par une collection de livres impressionnante, parmi lesquels se trouvaient les onze volumes publiés jusque-là de l'*Histoire naturelle* de Buffon. Le grand homme voisinait avec son rival suédois, Carl von Linné, dont les travaux sur la classification des plantes et des animaux constituaient une référence indispensable pour tout historien de la nature[17].

On n'avait rien épargné pour équiper les bateaux avec les savants et les marins les plus qualifiés. La France ne lésinerait pas sur l'acquisition et la diffusion des connaissances. La compétition avait été féroce parmi les botanistes, les jardiniers, les astronomes et les géologues, ainsi que parmi les officiers de marine fervents de science, pour avoir une place sur les navires de Lapérouse. Il ne fallait pas manquer cette occasion de participer à un voyage de découverte si important et bien des jeunes naturalistes et enseignes de vaisseau rêvaient de visiter ces terres étrangères inconnues[18].

En fait, les perspectives de cette expédition dépassaient ce qu'un commandant pouvait espérer accomplir en un seul voyage. Lapérouse emportait non seulement les ambitions d'une nation mais aussi les espoirs et les aspirations de son roi. S'il y avait un homme qui pût réussir, s'il y avait un homme qui pût incarner la réplique de la France à Cook, ce serait Lapérouse[19].

Au début, les nouvelles furent très prometteuses : aucun homme n'avait été perdu et beaucoup des instructions données avaient été accomplies. Cependant, un an après le départ de Brest, un grand désastre survint : vingt et un hommes furent perdus au large de l'Alaska dans des courants violents. Cette perte porta un coup terrible à Lapérouse. L'un des jeunes gens était son propre neveu.

Sans nouvelles et sans lettres de chez eux, les membres de l'expédition avaient dû se sentir abandonnés : ils ignoraient que *La Résolution* et *La Subtile* étaient en train d'affronter vaillamment les tempêtes de la mousson du nord-ouest pour les retrouver à Macao. Leur capitaine, d'Entrecasteaux, avait courageusement engagé ses navires dans des eaux inexplorées et parsemées d'écueils à l'est des Philippines et de la Nouvelle-Guinée. Grâce à son dévouement, une nouvelle route de navigation fut ouverte mais il arriva trop tard de quelques jours pour rencontrer Lapérouse à Macao. D'Entrecasteaux, obstiné et résolu, envoya *La Subtile*, qui était plus rapide, rattraper l'expédition avec le courrier et des hommes supplémentaires qui furent accueillis avec gratitude par Lapérouse après ses pertes en Amérique.

Après le départ de l'expédition, le roi avait entendu parler de la tentative anglaise d'établir une colonie pénitentiaire à Botany Bay, sur la côte est de la Nouvelle-Hollande. Fleurieu envoya immédiatement une dépêche à Lapérouse dans laquelle il modifiait les instructions pour y inclure une visite à la nouvelle colonie à la première occasion. Manifestement, Lapérouse avait pris ces directives à cœur, car il envoya son dernier compte rendu de Botany Bay.

En dépit de son empressement à visiter la nouvelle colonie,

Lapérouse n'en avait pas moins pris le temps d'entreprendre l'exploration des îles du Pacifique à laquelle il s'était engagé. Bougainville avait trouvé aux îles Samoa une source fiable d'eau, de vivres et de bois ; ces îles étaient en outre habitées par un peuple à la beauté sculpturale : autant les femmes y étaient d'une douceur exquise, autant les hommes y étaient farouches et perfides.

Et pourtant, comme Marion-Dufresne l'avait découvert avant eux, on ne pouvait faire confiance à l'amitié des peuples indigènes. Peu de règles régissaient les rapports entre les habitants des îles et ils montraient peu de respect aux étrangers[20]. Lapérouse avait ignoré, diplomatiquement, de nombreuses infractions à la propriété et aux convenances et il était en train de se féliciter « de n'avoir accordé aucune importance aux petites vexations qu'ils avaient éprouvées » quand il reçut la nouvelle d'un terrible massacre. Un millier d'habitants avait convergé sur un groupe de marins qui s'approvisionnaient en eau. Douze Français furent tués, y compris le capitaine de *L'Astrolabe*. Non seulement leurs amis et collègues étaient morts, mais la notion même de bon sauvage, si chère aux rêves des philosophes, avait péri dans ce massacre[21]. Qui pourrait reprocher à ces habitants des îles de ne pas être meilleurs qu'ils n'étaient ? N'était-ce pas plutôt la faute d'espérances peu réalistes ? Lapérouse écrivit : « Je suis cependant mille fois plus en colère contre les philosophes qui exaltent tant les sauvages que contre les sauvages eux-mêmes[22]. »

Après cette série de troubles et de difficultés, les membres de l'expédition durent pousser un soupir de soulagement (teinté d'affection) à la vue de la flotte anglaise à Botany Bay[23]. Au moins se trouvaient-ils en présence d'ennemis qu'ils connaissaient bien, dont les règles d'engagement militaire n'avaient plus de secrets pour eux après plusieurs générations de conflit. « Des Européens sont tous compatriotes à cette distance de leur pays », songeait Lapérouse alors qu'ils approchaient lentement de leur mouillage[24]. Les Anglais, quant à eux, montraient moins d'enthousiasme pour l'arrivée d'autres Européens à un moment très délicat dans l'établissement de leur nouvelle colonie. L'emplacement qui avait été choisi à Botany Bay s'était avéré inadapté à la colonisation et le gouverneur Phillip était déjà parti pour une nouvelle destination qui devait, bien sûr, rester dissimulée aux Français.

Avec la confiance mal assurée du chien sur un territoire inconnu, les officiers anglais offrirent leur aide à ces premiers hôtes inattendus, à condition qu'il ne s'agisse pas de voiles, de nourriture, de munitions ou d'informations sur la nouvelle colonie. En fait, ils n'avaient pas grand-chose d'autre à offrir que leur bonne volonté. Cependant, cette réserve officielle du commandement ne s'étendait pas à l'équipage anglais qui se fit un plaisir de dévoiler l'emplacement de Port Jackson, un port sûr et profond à quelques milles au nord. Les Français ne restèrent pas à l'écart de ce qui se passait dans la colonie ; le dernier article du journal de Lapérouse déplorait : « Nous n'eûmes, par la suite, que trop d'occasions d'avoir des nouvelles de l'établissement anglais, dont les déserteurs nous causèrent beaucoup d'ennuis et d'embarras[25]. »

Louis XVI se demandait quelle était la cause de ces problèmes et ce que Lapérouse avait pensé de la colonie anglaise à Port Jackson. Était-il vrai que les Anglais étaient partis établir une nouvelle colonie sans emmener avec eux un seul botaniste, sans même un jardinier dont les connaissances auraient pu les aider à établir leurs cultures[26] ? On avait beau se moquer de George III en l'appelant George le fermier, on ne se souciait guère de mettre en pratique ce qui l'intéressait. De fait, l'influence exercée par George III sur les expéditions anglaises était bien moindre que celle de Louis XVI sur l'expédition de Lapérouse, probablement parce qu'il contribuait moins aux dépenses. Joseph Banks, ce riche mécène, avait plus participé au financement du voyage de Cook que la couronne. Louis XVI, en revanche, avait été prêt à prendre tous les frais de l'expédition de Lapérouse à sa charge – avec toute la gloire en échange.

Lapérouse avait l'habitude de composer ses rapports après chaque relâche : ainsi un rapport envoyé d'une escale parlait de l'étape précédente, non pas de l'escale en cours. Après un mois à Botany Bay consacré au bon rétablissement de ses hommes et à la remise en état de ses navires, Lapérouse était reparti pour d'autres explorations dans le Pacifique sud et on n'avait plus jamais entendu parler de lui. On n'avait pas non plus de nouvelles de d'Entrecasteaux, le talentueux commandant envoyé à la recherche de son collègue disparu dans ces eaux lointaines.

Louis XVI avait eu le temps de rêver à ces étranges contrées pendant les longs mois d'emprisonnement dans la tour du Temple. Il se consolait en racontant à son fils, le jeune Dauphin, des contes imaginaires sur le voyage de Lapérouse tandis qu'ils examinaient ensemble les petits livres sur l'histoire des explorations des mers du Sud qu'il avait fait publier spécialement pour l'éducation de son fils. Cependant, après tant d'années, il semblait maintenant peu probable que Lapérouse rentrerait triomphalement, chargé de cartes arborant des noms français, ayant laissé derrière lui, à travers le Pacifique, une série de plaques revendiquant la souveraineté française. Il semblait bien qu'à long terme, la renommée du roi ne serait pas associée à la découverte du grand continent austral. Son destin n'était décidément pas d'apporter le bonheur à son peuple et encore moins de conquérir la gloire pour lui-même et pour le nom de la France.

Le bruit lointain des vagues s'estompa et laissa la place au roulement frénétique des tambours. La voiture ralentit au milieu d'une foule maussade et silencieuse. Ce n'était plus le moment des récriminations et des regrets. Ce n'était plus le moment de rêver en vain à la gloire perdue. Il ne pouvait plus rien pour son pays, sauf mourir en roi.

« Nous sommes arrivés, si je ne me trompe », dit doucement Louis XVI en descendant de la voiture pour rencontrer son destin.

> Citoyens, le tyran n'est plus. Depuis longtemps les cris des victimes, dont la guerre et les divisions intestines ont couvert la France et l'Europe, protestaient hautement contre son existence ; il a subi sa peine, et le peuple n'a fait entendre que des acclamations pour la république et la liberté ...
>
> C'est maintenant surtout que nous avons besoin de la paix dans l'intérieur de la République, et de la surveillance la plus active sur les ennemis domestiques de la liberté. Jamais les circonstances ne furent plus impérieuses, pour exiger de tous les citoyens le sacrifice de leurs passions et de leurs opinions particulières, sur l'acte de justice nationale qui vient d'être exécuté. Le peuple français ne peut avoir aujourd'hui d'autre passion que celle de la liberté.
>
> Adresse au peuple français
23 janvier 1793[27]

JACQUES-JULIEN LABILLARDIÈRE

RUE DES FOSSÉS-SAINT-BERNARD, PARIS

21 JANVIER 1791

Jacques-Julien Houtou de Labillardière *naquit à Alençon (Normandie) le 28 octobre 1755, dans une famille bourgeoise montante. Il fit des études de médecine à Montpellier avant de s'intéresser à la botanique à Paris. Labillardière était, semble-t-il, un homme solide et bien bâti, aux cheveux sombres et épais ; il préférait l'allure décontractée et la chevelure en désordre du républicain à la coiffure impeccable de l'aristocrate. Il avait un caractère maussade, têtu et peu sociable. Il fit plusieurs voyages, dont un en Angleterre où il rencontra Joseph Banks, avant de s'embarquer à bord de l'expédition de d'Entrecasteaux où il espérait se faire un nom avec une collection qui rivaliserait avec celle de Banks. Labillardière fut emprisonné temporairement par les Hollandais à Java à la suite de la défaite de l'expédition. Sa collection fut saisie par les Anglais pendant le retour en France, mais elle fut restituée grâce à l'intervention de Joseph Banks. Après avoir participé aux activités de « collection » d'objets d'art de Napoléon en Italie, Labillardière poursuivit une brillante carrière de botaniste en dépit de son caractère solitaire et il fut élu membre de l'Institut national. Il fut rapidement déçu par les ambitions impériales de Napoléon et demeura un républicain convaincu. Avec l'âge, il devint de plus en plus morose et renfermé. Il se maria en 1799 mais se sépara de sa femme en 1810. Labillardière est mort en 1834 à soixante-dix-neuf ans*[1].

À peine deux ans auparavant, Paris avait semblé plein de promesses à ce jeune naturaliste ambitieux qui se préparait à prendre part à la mission de sauvetage montée par d'Entrecasteaux. Les anciennes entraves qui restreignaient les possibilités de la France avaient été brisées. La Déclaration des droits de l'homme et du citoyen avait énoncé les principes de liberté, d'égalité et de fraternité. Tous les hommes étaient libres et avaient les mêmes droits, ils étaient sujets aux mêmes lois, quel que soit leur niveau social. Une transition pacifique vers la monarchie constitutionnelle semblait certaine[2].

En sortant de chez lui, rue des Fossés-Saint-Bernard, Jacques Julien Houtou de Labillardière eut l'impression que sa bonne ville de Paris avait tout à offrir[3]. Ajustant son manteau sur les épaules, il inspecta cette rue animée de la rive gauche où une foule grouillante allait et venait, fréquentant cafés et librairies. Sa silhouette corpulente emplissait l'embrasure de la porte ; il se mêla sans hésitation à la foule des piétons qui s'écartèrent pour lui faire place.

En se dirigeant d'un pas décidé vers les jardins, Labillardière semblait absorbé dans ses pensées : l'expression désapprobatrice de son visage n'invitait pas à la familiarité. Il surveillait cependant avec attention les portes et les passages qu'il connaissait et d'où pourrait sortir l'un de ses nombreux collègues. En effet, c'était un quartier prisé des philosophes et des savants, proche du Jardin des Plantes, aux loyers malgré tout modérés. Il n'aimait pas trop le bavardage et la conversation à bâtons rompus mais, sur le court trajet le menant à son travail, il appréciait l'occasion de parler de ses recherches avec ses collègues. Cependant personne ne le rejoignit ce jour-là et il continua paisiblement son chemin.

À cette époque, la ville était tranquille grâce à la présence de la garde nationale, mais ces jours-ci, une tension sous-jacente semblait ne jamais vouloir s'apaiser. Bien sûr, certains prêtres continuaient de protester contre l'exigence de prêter serment de loyauté envers la nouvelle nation française. On avait empêché dernièrement ces dissidents déloyaux de pratiquer leur fonction sacerdotale en public, ce qui semblait avoir causé un certain mécontentement dans les campagnes. Marat continuait ses diatribes contre le pouvoir excessif du roi et favorisait un modèle de monarchie restreinte. On ne pouvait s'empêcher d'admirer l'énergie de cet homme qui, jadis, avait été médecin et chimiste. Cependant, sa critique du roi était impitoyable. Labillardière se rappelait avec inquiétude l'amertume de Marat quand il avait été rejeté par l'Académie royale – Marat n'était pas le genre d'homme à oublier ou pardonner une telle insulte[4].

Si beaucoup de ses collègues se laissaient distraire de leurs recherches par l'effervescence politique, ce n'était pas le cas de Labillardière. Sa passion pour la botanique était sans égale, depuis qu'il l'avait découverte lors de ses études de médecine à Montpellier. C'était sa fascination pour cette science naissante qui l'avait incité à monter à Paris rejoindre son université prestigieuse et les jardins royaux. Poussé par cette passion, il avait fait de nombreux voyages en Angleterre, dans les Alpes, en Asie mineure et en Crète. De chacun, il rapportait une moisson toujours grandissante de trésors botaniques pour ses collections.

Cependant, celles-ci n'étaient pas suffisantes pour lui assurer une place parmi les meilleurs savants français. Elles devaient être décrites et illustrées, les nouvelles espèces nommées et les anciens noms corrigés. En botanique, la découverte d'espèces encore inconnues est le plus sûr chemin vers l'immortalité. Le premier volume de son ouvrage *Icones plantarum Syriae rariorum* contenait plusieurs espèces nouvelles signées « Labillardière 1790 ». Ce travail avait été acclamé par l'Académie royale ; son nom avait même été mis en avant comme membre associé de l'Académie, mais la compétition était acharnée. Il avait été battu par son ami L'Héritier, mais Labillardière ne s'était pas laissé décourager. Il avait le temps : son prochain projet lui permettrait de devenir membre de l'Académie. Labillardière avait progressivement enrichi son expérience et sa réputation en assemblant des collections en Europe et dans les environs. Maintenant il était prêt pour le prochain défi : un grand voyage comme celui de Bougainville pour amasser des collections qui rivaliseraient avec celles de Joseph Banks – un voyage dans les mers du Sud[5].

Le long mur qui entourait les jardins laissa enfin place à une grille en fer forgé ; Labillardière quitta l'agitation des rues de Paris et pénétra dans l'atmosphère fraîche et paisible du Jardin des Plantes. Il avait beau venir ici souvent, il était toujours impressionné, non seulement par la majesté tranquille de ces arbres mais par ce qu'ils représentaient : le cèdre du Liban, si imposant maintenant, avait été rapporté d'Angleterre par Bernard de Jussieu dans son chapeau. Son neveu, Antoine Laurent de Jussieu, y avait ajouté plus récemment le pin noir. Le robinier était déjà vieux quand il avait été transplanté de l'École de médecine, il y a trois cents ans. Les érables, comme la plupart des ifs et des chênes, avaient été plantés sous la direction du comte de Buffon dont l'esprit et l'héritage intellectuel imprégnaient encore l'atmosphère du Jardin. Ces arbres étaient un témoignage vivant du travail de plusieurs générations de savants qui avaient vécu, étudié, fait leurs découvertes, et fini leur vie ici ; c'est dans leur lignée que Labillardière voulait prendre sa place. Ces jardins étaient l'incarnation de la *Flore française* de Lamarck. C'est ici que se trouvaient les collections de plantes et d'animaux qui avaient formé la base de la volumineuse *Histoire naturelle* de Buffon, à laquelle Daubenton et, maintenant, Lacépède avaient consacré de nombreuses années.

Le Jardin des Plantes avait été fondé en 1640 par le médecin du roi pour faciliter la recherche et l'enseignement. Ce n'était pas, comme Versailles, un jardin princier conçu pour impressionner les visiteurs de marque en représentant l'ampleur de l'empire français ; c'était un jardin pratique dont le but était d'améliorer la santé, la connaissance et l'éducation. C'était un endroit où la recherche scientifique en botanique, en chimie et en anatomie pouvait se poursuivre, loin des perturbations mesquines causées par les nobliaux de la cour. C'était un endroit où chacun pouvait acquérir les connaissances les plus avancées de l'époque simplement en assistant aux conférences publiques et gratuites qui étaient présentées par les savants du Jardin[6]. Sous la direction attentive de Buffon, celui-ci s'était développé de façon spectaculaire et son financement avait été assuré. Presque à lui seul, Buffon avait mis l'histoire naturelle au goût du jour[7].

L'énorme succès populaire de son ouvrage *L'Histoire naturelle, générale et particulière* avait encouragé tout Paris à collectionner les œufs, les papillons, les scarabées et les coquillages. Ces livres volumineux et superbes s'étaient considérablement mieux vendus que les œuvres de Rousseau ou même de Voltaire. Buffon avait courtisé son public sans vergogne et il en était adoré en retour. Les nantis s'étaient mis à collectionner les objets naturels comme auparavant ils collectionnaient les livres et les objets d'art. En fait, cette passion n'était pas réservée aux riches : les artisans et les commerçants faisaient preuve de leur érudition en montrant des collections, savamment arrangées, de papillons et œufs d'oiseaux. Beaucoup de citadins s'en allaient herboriser pendant leurs jours de congé, combinant ainsi les saines activités du corps et de l'esprit recommandées par Rousseau. Ils assistaient en grand nombre aux conférences gratuites offertes par les jardins. C'était l'âge d'or de l'histoire naturelle en France, mais personne ne savait combien de temps il durerait[8].

Labillardière s'estimait heureux d'être français : la France était un des rares pays assez civilisés pour employer des hommes de science dont le travail consistait à s'adonner à la connaissance pour l'intérêt commun. La science méritait mieux que de servir de passe-temps à des aristocrates oisifs. Il n'y avait qu'en France que l'on pouvait commencer à comprendre le monde, grâce à une approche centralisée et unifiée de la recherche. Sous la direction attentive de Buffon, le Jardin des Plantes pouvait offrir quelques postes au salaire modeste (il faut cependant remarquer que plus d'un courtisan fortuné, chargé des finances du Jardin, avait exprimé l'opinion que l'abstinence favorise l'esprit scientifique en éliminant les distractions que le luxe matériel peut présenter). Les autres savants avaient moins de chance ; la plupart des membres de l'Académie devaient suppléer au financement de leurs activités scientifiques par une fortune personnelle ou un autre emploi. Lavoisier était percepteur ainsi que chimiste ; Lamarck vendait les coquillages qu'il étudiait quand il en avait plusieurs exemplaires et subsistait chichement grâce à ses droits d'auteur. La famille commerçante de Labillardière pouvait, pour le moment, subvenir à ses besoins. Mais il était sûr que, plus tard, son adhésion à l'Académie lui apporterait au moins une pension d'État ...

Labillardière traversa les jardins en faisant crisser le gravier sous ses pas. Il pouvait voir, au loin, le pavillon d'été très orné de Buffon qui se trouvait au sommet d'une colline et avait vue sur les jardins qu'il avait dirigés si longtemps. Buffon avait certainement renforcé l'institution où de nombreux jeunes savants prospéraient, mais beaucoup d'entre eux trouvaient oppressante son influence sur l'histoire naturelle française. Ses collègues lui reprochaient d'être plus attaché à la forme qu'au fond (« Le style est l'homme même ») et de se complaire dans les généralisations et les extrapolations au lieu de se restreindre aux faits prouvés. Buffon était à la fois un savant et un philosophe. Il ne se contentait pas d'observer et de décrire simplement le monde qui l'entourait, il voulait aussi en expliquer les caractéristiques principales en termes clairs et élégants, comme le montrait le titre de son œuvre maîtresse, *L'Histoire naturelle, générale et particulière*[9].

Quant à Labillardière, il se concentrait sur les détails de l'histoire naturelle. Les généralités exposaient leurs auteurs aux attaques des plus jeunes et des plus agressifs. Maintes jeunes carrières s'étaient fondées sur les ruines de celle d'un homme plus âgé (et peut-être plus courageux). Pourtant l'âge et l'autorité venant, chaque savant était susceptible de succomber à la tentation d'une grande théorie ...

Le monde avait tellement changé, ne serait-ce que pendant la vie de Buffon. Les plantes et les animaux n'étaient plus imprégnés de cette sorte d'essence vitale qui permettait aux bernaches nonnettes de pousser dans les arbres et aux agneaux de Tartarie d'être à la fois plante et animal. Les espèces étaient différentes les unes des autres, avaient leur individualité propre et étaient reconnaissables. Le système binomial de classification produit par Carl von Linné s'était répandu dans toute l'Europe et avait été adopté avec enthousiasme. Mais là où Linné voyait des absolus d'origine divine, Buffon, de tempérament plus laïc, voyait une continuité, une variation, du changement. Il n'éprouvait que du mépris pour les classifications simplistes de Linné qui n'étaient assises que sur le système de reproduction des plantes. Il soutenait qu'il n'était pas naturel de classer les espèces en se fondant sur un seul trait et que ce système était bien inférieur au système naturel qui avait été développé par les botanistes du Jardin des Plantes, tel André Thouin. La logique de Linné ne tenait pas debout, surtout en ce qui concernait les animaux : quel avantage y avait-il à mettre les paresseux et les lézards à écailles dans le même groupe que les hommes ? Les hippopotames avec les musaraignes ? Parfois, les classificateurs considéraient les mangoustes comme des blaireaux ou des belettes, des loutres ou des rats, mais, pour Buffon, les mangoustes seraient toujours des mangoustes[10].

Les deux géants des sciences naturelles, Buffon et Linné, étaient au sommet de leur popularité : ils se confrontaient, sans le moindre remords et sans merci. Labillardière, lui, ne s'intéressait pas aux hippopotames ou aux mangoustes ; ses plantes restaient immobiles, elles ne changeaient pas. Les variations apparentes pouvaient être interprétées par des classifications plus fines. Là où l'œil inexercé ne voyait qu'une espèce, il pouvait y en avoir en fait deux ou trois. Si la classification de Linné marchait pour les plantes, elle suffisait à Labillardière. La puissance de cette classification résidait dans sa simplicité (Linné s'était vanté que même les femmes auraient pu s'en servir).

Quel que soit le système utilisé, l'idée même de diviser le monde en plusieurs règnes était révolutionnaire. Les enthousiastes ne se contenteraient plus de mettre ensemble des objets simplement parce qu'ils avaient une forme similaire. Autrefois, dans les collections d'œufs, il y avait non seulement des œufs d'oiseaux en tous genres, mais aussi des œufs de dragons fossilisés et des œufs merveilleusement gravés et incrustés de joyaux. Maintenant le monde avait été divisé entre le vivant et le non-vivant, les animaux et les plantes, les vertébrés et les invertébrés (ainsi nommés par Lamarck). Comme Buffon l'avait prédit, l'observateur de la nature « se formera une idée générale de la matière animée, il la distinguera aisément de la matière inanimée ... et naturellement il arrivera à cette première grande division : Animal, Végétal et Minéral[11] ».

Peut-être Buffon avait-il, de son vivant, endigué la marée de la systématique linnéenne ; mais après sa mort, ce dernier bastion français de résistance avait été balayé. Labillardière était en Crète à ce moment-là, mais il avait appris tous les détails sur les funérailles à son retour. Vingt mille personnes étaient rassemblées dans les rues pour regarder passer son cercueil et pleurer sa mort ; quatorze chevaux vêtus de noir et d'argent tiraient son corbillard et étaient accompagnés par un crieur, six huissiers, dix-neuf serviteurs en vêtements assortis, trente-six enfants de chœur, soixante prêtres, un détachement de la garde de Paris et divers écoliers. Certains de ses collègues avaient fait preuve de moins de dignité. Le jeune Georges Cuvier s'était exclamé joyeusement : « Les naturalistes ont enfin perdu leur chef ; cette fois, le comte de Buffon est mort et enterré[12]. »

Labillardière n'aurait jamais commis la sottise de faire des commentaires aussi catégoriques. Buffon avait énormément contribué à la science française et, quelle que fût son opinion sur son travail, il la gardait pour lui. Mais quand il passa sous la statue de Linné qui avait été érigée dans le jardin, un sourire ironique effleura ses lèvres. Qu'aurait pensé le formidable Buffon de cette effigie de son vieil adversaire, au cœur même de son empire[13] ?

Quand Labillardière était rentré à Paris, après son expédition en Crète, il avait pris, avec enthousiasme, l'habitude de rencontrer ses amis tous les vendredis et de présenter des articles en latin, dans le cadre d'une Société linnéenne, ainsi qu'ils l'avaient nommée avec une pointe de défi. C'était à eux qu'on devait cette belle statue de Linné. Ce manque juvénile de respect avait été toléré pendant un certain temps ; mais comme il se sut bientôt qu'une telle bravade pourrait rendre l'élection à l'Académie plus difficile, la société se reforma sous un nouveau nom. Labillardière confia à un ami : « Nous avons maintenant une Société d'histoire naturelle ; en fait, la vieille société dont je faisais partie s'est régénérée. » Pourvu que la société continuât, Labillardière se souciait peu de son nom[14].

Les jeunes radicaux qui constituaient la majorité de la société (en tout cas, c'étaient eux qui dominaient les conversations) ne se sentaient pas seuls. Daubenton lui-même, qui avait été un assistant loyal de Buffon, ne se privait pas de recommander la systématique linnéenne quand il fallait. Jean-Baptiste Lamarck avait daigné diriger la revue où la nouvelle société publiait sa correspondance. Le jeune Cuvier, comme Labillardière, était un protégé de Lamarck, et ses articles sur les cloportes avaient été très bien reçus par la nouvelle Société d'histoire naturelle. Le jeune naturaliste promettait beaucoup. Il avait très bien illustré les articles de Lamarck sur les mollusques et démontré une bonne appréciation des détails anatomiques[15].

Une silhouette mince se hâtait à travers les jardins, en direction des laboratoires. Son manteau était grand ouvert, en dépit de la fraîcheur de l'air matinal. Il portait un foulard épais autour du cou : Labillardière savait bien que ce n'était pas pour se protéger du vent, mais pour cacher des cicatrices assez laides de blessures qui avaient mis fin à sa carrière militaire. Lamarck avait maintenant quarante-trois ans et, en dépit de sa vocation scientifique tardive, il aurait dû être un des savants les plus en vue au Jardin des Plantes. De nombreuses années auparavant, alors qu'il n'était encore qu'étudiant, il avait débuté avec éclat en se vantant de pouvoir créer un système d'identification de la flore française bien supérieur aux systèmes existants. Il releva avec enthousiasme le défi qu'on lui lança de tenir sa promesse et stupéfia ses collègues en produisant la *Flore française* : c'était un guide simple qui utilisait une nouvelle méthode, une classification dichotomique qui pouvait aider même les amateurs enthousiastes à identifier correctement les plantes. Buffon avait été très impressionné et avait payé les coûts d'impression tout en permettant à Lamarck de garder les droits d'auteur.

Les autres botanistes étaient moins enthousiastes. Le travail de Lamarck avait, certes, bien du mérite, mais ils lui reprochaient de ne pas avoir reconnu leurs travaux comme il convenait et cela leur était resté sur le cœur. La froideur de ses confrères botanistes n'était rien, comparée à la réception glaciale qui accueillit Lamarck quand il essaya aussi de porter un regard nouveau sur la météorologie, la chimie et la physique : ses efforts naïfs avaient été rejetés sans merci et n'avaient pas servi ses chances d'avancement au Jardin ou à l'Académie.

Labillardière ne se joignait pas au chœur des critiques. Beaucoup trouvaient Lamarck d'abord difficile. Il était un peu comme certains mimosas dont la sensibilité au toucher fascinait. Il était épineux et bien protégé et, pourtant, il se flétrissait soudainement au moindre contact et récupérait, sans en paraître affecté, quelques instants plus tard. Sa fragilité physique et ses difficultés personnelles invitaient à la sympathie. Et pourtant, l'apparence frêle de Lamarck cachait un esprit résolument dévoué à son travail : ni les moqueries, ni la pauvreté, ni même les menaces de mort ne le détourneraient de la tâche qu'il s'était fixée. Labillardière comprenait l'obstination de Lamarck, bien que lui-même fût plus politiquement adroit. Il se rendait bien compte qu'il fallait être tenace et faire preuve d'une détermination à toute épreuve pour survivre en science. Ce n'était pas une carrière facile.

La tranquillité du Jardin lui donnait l'aspect d'un sanctuaire inviolable où l'agitation extérieure ne pénétrait pas, mais cette paix apparente était trompeuse. Labillardière ne prêtait guère attention aux soucis de ses supérieurs à propos du futur du Jardin ; il ne s'intéressait pas aux conversations alarmantes et aux débats anxieux concernant leur avenir. Cependant une atmosphère inquiète régnait à ce moment-là dans les ateliers du Jardin. Certains voulaient dissocier le Jardin de son appellation royale ; le Jardin des Plantes était aussi connu sous le nom de Jardin du roi. Peut-être un nouveau nom, une nouvelle orientation conviendraient mieux à une société éclairée dont ils exprimeraient mieux les buts et les idéaux ? Est-ce que le nom Musaeum, tout en évoquant le passé antique et savant d'Alexandrie, refléterait mieux la vocation des jardins, du cabinet d'histoire naturelle et des conférences publiques[16] ?

Mais les réflexions de Labillardière sur le futur s'orientaient dans une direction complètement différente, vers un monde différent, vers un hémisphère différent. Il y a seulement quelques semaines, Fleurieu, jadis si puissant, était venu humblement quémander l'aide de la Société d'histoire naturelle. Fleurieu, le confident et conseiller du roi, avait autrefois eu le pouvoir d'accorder des faveurs et des subventions aux savants. Fleurieu se rendait bien compte que son autorité avait décliné et il essayait maintenant d'engager l'enthousiasme et l'influence de la génération montante pour persuader la Convention d'envoyer une expédition de secours à la recherche de La Pérouse. Et les jeunes enthousiastes avaient répondu aussitôt.

> Messieurs,
> Nous venons rappeler à votre sollicitude des citoyens qui ont bravé sur des mers peu connues de grands dangers pour les progrès de l'histoire naturelle et de la navigation ; qui ont exposé leurs jours pour le service de leur patrie, pour l'avantage de tous les peuples, M. La Peyrouse et ses malheureux compagnons.
> Des législateurs dont les sages décrets annoncent

l'amour des hommes ne prendront pas un intérêt stérile au sort des navigateurs qui se sont illustrés par un si beau dévouement.

Depuis deux ans la France attend inutilement le retour de M. La Peyrouse, et ceux qui s'intéressent à sa personne, ou à ses découvertes, n'ont aucune connoissance de son sort. Hélas ! celui qu'ils soupçonnent est peut-être plus affreux que celui qu'il éprouve ; peut-être n'a-t-il échappé à la mort que pour être livré aux tourments continuels d'un espoir toujours renaissant et toujours trompé ; peut-être a-t-il échoué sur quelqu'une des îles de la mer du Sud, d'où il étend les bras vers sa patrie, où il attend vainement un libérateur.

Cet espoir que nous avons senti renaître pour lui ne sera point déçu ; ce n'est pas pour des objets frivoles, pour son avantage particulier, que M. La Peyrouse a bravé des périls de tous les genres ; la nation généreuse qui devoit recueillir le fruit de ses glorieux travaux, lui doit aussi son intérêt et son secours.

Déjà nous avons appris la perte de plusieurs de ses compagnons, engloutis par les ondes, ou massacrés par les sauvages ; soutenez l'espérance qui nous reste encore de recueillir ceux de nos frères qui ont échappé à la fureur des flots, ou à la rage des cannibales ; qu'ils reviennent sur nos bords, dussent-ils mourir de joie en embrassant cette terre libre.

Signé Lermina, *président* ; Brongniard, *secrétaire* ; Pelletier, Louis Bosc, Fourcroy, Aubri, Louis Millin, Nacquart, Besson, Bergaret, de Rousseau, Bernard, Labillardière, Ventenaze, Lezeruses, Lelièvre, R.C. Geoffroy Saint-Hilaire, Groteste, Desfontaines, Iberti, Richard, Jacob Forster, et autres[17].

Leur appel avait été entendu. Au milieu du chaos et des bouleversements, l'Assemblée nationale avait néanmoins trouvé le temps d'ordonner promptement à Fleurieu d'organiser une expédition de secours ; celle-ci inclurait des botanistes et des jardiniers, des artistes et des météorologues qui, si la recherche s'avérait infructueuse, permettraient aussi d'obtenir certains des progrès scientifiques et cartographiques qu'on avait tant espérés des bateaux disparus.

Labillardière comptait rassembler une collection immense durant ce voyage historique, une collection qui confirmerait sa carrière professionnelle, quelles que soient les circonstances politiques. La perspective d'années passées en mer dans des eaux inconnues ne lui faisait pas peur – n'était-il pas un marin endurci qui avait passé trois mois à naviguer en Méditerranée[18] ? Il n'avait aucun moyen de savoir où il se trouverait, deux ans plus tard, en un jour décisif pour la France, aucun moyen de savoir que le bateau où il allait embarquer contiendrait aussi un microcosme de la France, de son agitation et de ses tourments, une société en miniature qui suivrait son propre chemin pendant que la France, dont elle était issue, se précipiterait vers son destin sanglant.

En attendant, cependant, il restait encore beaucoup à faire. Labillardière suivit Lamarck et pénétra dans l'hôtel de Magny où il se plongea dans ses papiers dont le bruissement s'accompagnait d'une bouffée de camphre et de feuillage sec.

ANTOINE-RAYMOND-JOSEPH BRUNI D'ENTRECASTEAUX

RECHERCHE BAY, TERRE DE VAN DIEMEN
20 AVRIL 1792

Antoine-Raymond-Joseph Bruni d'Entrecasteaux *naquit le 8 novembre 1737 à Aix-en-Provence. Fils de juge, il entra dans la marine en 1754 et fut promu au rang de capitaine en 1779. D'Entrecasteaux était imprégné des idéaux chrétiens de devoir et d'obligation : il était pieux sans être intolérant, franc mais prêt à l'écoute. D'apparence distinguée, c'était un homme agréable et de caractère facile. Il chercha à démissionner de la marine après un scandale de famille, alors que son neveu avait tué sa femme, mais sa démission ne fut pas acceptée. Il fut nommé directeur des ports et arsenaux et c'est dans le cadre de cette fonction qu'il aida Fleurieu à organiser l'expédition de Lapérouse. En 1785, d'Entrecasteaux négocia des relations commerciales avec la Chine et effectua un rendez-vous avec l'expédition de Lapérouse. Il fut commandant de la station navale française en Inde et gouverneur des îles Mascareignes (île de France et île Bourbon) entre 1787 et 1789. Il reçut le commandement de l'expédition chargée de retrouver Lapérouse en 1791, une responsabilité qu'il prit certainement très au sérieux en raison du rôle qu'il avait déjà joué dans cette expédition. Il mourut en août 1793, probablement à la suite des effets combinés du scorbut, de la dysenterie et peut-être de blessures ; la mer fut sa sépulture*[1].

Les embruns lui fouettaient le visage et lui coupaient le souffle. L'eau l'emportait par-dessus bord, mais ses mains s'agrippèrent au bastingage. Le général ignora la douleur de ses côtes blessées et trouva un point d'appui sur le pont qui glissait sous lui. Il essuya l'eau qui l'aveuglait et scruta le pont avant à travers l'écume et les embruns, faisant instinctivement le compte de ses hommes.

« Serrez cette misaine ! » hurla-t-il.

Sa voix autoritaire perça à travers la tempête.

Son ordre descendit les échelons de commandement. Les hommes s'accrochaient précairement aux enfléchures et aux bittes d'amarrage quand les vagues les submergeaient. Lors de brèves accalmies, alors que le bateau se redressait, ils se précipitaient pour contrôler la voile enflée et l'étouffer, laissant s'échapper le vent qui emportait leur embarcation à une vitesse folle. Elle gîta à tribord de nouveau et les hommes s'accrochèrent instinctivement alors que les rafales et les vagues tentaient de les emporter. Autour d'eux, tout devint blanc et furieux, puis vert ; le bateau plongea soudain dans un silence agréable, avant de s'en arracher et d'émerger une fois de plus dans le vacarme assourdissant de la tempête.

D'Entrecasteaux jeta un coup d'œil vers le nord, dans la grisaille du matin qui se levait. Le bateau bascula lentement au sommet de la vague. Le général regarda l'océan écumant. Rien[2].

« Navire en vue ! hurla la jeune vigie. *L'Espérance* par tribord devant ! »

Le bateau plongeait de plus en plus rapidement dans la vallée creusée par la houle. D'Entrecasteaux attendit, les yeux fixés dans la direction indiquée par la vigie. Il sentit le bateau changer d'altitude, montant imperceptiblement à l'assaut de la vague. Voilà ! Il entraperçut enfin les mâts. *L'Espérance* était toujours avec eux³.

Les épaules de d'Entrecasteaux se détendirent mais il prit conscience de la tension silencieuse qui avait envahi la dunette. Il attira l'attention du capitaine qu'il voyait se déplacer sur le pont ; d'Auribeau esquissa une courbette et exprima, d'un sourire crispé, le souci qu'il se faisait pour son commandant blessé. D'Entrecasteaux se raidit mais quitta le pont et abandonna avec grâce le contrôle du bateau au capitaine.

La promotion de d'Entrecasteaux au rang de contre-amiral au départ de Brest avait été bienvenue, mais il ne s'était pas encore tout à fait habitué à déléguer le rôle de capitaine à un autre. Étant déchargé de certaines des lourdes responsabilités d'un capitaine, il avait plus de temps à consacrer aux tâches administratives du chef d'expédition (qu'en toute honnêteté il préférait) mais cela le plaçait dans une position difficile. Comme commandant de l'expédition, il était responsable des bateaux et de leurs équipages, mais il avait dû renoncer au contrôle quotidien de leurs opérations. D'Entrecasteaux se rendait parfaitement compte que, de même que les insuffisances d'un premier lieutenant faisaient tort à son capitaine, de même certaines faiblesses de ses capitaines lui portaient préjudice. Non pas que les capitaines des deux bateaux sous son commandement ne fussent à la hauteur de leur tâche. Au contraire, il pensait beaucoup de bien des deux hommes. Huon de Kermadec, le capitaine de *L'Espérance,* l'avait servi auparavant et d'Entrecasteaux s'en était fait un ami et confident. D'Hesmivy d'Auribeau, le capitaine de son navire-amiral, *La Recherche*, lui avait été chaudement recommandé. Mais aucun n'était en très bonne santé. D'Auribeau, petit et sujet aux vapeurs, dépendait beaucoup des médicaments opiacés que lui donnait le médecin. Quant à son cher ami Kermadec, il était déjà fragile avant le départ et résistait mal aux rigueurs du voyage.

Les compétences des deux capitaines étaient très différentes. Huon ressemblait à d'Entrecasteaux : ses qualités s'exerçaient dans le domaine de la négociation et l'administration. D'Auribeau était excellent navigateur mais de tempérament impérieux et autocratique, ce qui ne créait pas une atmosphère plaisante. D'Entrecasteaux n'était pas enclin à le contremander ou à amoindrir son autorité, car lui-même avait les reins assez solides pour supporter les critiques mal dissimulées des officiers subalternes. Quand l'expérience manque, il est trop facile de sous-estimer le fardeau du commandement. Plus sensible aux besoins de d'Auribeau que d'Auribeau lui-même, d'Entrecasteaux restait dans sa cabine le plus possible, n'en sortant que lorsque sa présence était nécessaire, lorsque le devoir était plus pressant que la diplomatie[4].

D'Entrecasteaux se laissa glisser avec précaution sur sa chaise et saisit le bord de son bureau, responsable de sa douleur. Deux semaines auparavant, une rafale violente avait frappé le bateau avec une telle force qu'ils avaient cru avoir touché des rochers en pleine mer. Une vague monumentale avait inondé les cabines de pont et terrifié les hommes. Le naturaliste Labillardière avait été jeté de son lit, convaincu que son mal de mer perpétuel allait enfin être guéri par la noyade. Quant au général, il avait été projeté à travers la cabine et c'était le bureau qui avait arrêté sa chute. Le médecin de bord ne lui avait pas trouvé de blessure, mais la douleur, surtout quand il éternuait, lui faisait comprendre qu'il avait été sévèrement atteint. Il ne fallait pas traiter à la légère la fureur de l'océan Austral ! La plupart de ses hommes s'en étaient tirés sains et saufs, mais d'Entrecasteaux, lui, avait souffert.

Pendant six semaines, les deux petits vaisseaux avaient été battus par des tempêtes successives. D'immenses boules de feu flamboyaient sur la mer agitée et le feu de Saint-Elme grésillait à l'extrémité des mâts avec une lueur étrange. Cette combinaison de phosphore, de décharge électrique et de basse pression barométrique avait engendré parmi les savants à bord des discussions très animées, interrompues seulement par les exigences de leurs estomacs qui se soulevaient. L'équipage était plus superstitieux et la combinaison de ces vents de mauvais augure à ces événements météorologiques inquiétants mettait leur courage à rude épreuve. L'île Amsterdam, rocher minuscule au milieu de l'océan, avait été la dernière terre qu'ils avaient aperçue, trois semaines auparavant ; et la vue de cette île avait été accompagnée de mauvais présages. Alors qu'ils la dépassaient, l'île avait pris feu mystérieusement sur toute sa longueur.

Même avec seulement la misaine et le foc d'artimon, le bateau filait vers l'est, atteignant parfois jusqu'à dix nœuds. Et pourtant, des courants puissants le poussaient vers le nord, de plus en plus près de la terre de Van Diemen.

« Remontez au vent et virez à tribord. »

L'ordre de d'Entrecasteaux fut transmis et les hommes réagirent immédiatement. Pourtant, le général pouvait sentir leur déception alors que le bateau tournait vers le sud, s'éloignant de la terre qu'ils savaient proche. Le ciel était encore sombre, sauf à l'est, et ils ne pouvaient pas se permettre d'accoster trop tôt.

C'est vers neuf heures et demie qu'ils aperçurent enfin la terre. D'Entrecasteaux, qu'on avait rappelé sur le pont, reconnut Mewstone avec ses deux rochers caractéristiques à l'ouest, exactement comme Tasman les avait décrits en 1642. Après une traversée d'environ dix mille milles, ils étaient arrivés à l'endroit exact prévu par leurs chronomètres : ils approchaient du mouillage sûr d'Adventure Bay, découverte par Tasman et visitée, plus récemment, par MarionDufresne.

Les officiers passèrent une journée d'attente et d'excitation à faire des calculs astronomiques précis basés sur la position de South Cape. Tous les officiers, et même quelques-uns des marins, voulaient se distinguer par leurs qualités et leur savoir. Les feuilles blanches des albums de dessin couvraient le pont comme neige alors que ces jeunes enthousiastes cherchaient à se surpasser dans leurs efforts pour représenter la côte. Quelles que fussent leurs capacités artistiques, ils s'acharnaient à noter, reporter, décrire, hachurer et contre-hachurer chaque aspect et chaque détail de la côte lointaine. Alors que celle-ci émergeait de l'horizon, ils commencèrent à distinguer des montagnes escarpées couvertes de forêts et des falaises à pic. La forte houle s'apaisait peu à peu à l'abri des pointes sud et, bien que le vent soufflât encore avec autant d'ardeur, les vagues se brisaient avec moins de violence, comme apaisées par la perspective d'une accalmie proche[5].

D'Entrecasteaux scrutait la côte avec anxiété, cherchant l'entrée d'Adventure Bay. Quelque chose clochait. L'euphorie initiale des officiers commençait à se troubler d'inquiétude. Contrarié que l'on doutât de ses capacités de navigateur, le général demanda le journal de bord. Il le referma avec irritation. Un relèvement incorrect avait été inscrit, ouest au lieu d'est, et tous les calculs suivants avaient été faussés. Le général coupa court aux tentatives de justification et, ignorant les regards accusateurs échangés par les responsables, il retourna à sa cabine. Le choix était clair : continuer à la recherche d'Adventure Bay ou prendre le risque de s'abriter dans des eaux inconnues. L'après-midi, en accord avec ses officiers, il décida que les bateaux se dirigeraient vers l'embouchure de la baie inconnue, dans l'espoir de trouver un abri avant la nuit tombée. Ils avancèrent peu à peu vers l'entrée de la baie, en tirant bord sur bord.

« Pas de fond ! » cria la vigie de proue en remontant la sonde avant de la jeter de nouveau, loin devant le bateau.

« Vingt-cinq brasses et sable fin », entendit-on ensuite.
« Dix-huit brasses et sable. »
« Quinze brasses. Sable. »

La yole envoyée en reconnaissance trouvait, elle aussi, des sondages favorables. À l'entrée de la baie, d'Entrecasteaux commanda aux deux bateaux de jeter l'ancre. Après des mois de mouvement et de bruit incessant, tout s'immobilisa soudain, dans cet endroit calme et inconnu, à l'autre bout du monde[6].

2 MAI 1792

Le bateau se balançait doucement sur sa chaîne, bercé par une brise légère, seul signe du vent du large. D'Entrecasteaux sentait la résistance rassurante de l'ancre quand le bateau tirait sur la chaîne tendue avant de la laisser reprendre sa position originale. Leur première quinzaine ici avait révélé qu'ils avaient trouvé un bon mouillage qui pourrait accommoder plusieurs bateaux en toute sécurité. Le général jeta un coup d'œil au panorama visible des fenêtres de sa cabine, puis reporta son attention à son journal de bord.

> Je tenterais vainement de rendre la sensation que me fit éprouver l'aspect de ce havre solitaire, placé aux extrémités du monde, et fermé si parfaitement, que l'on peut s'y considérer comme séparé du reste de l'univers. Tout s'y ressent de l'état agreste de la nature brute. L'on y rencontre à chaque pas, réunies aux beautés de la nature abandonnée à elle-même, des marques de sa décrépitude ; des arbres d'une très grande hauteur et d'un diamètre proportionné, sans branches le long de la tige, mais couronnés d'un feuillage toujours vert :

> quelques-uns paraissent aussi anciens que le monde ; entrelacés et serrés au point d'en être impénétrables, ils servent d'appui à d'autres arbres d'égale dimension mais tombant de vétusté et fécondant la terre de leurs débris réduits en pourriture.
>
> La nature, dans toute sa vigueur, et tout à la fois dans un état de dépérissement, offre, ce semble, à l'imagination quelque chose de plus imposant et de plus pittoresque que la vue de cette même nature embellie par l'industrie de l'homme civilisé. Voulant n'en conserver que les beautés, il en a détruit le charme ; il lui a fait perdre ce caractère qui n'appartient qu'à elle, d'être toujours ancienne et toujours nouvelle[7].

La rêverie du général fut interrompue par des chansons sur le pont avant. Un cri joyeux suivit le choc sourd et les soubresauts d'un poisson sur le pont. L'humeur des hommes s'était miraculeusement améliorée. Les vêtements secs et le sommeil avaient éclairci les visages gris et exténués qu'ils montraient le mois précédent. L'eau fraîche avait lavé le sel et la fatigue de leurs corps. Les hommes travaillaient avec enthousiasme, lestant la frégate à bâbord pour calfater les fuites des joints, réparant voiles et espars, explorant les terres et les baies environnantes.

Aussitôt qu'ils avaient jeté l'ancre, d'Entrecasteaux leur avait fait donner une ration supplémentaire de cognac, sans prêter attention aux regards échangés entre les lieutenants. C'était vraiment trop facile, pour ces fils choyés de la noblesse, de penser que les hommes avaient besoin de moins d'indulgence. Maintenir son autorité sur un bateau (et sur la France elle-même) ne se résume pas à la force physique. En mer, la parole du commandant fait peut-être loi, mais dans un monde où même le droit divin des rois est remis en question, la « loi » est plus une affaire de diplomatie, de tact et de négociation.

D'Entrecasteaux savait que l'amour que l'on porte à un chef pouvait très facilement se transformer en haine. Un homme moins aimable n'aurait peut-être pas été capable d'imposer le régime strict de propreté et d'hygiène que d'Entrecasteaux avait exigé de ses hommes. Grâce à la règle d'une toilette quotidienne, faite à l'eau douce ou à l'eau de mer, ils étaient probablement plus propres que chez eux ; quant à leur logement, bien que spartiate, il contenait peu de vermine, grâce à un régime d'aération et de nettoyages répétés. La maladie et le danger du scorbut menaçaient toute longue expédition, mais les efforts demandés par d'Entrecasteaux pour les éviter avaient un autre but, non moins important : garder les hommes occupés. La paresse est la mère de tous les vices et, sur un bateau où l'espace est limité, les incompatibilités de caractère peuvent être aussi dangereuses que le vent ou le mauvais temps[8].

Et sur ce bateau, les incompatibilités de caractère s'accompagnaient d'incompatibilités politiques. Quand *La Recherche* avait quitté le port, elle avait emporté non seulement des graines de cresson et de pommiers, mais aussi des germes de discorde et de révolution. Des hommes de toutes convictions se pressaient dans ce microcosme de la France à l'autre bout du monde, sans contact et sans nouvelles des événements survenant dans leur patrie. Si ce qui se passait dans l'expédition de d'Entrecasteaux était représentatif, la monarchie constitutionnelle qu'ils avaient laissée derrière eux serait en sécurité et gouvernée par des dirigeants avisés et pragmatiques, reconnaissant à tous leurs droits ainsi que leur besoin accru de démocratie. Mais d'Entrecasteaux savait par expérience combien il était ardu de maintenir le contrôle sur des points de vue radicalement divergents. Même dans son royaume en miniature, il était difficile d'apaiser les conflits – Louis XVI avait-il réussi à passer ce cap difficile ?

La révolution dans leur pays avait exacerbé les tensions normales à bord d'un bateau et renforcé les convictions de ses officiers. La marine était encore une carrière de choix pour les jeunes nobles de province, malgré l'abolition par l'Assemblée nationale des privilèges des officiers rouges de l'aristocratie par rapport aux officiers bleus d'origine roturière. Les relations avec la noblesse n'étaient pas sans risque en cette période et un bon nombre de jeunes officiers royalistes avaient choisi de s'absenter de leur pays pendant quelques années, dans l'espoir d'une amélioration de la situation à leur retour. Tels étaient les hommes qui étaient au service de d'Entrecasteaux[9].

La ferveur révolutionnaire, issue des principes des Lumières, lui avait fourni ces officiers, mais aussi dix savants civils – qui tous avaient des opinions fortement démocratiques. Le conflit entre ces savants et les officiers était inévitable. Comment les savants ne se seraient-ils pas sentis différents sur ce bateau militaire, mené d'une main de fer, où chacun devait se plier à la discipline et remplir son rôle ? D'Entrecasteaux avait entendu les savants se plaindre du favoritisme témoigné aux officiers, mais, en dépit de son soutien pour la science, le fonctionnement du bateau venait en premier.

D'Entrecasteaux se désespérait de voir leur irritation se transformer en antipathie. Sans doute, les traits de caractère qui les prédisposaient à devenir savants, comme leur esprit de curiosité et leur esprit critique, leur indépendance et leur impatience vis-à-vis du quotidien et des choses courantes, en faisaient-ils les pires passagers à bord d'un navire de la marine. Leurs disputes interminables semaient le mécontentement dans l'équipage, tandis que l'absence de hiérarchie les encourageait à rivaliser non pas par leur grade, mais par leur intelligence. Leurs activités étaient si paisibles et modérées – collection de plantes, peinture de méduses, séchage de papillons – comment pouvaient-elles s'accompagner d'une mauvaise humeur si intense ?

Des voix s'élevèrent dans l'escalier des cabines, reflétant les pensées de d'Entrecasteaux. Dans la nouvelle France, chacun était savant. Cependant, on ne pouvait pas dire que les espoirs de Fleurieu s'étaient réalisés : que « chacun, concourant avec un zèle égal au succès de votre voyage, s'oubliera personnellement, pour ne s'occuper que de ce qui peut contribuer à la gloire de la nation et à l'accroissement des connaissances humaines ». Fleurieu, ministre de la Marine, s'était rendu compte qu'il pourrait y avoir discorde parmi les membres de l'expédition qui ne faisaient pas partie de la marine et avait rédigé une lettre spéciale dans laquelle il avait clarifié les fonctions respectives des savants, afin de ne laisser « aucun doute sur les fonctions que les personnes embarquées exceptionnellement sous vos ordres auront à remplir[10] ». Les dessinateurs étaient sous les ordres des naturalistes. Quant au jardinier, Félix Lahaye, il n'était pas considéré comme naturaliste et, en fait, ne prenait pas ses repas avec les officiers comme les autres savants. Lahaye, qui avait progressé dans la hiérarchie du Jardin des Plantes où il avait commencé comme apprenti jardinier, semblait s'être résigné, quoique déçu, à son bannissement.

Malheureusement, ces clarifications ne couvraient pas le personnel médical. Déjà, quelques-uns des savants avaient menacé de quitter l'expédition au cap de Bonne-Espérance parce que le médecin de bord prétendait être un naturaliste tout comme eux.

Les naturalistes se disputaient continuellement avec le médecin, soit à propos de l'appropriation des spécimens zoologiques, soit à propos de ce qu'ils considéraient comme des incursions sur leur territoire. Le médecin répondait avec son propre arsenal professionnel : peut-être perdait-il quelques spécimens, mais les naturalistes risquaient de perdre leur dîner, à la suite de l'administration judicieuse de purgatifs. Les médecins de marine se trouvaient dans une position de confiance exceptionnelle et ils n'acceptaient pas d'être contrariés à la légère par les naturalistes, le commandant blessé ou le capitaine qui était en mauvaise santé.

En tout cas, d'Entrecasteaux ne voulait pas décourager l'esprit de curiosité des membres de son expédition. Le général poussait tous ses hommes à prendre part aux découvertes et à l'acquisition des connaissances. Lui-même enseignait la navigation aux plus jeunes, tandis que les astronomes enseignaient les mathématiques. Tous, jusqu'aux mousses de chambre, étaient ainsi encouragés. Sur ce point, d'Entrecasteaux faisait preuve de plus d'égalité que certains des savants, encore trop attachés au statut professionnel qu'ils venaient d'acquérir[11].

Depuis leur arrivée ici, Labillardière s'était plaint continuellement de ne pouvoir disposer de bateaux ou d'hommes pour l'aider. Il semblait penser que son travail de botaniste était le plus important de l'expédition et ne tenait aucun compte du fait que les bateaux étaient utilisés pour des levés hydrographiques ou pour faire des réserves d'eau. L'idée qu'on pourrait confier aux naturalistes le commandement d'un bateau, même petit, était absurde : ils avaient si peu l'esprit marin qu'ils risquaient de perdre leur embarcation, sinon leur vie, si on les laissait faire. Il y avait même des risques à les laisser aller à terre que le général cherchait à limiter. Un grand nombre de savants n'avait aucune idée de l'heure, de la marée ou des changements de temps. Une fois la terre en vue, ils ne pensaient qu'à débarquer, mais il était rare qu'ils rentrent à temps et fréquent que le départ du bateau soit retardé, ce qui compromettait sa sécurité quand les intempéries menaçaient[12].

Encore hier, les naturalistes n'avaient pas réussi à rentrer avant la tombée de la nuit. Il pleuvait à verse et il y avait du vent : il eût été préférable de faire retourner les canots et la plupart de ceux qui étaient à bord pensaient qu'il valait mieux laisser les naturalistes passer la nuit à terre. Cependant, on ordonna à un petit groupe d'officiers de les attendre : ceux-ci, après avoir fait le compte des savants égarés, furent soulagés de pouvoir retourner au bateau, tandis que les naturalistes durent attendre sous la pluie le prochain voyage. D'Entrecasteaux avait alors commandé au maître d'équipage et à ses hommes de manger leur souper avant de retourner chercher les naturalistes. Si ceux-ci jugeaient bon de manquer le rendez-vous prévu, il leur faudrait attendre jusqu'à la prochaine occasion dans l'emploi du temps du bateau. Le vent soufflait en rafales violentes, ce qui rendait le voyage difficile et inconfortable, mais quand l'équipage atteignit finalement la côte, l'incorrigible Labillardière les abreuva de reproches pour « avoir pris leur temps ».

D'Entrecasteaux perdit patience :

« Vous n'avez absolument pas le droit de déranger le souper de l'équipage, ni de leur faire des reproches ! » hurla-t-il à Labillardière.

Il interrompit les protestations de Labillardière :

« Le pouvoir suprême qui m'a été donné me permet de faire tout pour le mieux ou tout pour le pire », dit-il en congédiant le naturaliste[13].

D'Entrecasteaux ne regretta pas sa réprimande furieuse. Elle s'était fait attendre depuis longtemps. Labillardière en serait probablement choqué momentanément, mais le général pensa que cela ne durerait pas bien longtemps. Et, de fait, quelques jours plus tard, Labillardière était de nouveau dans sa cabine pour se plaindre que d'Auribeau avait sorti la grande presse à plantes de la cabine partagée avec les officiers et qu'elle était maintenant exposée à la pluie. Sa propre cabine était déjà pleine à craquer, se plaignait-il, et le temps ne lui permettait pas de faire sécher ses plantes à l'extérieur ou sur la plage. En effet, la presse avait besoin d'être dans un endroit chaud et sec où le papier ne risquait pas d'être volé, car il était précieux. Non sans réserve, d'Entrecasteaux s'interposa et annula la décision du capitaine, à la suite de quoi la presse fut rapportée à l'intérieur.

En dépit des difficultés qu'ils créaient, l'enthousiasme et l'énergie démontrés par les naturalistes dans leur travail étaient admirables. Munis d'un attirail étrange, ils n'hésitaient pas à se précipiter dans les broussailles épaisses. Ils n'offraient certes pas un spectacle élégant avec leurs vestes trop grandes, leurs guêtres de cuir et leurs chapeaux à large bord, portant marteaux et forceps, canifs et fusils, sacs, épingles et tampons de lin. Leur allure était toujours un peu débraillée, ce qui ne s'arrangeait pas avec leurs activités à terre et amusait beaucoup ceux des officiers qui prenaient grand soin de leur personne[14].

Déjà, les naturalistes avaient identifié plusieurs espèces, comme ces mouettes, maintenant familières, au plumage blanc et argenté, dont les pattes et le bec brillaient d'un rouge vif. De grands vols de perroquets aux plumes éclatantes tournoyaient à toute vitesse dans le ciel, lançant des éclairs verts et rouges et tintant comme des milliers de clochettes. Les cacatoès à huppe jaune, si énigmatiques et silencieux sur les portraits des négociants hollandais, hurlaient comme s'ils avaient trouvé leur place naturelle dans cet amphithéâtre antédiluvien. La nuit, les sons émis par d'invisibles bêtes de proie suscitaient l'inquiétude. Les naturalistes craignaient la présence d'un léopard, mais Marion-Dufresne n'avait rien signalé de plus menaçant qu'un petit chat et eux-mêmes n'avaient aperçu qu'un animal noir et blanc de la taille d'un chien. Mais qui savait s'il n'y avait pas de grandes bêtes cachées parmi les broussailles impénétrables, sous le désordre des eucalyptus qui pleuraient des larmes de résine semblables à des rubis[15] ?

Des kangourous avaient laissé de nombreuses preuves de leur passage le long des grèves herbeuses, mais les naturalistes n'en avaient vu qu'un, assez grand. Labillardière, lors de son premier jour à terre, avait eu la chance d'en abattre un d'un coup de fusil : c'était un petit kangourou, à la fourrure épaisse et mouchetée tirant sur le rouge au niveau du basventre et à la chair agréable au goût. Un autre bel animal, plus petit, avait été capturé alors qu'il tentait de se réfugier dans son terrier : il s'était vengé de son emprisonnement en relâchant une odeur âcre.

Il y avait une abondance de poissons et de fruits de mer, qui étaient mangés ou salés aussitôt après avoir été dessinés ou décrits par les naturalistes. Beaucoup d'entre eux ressemblaient superficiellement à ceux qu'ils attrapaient chez eux – maquereaux, mulets, perches, saumons, girelles, requins, raies et soles – mais un examen attentif révélait qu'ils étaient, en fait, très différents. Ce qui ressemblait à une raie avait un corps de requin, ou la tête d'un requin se trouvait attachée à un corps de mulet[16]. La plupart des plantes aussi semblaient familières mais on avait déniché peu de fruits ou de légumes comestibles – quelques mûres sauvages, du céleri sauvage, et une espèce de plantain qui était mangeable en salade. Certaines espèces étaient remarquables par leur seule beauté, comme ces orchidées minuscules et ravissantes, tandis que d'autres provoquaient la répugnance, comme ce champignon cramoisi à l'odeur abominable que Labillardière avait nommé *Aseroe rubra* – puant et rouge.

S'il y avait eu des indigènes dans la région, les étrangers auraient pu leur demander conseil pour trouver une nourriture plus agréable, mais ils n'avaient vu personne, seulement quelques signes d'habitation comme des abris, faisant face au nord, obtenus en brûlant la base de quelques-uns des arbres les plus grands. En dépit du désir qu'ils avaient tous de rencontrer ces gens mystérieux et timides que Marion-Dufresne avait décrits, d'Entrecasteaux savait qu'ils ne pouvaient pas rester longtemps dans ce refuge méridional. Personne n'était certes pressé de quitter cette côte abritée aux mouillages sûrs, aux forêts épaisses et aux cours d'eau riches, pour les risques inconnus de l'océan et des mers de corail. Cependant, leur tâche principale restait à accomplir : il leur faudrait dresser la carte de la côte méridionale de l'Australie, jusque-là inexplorée, découvrir les îles du Pacifique encore inconnues et, surtout, retrouver Lapérouse.

D'Entrecasteaux fronça les sourcils au souvenir de Lapérouse. Les carrières des deux hommes avaient suivi des chemins parallèles et d'Entrecasteaux ne lui en voulait pas d'avoir reçu son premier commandement six ans au moins avant lui, bien qu'il fût trois ans plus jeune. Les deux hommes s'étaient reconnu un fond de caractère en commun dont la rancune et le vitriol ne faisaient pas partie. D'Entrecasteaux, en tant que directeur des ports et arsenaux, avait eu grand plaisir à aider Fleurieu à organiser l'expédition de Lapérouse. Et il avait beaucoup regretté de l'avoir manqué de quelques jours seulement lors de son passage en Chine, bien qu'il eût réussi à envoyer de nouveaux ordres et des hommes sur le navire-jumeau qui était plus rapide.

D'Entrecasteaux était encore hanté par les mots de Lapérouse à propos du désastre au Port des Français : « J'ai perdu ce jour-là le seul parent que j'eusse dans la marine. C'était, parmi tous ceux qui avaient navigué avec moi, le jeune homme qui m'avait montré les plus grandes dispositions pour son métier ; il me tenait lieu de fils, et je n'ai jamais été aussi vivement affecté[17]. »

D'Entrecasteaux connaissait bien la douleur de manquer à ses responsabilités. Lui aussi avait un neveu. Celui-ci n'était pas mort mais était tombé en disgrâce, et d'Entrecasteaux se sentait responsable, au moins en partie, de cette chute. Si seulement il s'en était mieux occupé et l'avait guidé plus attentivement, si seulement il avait été là[18]...

Le général s'étira à son bureau, ce qui le fit grimacer. À cinquante-sept ans, il était trop vieux pour se mesurer à la colère de l'océan Austral. Il se demanda si Lapérouse, lui aussi, ressentait son âge : il espérait que c'était le cas car cela voudrait dire qu'il était encore vivant. En fait, le général savait bien que leurs chances de survie n'étaient pas bien grandes – surtout celles de Lapérouse.

Il étala sur son bureau la carte à grande échelle de l'océan Pacifique et retraça avec le doigt les derniers mouvements connus de celui-ci. D'après son ultime dépêche de Botany Bay, il avait l'intention de retourner aux îles des Amis, puis en Nouvelle-Calédonie et aux îles Santa Cruz, avant de se mettre à la recherche d'une autre route entre la Nouvelle-Guinée et la Nouvelle-Hollande. Il était parti en juillet 1788. D'Entrecasteaux fronça les sourcils : il était bien tard dans la saison et les alizés du sud-est avaient dû souffler en rafales. Lapérouse était probablement allé le plus loin possible vers le sud avant de se laisser pousser vers le nord par les alizés. D'Entrecasteaux dessina avec le doigt une route imaginaire vers l'est, à travers le Pacifique. Mais si les alizés avaient été furieux, Lapérouse aurait été de toute façon poussé vers le nord. Le général étala ses doigts vers le nord, à la recherche de toutes les trajectoires possibles pour l'expédition infortunée. Un millier d'îles se trouvaient sur son chemin, éparpillées sur un million de milles carrés d'océan. Même si les navires n'avaient pas sombré au milieu de l'océan à la suite du mauvais temps – même s'ils avaient accosté quelque part et laissé des traces de leur passage – la probabilité de les retrouver dans ce labyrinthe de corail était minuscule. Et celle de retrouver des survivants était plus infime encore[19].

ÉLISABETH-PAUL-ÉDOUARD DE ROSSEL

ÎLES SANTA CRUZ, PACIFIQUE SUD

19 MAI 1793

Élisabeth-Paul-Édouard de Rossel *naquit dans une famille noble, le 11 septembre 1765. D'après les autres officiers, il était rondelet, petit et laid, mais facile à vivre et il s'accommodait des taquineries dont il était l'objet de la part de ses collègues. Lieutenant au début de l'expédition de d'Entrecasteaux, il prit le commandement de* La Recherche *à la mort de Huon de Kermadec, puis le commandement de l'expédition après celle de d'Entrecasteaux et d'Auribeau. Il fut brièvement emprisonné à Java, puis tenta de rentrer en France sur un navire de commerce hollandais avec les papiers et les collections de l'expédition ; il fut capturé par les Anglais et emprisonné pendant sept ans. De Rossel était un royaliste dévoué, loyal envers la France, mais il avait peu confiance en ses capacités de commandant et se trouvait plus à l'aise dans l'administration navale où il continua sa carrière. Pour de Rossel, l'expédition était probablement une étape nécessaire dans son parcours et il fut heureux d'en sortir indemne. De Rossel compléta le récit officiel du voyage, d'après les journaux de bord de d'Entrecasteaux et des autres officiers. Il devint contre-amiral et dirigea le Bureau hydrographique. Il fut membre de l'Académie des sciences et du Bureau des longitudes. Il mourut soudainement en 1829, alors qu'il tentait de rassembler un comité de soutien à l'expédition de Dumont d'Urville qui venait de rentrer en France*[1].

Le lieutenant de Rossel était à son poste sur le pont. Il y avait plusieurs jours qu'ils cherchaient, tirant des bords entre les myriades de petites îles qui constituaient l'archipel de Santa Cruz. Il pointa sa longue-vue vers l'île la plus proche, le visage contracté et la bouche entrouverte. Le vent humide taquinait ses cheveux clairsemés et caressait sa peau moite de sueur comme en se moquant.

L'île était d'une uniformité impénétrable ; une verdure inaccessible la recouvrait d'un bout à l'autre. Des huttes au toit de chaume étaient perchées au bord de la forêt ; de petites pirogues étaient rassemblées tout près, comme si elles s'apprêtaient à un départ hâtif. Les vagues, poussées par le vent vif, écumaient sur le récif externe et empêchaient le bateau de s'approcher trop près. L'île ne livrait aucun de ses secrets[2].

De Rossel prêta attention au groupe de pirogues qui les suivaient courageusement avec leurs voiles triangulaires et pointues comme des cornes de diable. Les habitants de ces îles n'étaient ni trompeurs ni amicaux, ni craintifs ni agressifs. Cependant, son commandant, d'Entrecasteaux, ne voulait prendre aucun risque et était prêt à démontrer la force destructrice des canons français. Il n'avait aucun désir de finir comme Marion-Dufresne, Cook ou de Langle[3].

Pourtant, il fallait peser le pour et le contre : montrer sa force ou obtenir nourriture, eau et informations. Il ne servait à rien d'effrayer les populations comme ils l'avaient fait dans les îles de l'Amirauté. La première fusée du général y avait été accueillie par un silence abasourdi ; puis l'explosion soudaine d'étincelles avait causé une panique générale, tandis que la flottille locale regagnait rapidement la sûreté du rivage. Cherchant l'apaisement, d'Entrecasteaux mit à l'eau un petit radeau contenant un lampion et le lança dans la direction des villageois terrifiés. Comme le temps était calme, la bougie resta allumée pendant deux heures tandis que les malheureux allumaient des feux le long de la plage et chantaient furieusement dans l'espoir d'éloigner cette apparition malveillante. D'Entrecasteaux se trouva très mécontent de son manque de succès mais fut incapable de contenir l'hilarité de son équipage.

Les natifs de Santa Cruz étaient d'une autre trempe. La première salve fut accueillie par des applaudissements et des cris de joie et fut suivie d'une seconde pour leur plaisir. Un commerce amical, quoique prudent, s'ensuivit : bibelots et armes furent échangés contre des flèches (dont la pointe avait été enlevée) avec un des bateaux, et contre des arcs avec un autre. Mais il n'y avait aucune trace d'objets d'origine française, aucune évidence qu'un bateau fût passé par ici, aucun signe de l'expédition disparue.

De Rossel baissa sa longue-vue et pinça les lèvres avec son air désapprobateur habituel. Les sauvages, ici, lui semblaient maussades et laids. Ils n'avaient rien de la grâce ni de la beauté provocante des Tahitiennes (qu'il avait admirées de loin). Les femmes étaient habillées décemment et portaient des jupes qui descendaient jusqu'au genou ; leurs têtes et leurs corps étaient couverts. Les hommes ne riaient ni ne souriaient jamais. De Rossel ne pouvait pas leur faire confiance et était pressé de partir. Leur aspect maussade était encore plus repoussant quand on le comparait à la bonne humeur naturelle des habitants de la terre de Van Diemen, en compagnie desquels ils venaient de passer quelques semaines récemment.

Bien sûr, au premier abord, ils avaient soupçonné les natifs de la terre de Van Diemen des pires actes de cannibalisme, mais, en faisant connaissance avec eux, ils s'étaient aperçus qu'ils étaient doux et intelligents et ne s'intéressaient à leurs visiteurs que pour eux-mêmes. Leur curiosité était dénuée de tout désir d'acquisition. Ils ne montraient pas d'intérêt particulier pour les colifichets qu'on leur présentait et n'acceptaient que les objets dont l'utilité immédiate pouvait être démontrée. Ils maîtrisèrent rapidement la hache, la scie et les hameçons et utilisèrent la loupe pour allumer des feux avec beaucoup d'enthousiasme.

Contrairement aux habitudes immorales de bien des sauvages, les habitants de la terre de Van Diemen ne semblaient pas partager leurs femmes et chaque homme savait exactement de quelle femme et de quels enfants il était responsable. Leur affection mutuelle était évidente. Les pères jouaient tendrement avec leurs enfants, les corrigeant avec fermeté mais aussi amour et séchaient leurs larmes avec des caresses. Les jeunes femmes étaient timides et réservées, en dépit de leur nudité, prévenant ainsi les manques de tact qui avaient engendré de l'animosité entre marins et indigènes dans d'autres endroits[4].

Alors que de Rossel prenait consciencieusement note du comportement et des habitudes de ces primitifs, il n'avait pu s'empêcher de remarquer leur expression amusée quand ils l'observaient. Ils dissimulaient leur sourire derrière leur main et étouffaient leurs éclats de rire, mais ils ne pouvaient pas cacher cette expression amusée dans leurs yeux. Leur esprit pénétrant déconcertait de Rossel, bien qu'il eût l'habitude d'être le sujet de plaisanteries de la part de son entourage. Les autochtones taquinaient tous les marins à propos de leurs collections de cailloux et de coquillages, s'émerveillaient de leur peau douce et de leur jeunesse et s'intéressaient avec insistance à leur anatomie intime : ils étaient très étonnés de ne pas découvrir une seule femme parmi eux. Ils regardaient, fascinés, les marins se tresser mutuellement les cheveux et les orner de rubans. Les hommes riaient quand les Français leur demandaient pourquoi ils laissaient les femmes faire tout le travail et plonger dans les eaux glacées à la recherche de coquillages. Les indigènes, quant à eux, restaient assis à manger et regardaient les Français faire eux-mêmes le « travail des femmes[5] ».

S'ils avaient été plus discrets, les indigènes auraient pu découvrir une Française. Le « garçon » de cabine du commandant tenait absolument à rencontrer ces étrangers mais avait changé d'avis soudainement quand il avait entendu parler de leur audace. Les officiers levèrent les sourcils et eurent un petit sourire narquois, mais ils gardèrent leurs insinuations pour eux-mêmes. Tant que le « garçon » de cabine faisait son travail, le commandant ne supporterait aucune question sur le passé de « Louis Girardin ». D'ailleurs, ce dernier s'était déjà battu en duel avec un marin qui l'avait accusé d'être une femme et nul ne voulait être de nouveau ainsi provoqué[6].

De Rossel n'approuvait pas ce mépris des règles. Tout en lissant distraitement les revers froissés de son uniforme rouge qui avait connu de meilleurs jours, il redressa sa petite taille autant que possible et traversa solennellement la dunette. Il avait vingt-sept ans et avait été lieutenant de vaisseau pendant seulement trois ans. Cette expédition lui offrait d'excellentes occasions de promotion. Il était le troisième dans la hiérarchie et occupait souvent une position de responsabilité, surtout quand le capitaine était souffrant. Même le général d'Entrecasteaux avait reconnu ses talents et lui avait demandé de prendre en charge les levés astronomiques.

L'astronome attitré de l'expédition avait débarqué au Cap, ce qui n'était pas une grande perte : de Rossel avait été heureux de prendre sa relève consciencieusement. Dommage que les autres savants qui avaient menacé de faire la même chose n'eussent pas suivi le même chemin. Certains de ces civils se conduisaient comme si l'expédition avait été conçue pour leur seul bénéfice personnel, et que leurs collections leur appartenaient. La rumeur que le naturaliste Labillardière avait l'intention de publier son propre journal de voyage avait fort déplu à d'Entrecasteaux. Il rappela aux savants qu'il ne s'agissait pas d'une expédition de collecte privée. Tous les journaux de bord et toutes les collections devaient être donnés au commandant à la fin du voyage, de façon à pouvoir être envoyés au ministre de la Marine, le représentant du roi. Cette expédition, comme celle de Lapérouse, était une expédition royale, envoyée par décret royal. Il reviendrait au général de préparer le récit officiel du voyage et de superviser la compilation des atlas scientifiques – zoologiques, botaniques et cartographiques – qui l'accompagneraient. Au Cap, les autres savants étaient furieux, mais ils restèrent à bord[7].

Mais, aujourd'hui, même de Rossel manquait d'enthousiasme pour sa tâche. Ils étaient déjà passés par ici lorsqu'ils avaient fait des allées et venues parmi les îles du Pacifique à la vaine recherche de Lapérouse. L'espoir de retrouver ses traces avait disparu après leur visite aux îles Santa Cruz. Ils avaient vu peu d'objets d'origine européenne et il ne semblait y avoir aucune raison de penser que Lapérouse était passé par ici avant eux. Après tant de mois en mer, la maladie et les blessures commençaient à faire des victimes parmi l'équipage. Le scorbut si redouté avait finalement fait son apparition et plusieurs hommes avaient été frappés pendant les dernières semaines. L'eau douce manquait, le vin avait tourné au vinaigre, la farine avait souffert de la chaleur et leurs provisions étaient pratiquement épuisées. Toutes les rations alimentaires avaient été réduites de moitié, même celles du commandant, malgré son âge et sa santé fragile. De Rossel admirait son abnégation mais doutait de sa sagesse. Sans d'Entrecasteaux, les membres de l'expédition se retrouveraient comme orphelins. Ils étaient encore bouleversés par la mort de Huon de Kermadec, vieille de deux semaines à peine, qui l'avait laissé en charge de *La Recherche*. Ce n'était pas d'Auribeau, intransigeant et souvent malade, qui pourrait mettre de l'harmonie dans cette expédition disparate et divisée. De Rossel frémit à la pensée de ce qui se passerait s'ils perdaient d'Entrecasteaux. Pour leur propre bien, il était urgent qu'ils arrivent bientôt à Java.

De Rossel tourna le dos aux îles qui s'éloignaient et fronça les sourcils, inquiet de ses nouvelles responsabilités de commandant, alors que disparaissaient à l'horizon les sommets lointains de l'île de la Recherche qu'ils venaient de nommer ainsi mais qu'ils n'avaient pas explorée. Il n'y avait rien à y trouver[8].

LE MARIN INCONNU

ÎLE DE LA RECHERCHE, GROUPE DE SANTA CRUZ

19 MAI 1793

La plupart des marins qui ont pris part à l'expédition de Lapérouse étaient originaires de Bretagne. Leurs ancêtres avaient été marins, pirates ou pêcheurs et ils avaient gardé la langue, la culture et les traditions de leur terre celte natale. Presque tous avaient entre vingt et trente ans, mais même les plus jeunes avaient une plus grande expérience de la vie en mer que les officiers subalternes. La nourriture et les conditions de travail n'étaient pas bonnes mais, à la différence de leurs collègues anglais, ils risquaient peu de recevoir des châtiments corporels. La vie de marin était un mélange fort de peur, d'émotions et d'ennui. Beaucoup périssaient à la suite de maladies ou de naufrages, voire aux mains des sauvages, mais les anciens marins étaient fiers de leurs expériences dans le Pacifique, absorbant les expressions locales et exhibant leurs tatouages. Chansons, danses et décoration jouaient un rôle important dans leurs habitudes quotidiennes. Ils passaient des heures à se tresser mutuellement les cheveux, à décorer leurs vêtements et à sculpter des bibelots et des souvenirs. Parmi ceux qui survécurent au naufrage à Vanikoro, certains furent tués par les indigènes. Les autres quittèrent l'île quelques mois plus tard sur un bateau qu'ils avaient construit. On raconte que deux Français restèrent sur l'île ; il est donc possible que l'un d'eux y séjournât quand l'expédition de d'Entrecasteaux y passa en 1793.

Le marin, assis au bord de la plage de l'autre côté de l'île, ne se rendait pas compte que son refuge avait été rebaptisé. Il lui avait donné bien des noms pendant les années de son séjour, mais peu étaient aussi jolis que celui-ci : île de la Recherche. Les indigènes l'appelaient Vanikoro. C'était sa prison, son supplice – sa Botany Bay à lui, cernée par des eaux où se tordaient des serpents jaune et noir.

L'apparence extérieure de cet homme ne révélait rien de ce qu'il était ou de ce qu'il avait été : les restes déchirés de ses vêtements pouvaient tout aussi bien avoir appartenu à un officier de l'aristocratie ou à un modeste marin d'origine paysanne. Rien ne restait de son statut dans l'expédition de Lapérouse. Il avait depuis longtemps perdu toute prétention à un grade ou à un prestige quelconque. Il était maintenant une épave, assis sur la plage, lançant des galets dans l'eau pour passer le temps. Ses jambes minces croisées devant lui, il s'en lassa et posa ses joues émaciées sur ses genoux osseux.

Il regardait désespérément vers l'horizon. Depuis combien de temps étaient-ils sur cette île abandonnée où ils avaient fait naufrage ? Deux ans ? Trois ans ? Quatre ? Les jours s'écoulaient sans qu'il ne se passât rien. Chaque soir, le soleil cessait soudainement son œuvre ardente, le plongeant dans une obscurité sans recours. Aucun crépuscule pour annoncer, d'une lumière déclinante, la nuit qui approchait doucement ; aucune aurore pour l'éveiller, doucement, tendrement ; seulement la lumière et l'obscurité. L'éclat des sables blancs et des eaux cristallines aveuglait ceux qui scrutaient l'horizon en vain. Ils se sentaient rejetés par la verdure sombre et infinie des forêts toutes-puissantes qui les repoussait impitoyablement vers le rivage, vers la limite de leur univers. Il n'y avait pas de saison – pas de printemps, d'été, d'automne ou d'hiver. Il y avait la pluie, et encore la pluie qui nourrissait les forêts, les moustiques qu'elles abritaient et les fièvres qui, depuis leur arrivée ici, avaient emporté tant d'entre eux.

Il pouvait à peine se rappeler la terreur du naufrage, l'orage qui les avait frappés avec une sauvagerie soudaine. De l'eau, de l'air, de l'eau, de l'air, des épaves, du corail, du sable. Plus rien. Des souvenirs lui revenaient : son lent rétablissement à l'abri d'une hutte de fortune, tandis que ceux qui étaient plus forts récupéraient ce qui restait de leurs bateaux et réparaient la yole qui avait échoué sur la plage. Ceux qui étaient en meilleure santé étaient partis sur la yole pour aller chercher de l'aide et envoyer une équipe de secours vers ceux qui restaient, les derniers survivants de ce qui fut la grande expédition de Lapérouse. Pendant un moment, ceux-ci avaient été pleins d'espoir, malgré leur calme solitude.

En fait, ils n'étaient pas seuls sur cette île maudite. Les indigènes commencèrent à leur rendre visite, subrepticement d'abord, puis de plus en plus ouvertement à mesure que la faiblesse des intrus devenait évidente. Une petite quantité d'armes et de munitions les protégeaient d'une attaque franche. Quelquefois, les indigènes venaient en amis, d'autre fois, en ennemis, à la suite de transgressions de lois inconnues que les marins ne pouvaient comprendre. Bientôt, des meurtres s'étaient ajoutés aux décès causés par la maladie ou la faim. Parfois, la mort était une délivrance. Seul le désir de revoir la France, leur pays natal, leur femme et leur famille les retenait.

Un reflet blanc étincela à l'horizon et captura l'attention du marin, ranimant à peine le vestige d'espoir qui vacillait en lui. Peut-être aujourd'hui, peut-être même maintenant, un bateau français était en route pour venir les sauver. L'espérance se ranima brièvement, mais ce rêve familier avait perdu sa force. Incapable même de contrôler son imagination, il crut que le bateau s'éloignait, ignorant sa présence. Le désespoir submergea le naufragé, en grandes vagues issues de l'océan qui l'emprisonnait[1].

> Seul, seul, si seul
> Seul au sein de l'immense mer ;
> Le Christ est sans pitié
> Pour mon âme à l'agonie.
>
> Tant d'hommes si beaux,
> Et tous gisent morts !
> Et des millions de choses visqueuses
> Ont survécu – et moi aussi[2].

JOSEPH BANKS

SOHO SQUARE, LONDRES
4 AOÛT 1796

Issu d'une famille aisée dont il hérita de la fortune à un âge assez jeune, **Joseph Banks** *naquit près de Londres en 1743. Il étudia à Oxford, avec la confiance en soi et l'assurance propres aux gens vraiment riches ; puis il partit à Terre-Neuve et au Labrador où il poursuivit des travaux de botanique. Il devint membre de la Royal Society en 1766, avant d'entreprendre le grand voyage traditionnel du gentleman qui l'emmena autour du monde avec James Cook (1769–1771). En dépit de ses exploits amoureux dans le Pacifique, dont on s'est beaucoup gaussé, il reste une figure impressionnante, quoique accessible, de l'histoire internationale des sciences. Il fit un voyage autour de l'Islande en 1772. Banks se maria en 1779 et vécut avec sa femme et Sarah, sa sœur excentrique. Il devint protecteur des sciences, avec un intérêt particulier pour l'Australie et la botanique. Il fut président de la Royal Society de 1778 à 1820 et participa à la fondation des jardins botaniques de Kew. Il maintenait un réseau important de collègues scientifiques et s'intéressait beaucoup à la science française. Il devint baronnet en 1781, chevalier de l'ordre du Bain en 1795 et conseiller du roi en 1797. Avec l'âge, il prit du poids et commença à souffrir de la goutte ; il fut atteint de paralysie en 1806 et mourut en 1820*[1].

Le brouhaha enjoué de la conversation s'estompait alors que les derniers invités du matin s'éloignaient dans le couloir, rassasiés de petits pains, de café et du dernier volume de l'Académie française, tout juste renommé Institut national[2]. Enfin, Banks pouvait s'occuper de cette correspondance sensible avec « le naturaliste français Labillardière » qu'il entretenait depuis plusieurs mois. Cette situation le plaçait dans une position délicate. Il n'avait aucun doute sur la méthode à utiliser, mais ce qu'il faudrait faire mettrait ses qualités de diplomate à rude épreuve.

Soho Square
9 juin 1796

Monsieur,

J'ai parlé à plusieurs membres de notre administration de la restitution des collections que vous et vos compagnons avez rassemblées durant votre dernier voyage et j'ai été heureux de les trouver en accord avec moi pour penser qu'il convenait de le faire. On avait promis de me faire connaître la décision du cabinet à ce sujet dimanche dernier, mais cette question n'a pas encore été examinée en raison d'autres affaires pressantes.

Je suis sûr que j'aurais déjà reçu l'accord pour une restitution si elles n'avaient pas été réclamées au nom du frère de feu le roi de France. J'ai lutté assidûment contre cette revendication et, je crois, non sans succès.

De toute façon, j'ai bon espoir que nous obtiendrons gain de cause ; soyez assuré de mon zèle sans relâche. La protection que vous avez accordée au capitaine Cook nous a montré que la science de nos deux nations peut être en paix, alors que leurs politiques sont en guerre. Rien ne pourra mieux apaiser cette rancœur injustifiable entre nos politiciens que l'harmonie et la bonne volonté qui existe entre ceux de leurs compatriotes qui font progresser la science.

Veuillez agréer, Monsieur, l'expression de mes sentiments dévoués.

Joseph Banks[3]

Banks changea de position sur sa chaise et ses bras tremblèrent légèrement à la suite de cet effort. Malgré le cadre confortable, ses jambes gonflées et affligées de goutte le faisaient souffrir. La lumière chaleureuse de l'été égayait la pièce en dépit des nombreux livres et portraits qui encombraient les murs. De grands bureaux, placés sous les fenêtres, bénéficiaient de la lumière : ils étaient couverts de piles ordonnées de livres et de papiers qui témoignaient de la parfaite organisation d'un grand nombre de travaux en cours. Une abondance de bibelots et d'objets décoratifs étaient éparpillés sur les rebords des fenêtres et le manteau de la cheminée, reflet de ses nombreux voyages et de la passion des collections qu'il partageait avec sa sœur. Un petit feu crépitait gaiement dans l'âtre, en dépit de la chaleur saisonnière. C'était une pièce bien tenue où on se sentait bien. Il y régnait, malgré ses proportions grandioses et impressionnantes, une atmosphère chaleureuse et accueillante qui était aussi la marque du propriétaire[4].

De fait, cette pièce avait accueilli de nombreuses personnes : la plupart avaient trouvé ce qu'elles cherchaient dans la grande bibliothèque et le musée qui lui étaient attachés. Ces pièces extérieures étaient ouvertes chaque matin à tous ceux qui avaient besoin de leurs collections. Des feux avaient été allumés dans chacune d'elles et on servait du thé et du café pour soutenir les activités intellectuelles des visiteurs. Tous étaient accueillis en égaux ici, qu'ils soient fils de prince ou d'ouvrier agricole. La rencontre des esprits prévalait sur les barrières politiques, sociales ou linguistiques – c'était la seule façon de faire progresser ces sciences nouvelles. Banks se faisait un plaisir, autant qu'un devoir, d'instruire ces jeunes gens sérieux qui se présentaient chez lui. Certains venaient de province, d'autres de l'étranger, à la recherche de soutien ou, simplement, de la compagnie d'esprits animés de la même passion pour l'histoire naturelle. Et qui d'autre pouvait mieux offrir ce soutien et cette compagnie que Sir Joseph Banks, président de la Royal Society ?

C'est ainsi que Banks fit connaissance avec le jeune naturaliste français Labillardière dont l'avenir était désormais entre ses mains. Le jeune homme était arrivé chez lui, attiré par sa bibliothèque et son herbier légendaires. Son dévouement et son enthousiasme avaient impressionné Banks. Labillardière était encore jeune mais il avait déjà réuni une collection de plantes considérable, beaucoup voyagé et produit des travaux de grande qualité. En fait, cette application n'était pas surprenante chez quelqu'un qui avait été formé au Jardin des Plantes, dont la méthode systématique de recherche et d'éducation suscitait l'envie des naturalistes dans le monde occidental. Il était heureux que le Jardin, à la différence de tant d'autres institutions de recherche, eût survécu aux événements récents en France, au prix d'un changement de nom et d'une réorganisation. Non seulement les savants du Jardin avaient réussi à garder leur tête, mais encore ils étaient sortis du tourbillon de la révolution avec une augmentation de finances et de ressources, ainsi qu'un respect accru en tant que membres fondateurs du nouveau Muséum d'histoire naturelle. Peut-être était-ce parce que, à la différence de l'Académie qui avait été abolie par Marat dans un esprit de vengeance, le jardin n'avait pas été dominé par des membres de la noblesse – en fait, la majorité du personnel était composée d'hommes ordinaires, d'origines variées.

Banks avait entendu beaucoup de témoignages directs sur la situation en France. Beaucoup de visiteurs, ayant fui les événements, avaient, pour ainsi dire, élu domicile dans sa bibliothèque. Le calme paisible et permanent de sa maison de Soho paraissait très éloigné des bouleversements et des passions de Paris. La Manche et le bon sens stoïque des Anglais semblaient offrir une protection contre cette folie qui envahissait la France ; néanmoins, tout ce qui s'était passé ces dernières années avait été empreint des lueurs écarlates de la Révolution française.

La prise de la Bastille en juin 1789 avait semblé n'être qu'une tempête dans un verre d'eau, sans grande importance en elle-même, mais elle avait relâché un torrent de rage et de passion jusque-là refoulées. La pauvreté et la faim peuvent pousser les hommes à des choses étranges. Louis XVI n'avait ni le soutien ni la volonté personnelle nécessaires pour s'opposer à la foule et avait cédé aux revendications. Mais cela n'avait pas été suffisant pour le sauver. Qui eût cru que des hommes et des femmes ordinaires se révolteraient contre la monarchie même ? Le peuple avait été encore plus outragé lorsque Louis tenta de s'échapper de France avec sa famille en 1791 ; même la guerre avec l'Autriche n'avait pas détourné le peuple français des blessures terribles qu'il semblait déterminé à s'infliger à lui-même. Le palais des Tuileries avait été envahi, le roi arrêté et traduit en justice, la monarchie abolie et enfin, à la grande surprise des observateurs anglais, Louis XVI avait été exécuté.

Et pourtant, la Grande-Bretagne avait tenté de rester neutre pendant les événements de Paris, tout en attendant que l'ordre se rétablisse. Certains, comme l'Irlandais Burke, croyaient que la contagion de la révolution gagnerait l'Angleterre. Mais Banks avait une plus grande confiance dans le jugement de ses compatriotes. Les Français semblaient presque prendre plaisir à l'anarchie et à la confusion. Au lieu de tenir compte des avantages procurés par l'histoire et la tradition, ils avaient intégré à l'excès les opinions de leurs philosophes athées et démocrates. Et maintenant, tout comme le chien dans la fable d'Ésope, ils lâchaient la proie pour l'ombre. Banks était sûr que cette fièvre, en fin de compte, s'apaiserait d'elle-même, bien qu'il ne vît aucun moyen par lequel une guérison pût se produire sans effusion de sang[5].

Et les événements récents semblaient lui donner raison. Quarante mille personnes avaient été tuées dans les émeutes ou sous le coup de la guillotine. La France avait déclaré la guerre non seulement à l'Angleterre, mais aussi à la Hollande et à l'Espagne, comme une folle qui lutterait contre elle-même, mais aussi contre tous ceux qui oseraient l'approcher, même avec les intentions les plus pacifiques. Cependant, le règne de la justice rapide, sévère, inflexible, semblait s'être terminé après l'exécution de Robespierre en 1794. Le pouvoir grandissant de l'armée (et d'un jeune général qui s'appelait Napoléon Bonaparte) inquiétait certes les voisins en guerre avec la France, mais il semblait avoir stabilisé la situation intérieure du pays. Ces derniers mois, Banks avait pu reprendre des rapports amicaux avec ses collègues naturalistes d'outre-Manche. La monarchie et la religion avaient malheureusement souffert, mais le respect des Français pour la science n'avait jamais faibli, même au pire de la Terreur.

En temps de guerre et de bouleversements, les Français donnaient priorité à la science, ce qui était peut-être une des raisons pour lesquelles la France garderait toujours sa supériorité en histoire naturelle, bien qu'elle fût destinée, semblait-il, à rester inférieure à ses cousins anglais du point de vue militaire. Quelle autre nation aurait envoyé au secours d'un explorateur, en pleine guerre et révolution, une expédition scientifique bien équipée et financée par l'État ? Banks n'avait pas hésité à offrir toute son assistance à l'expédition de d'Entrecasteaux et avait confié à Labillardière un jeu d'aiguilles de compas, qui avait appartenu à Cook, pour qu'il les donne au commandant. Il ne doutait pas qu'ils feraient de grandes découvertes qui seraient très utiles à toutes les nations. Il ne manquerait pas non plus de prêter assistance, lors de leur retour, aux rescapés de la compagnie anéantie de d'Entrecasteaux[6].

Comme ce fut le cas dans tant d'autres expéditions, les marins français avaient perdu leur commandant. D'Entrecasteaux était mort avant leur arrivée à Java. L'expédition avait quitté l'Europe en paix avec toutes les nations, soumise à un serment de loyauté au roi alors que la transition à la monarchie constitutionnelle semblait assurée. Quand ils arrivèrent à Surabaya qui était alors sous gouvernance hollandaise, ils se trouvèrent sans roi, sans chef, incertains de leur propre gouvernement et en guerre avec près de la moitié des pays d'Europe. Il n'était pas étonnant que l'expédition se fût désintégrée après leur arrivée à Java.

Tout d'abord, Banks avait douté de Labillardière, jusque-là son protégé. Sûrement, le capitaine d'Auribeau n'aurait pas livré Labillardière ainsi que vingt-deux autres savants et officiers aux autorités hollandaises pour qu'ils soient emprisonnés sans avoir de bonnes raisons. Il avait entendu dire qu'ils avaient refusé de prêter allégeance au nouveau roi, le jeune Dauphin, bien que Labillardière eût nié fortement que ce fût le cas, et ils furent gardés prisonniers par les Hollandais pendant un an. Les bateaux et leur cargaison furent vendus pour payer leurs dettes croissantes aux Hollandais. Après la mort de d'Auribeau, de Rossel, qui se trouvait être le plus haut placé, tenta d'accomplir son devoir en retournant en France, avec le reste des collections, sur un bateau hollandais.

Mais les malheurs de l'expédition n'étaient pas

terminés. Les Hollandais étaient maintenant en guerre avec la Grande-Bretagne et, bientôt, les bateaux hollandais, ainsi que de Rossel et les collections, furent capturés au large de l'île de Sainte-Hélène. Toutes les cartes françaises, ainsi que les journaux de bord, furent envoyés à l'Amirauté de façon que toute information nouvelle utile à la marine anglaise puisse en être extraite. Les collections furent offertes au roi en exil Louis XVIII, frère du roi exécuté, qui les offrit promptement à la reine Charlotte. Celle-ci les fit envoyer à Banks afin qu'il lui recommandât ce qui, parmi les trente-sept caisses, pourrait tenter son intérêt de botaniste.

Banks avait ouvert les caisses avidement (non sans scrupule), comme un pirate qui savoure des trésors mal acquis. Les papiers délicats s'ouvrirent et révélèrent des délices inimaginables. L'arôme de forêts lointaines, d'eucalyptus et de melaleucas provoqua une vague de nostalgie qui déferla en lui, le ramenant à l'expédition de sa jeunesse. Il sourit quand sa main se referma sur la joue arrondie d'un coco-de-mer brun à la peau lisse. La forte odeur caractéristique de l'huile de noix de coco lui rappela des cuisses sombres et des nuits divines, le doux balancement du vaisseau royal et ces peaux nues, vêtues seulement de l'air chaud des tropiques[7].

Banks ne pouvait s'empêcher de se demander si Labillardière avait trouvé le temps de se livrer à de tels plaisirs, car il avait certainement travaillé avec un zèle impressionnant à ses collections. Chaque spécimen avait été conservé et annoté comme il fallait, pressé et séché avec soin, lavé et macéré, vidé et tanné. Tant de nouvelles espèces ! Tant de nouveaux sites ! Ces matériaux augmenteraient prodigieusement son œuvre maîtresse, son *Florilegium*, dont la rédaction était toujours en cours.

Alors même que l'idée lui venait, Banks réfréna son enthousiasme. L'âme même de cette collection, le placement attentif de chaque objet, révélaient un homme dévoué à sa science. Même avant d'avoir reçu la première lettre de Labillardière, dans laquelle celui-ci lui assurait qu'il ne s'était pas mutiné et le suppliait de l'aider, Banks savait qu'il ne pourrait pas garder ces spécimens. Quelle que fût la justification politique, ils appartenaient moralement au collectionneur, en dépit de l'envie et de la convoitise qu'il ressentait. Seul Labillardière pouvait leur donner leur juste valeur et, à en juger par ses travaux précédents, il n'y avait aucun doute qu'après avoir retrouvé ses collections, il produirait un excellent travail.

À la différence de la plupart de ses compatriotes, Banks n'avait pas oublié sa dette envers la nation française. Si les voyages de de Brosses et de Bougainville ne les avaient pas inspirés, les Anglais se seraient peut-être satisfaits de leurs prouesses commerciales, sans jamais s'intéresser aux voyages d'exploration. Sans le travail des astronomes français, il n'y aurait eu aucune raison d'envoyer Cook à Hawaï pour observer le transit de Vénus de l'autre côté du monde. L'*Endeavour* avait voyagé seulement armé d'un laissez-passer accordé par les Français. Pour ceux-ci, la cause de la science était la cause de tous les peuples – *causa scientiarum causa populorum*. Maintenant, Banks avait l'occasion de s'acquitter de sa dette à la nation française et il était bien décidé à s'assurer que ses supérieurs seraient d'accord.

Cela faisait deux mois qu'il avait écrit à Labillardière pour lui dire qu'il serait bientôt en mesure de lui restituer ses collections, et il n'avait toujours pas reçu l'approbation des autorités. Banks appela son serviteur : il avait maintenant atteint les limites de ses pouvoirs de persuasion par écrit, il était temps d'aller braver le lion dans sa tanière.

Il était évident que William Wyndham Grenville, secrétaire d'État aux Affaires étrangères, était encore moins content que d'habitude. L'expression souvent anxieuse de Lord Grenville, accentuée par son front dégarni, son grand nez et son petit menton, avait fait place à un air de désespoir morbide. La politique française était déplaisante, même dans les circonstances les plus favorables et, quand il pouvait l'éviter, il le faisait. Pendant la Révolution, les politiciens avaient fait de leur mieux pour préserver la neutralité de l'Angleterre en prenant pour règle d'attendre et de voir venir, mais les événements récents leur avaient forcé la main. Maintenant, en pleine guerre avec la France, Grenville devait répondre à la suggestion, à l'insistance même, du président de la Royal Society concernant la restitution à la France de collections scientifiques qui avaient été saisies légitimement. Il frissonna en pensant à l'interprétation de ce geste par ceux qui soutenaient la contre-révolution des émigrés français. Mais, en dépit de son antipathie naturelle à l'égard des Français, Grenville reconnaissait la force irrépressible du juste zèle avec lequel Banks poursuivait sa campagne. Après tout, ses arguments étaient très convaincants.

Banks poussa les documents vers Grenville, de l'autre côté de la table, et prit en considération ses susceptibilités.

« M. de Labillardière est directeur du Jardin botanique à Paris, chef du département des sciences et se trouve dans un pays où l'on tient la science en très haute estime, en dépit des outrages portés à l'humanité par les dirigeants populaires. » (Banks marqua un temps d'arrêt – en politique, la stricte vérité n'était pas toujours respectée.) « Il aura la possibilité de faire appel à l'Europe si justice n'est pas faite dans ce cas. »

Grenville jeta un coup d'œil vers les papiers. La France avançait sur trois fronts en Europe et la Grande-Bretagne avait besoin de tous les alliés possibles pour former une coalition. Il fallait éviter tout prétexte à quiconque en Europe de prendre le parti des Français contre la Grande-Bretagne. Il fronça les sourcils, découragé.

Banks y vit un signe d'espoir.

« J'ai peur que l'Europe ne soit encline à prendre parti pour le plaignant plutôt que pour une nation qui refuse d'accorder à la science une satisfaction si raisonnable. »

Grenville pressa les doigts contre l'arête de son nez. Après des mois de pression sans relâche, il se rendait compte qu'il serait beaucoup plus facile de céder à Banks. Mais comment pouvait-il justifier la saisie d'un cadeau personnel du roi de France à leur propre reine pour le rendre à ce Français, un moins que rien à la réputation douteuse ?

« Ce serait un honneur pour moi, bien sûr, d'écrire au major Price au sujet de cette collection de curiosités », dit Banks doucement.

À la mention du nom du secrétaire de la reine, le visage de Grenville s'éclaira visiblement. Si quelqu'un pouvait arranger les choses avec la reine, ce seraient Banks et Price. Il avait d'autres affaires plus urgentes[8].

Banks retourna à Soho beaucoup plus optimiste qu'il ne l'avait été depuis plusieurs mois. Par bonheur, Lord Grenville n'était pas au courant des détails de la science et des expéditions françaises. Il avait été relativement facile de lui laisser croire que les collections appartenaient à Labillardière, plutôt qu'à la couronne française, puisque la plupart des collections anglaises appartenaient à une personne privée plutôt qu'à l'État. Il était commode que cette expédition eût commencé dans le feu de la Révolution, à un moment où il était difficile de savoir qui avait donné les ordres et qui possédait quoi.

Alors qu'il se laissait glisser dans son fauteuil, Banks se sentit soulagé d'un poids. Enfin, il pouvait commencer à rédiger cette lettre qu'il voulait écrire depuis si longtemps. Maintenant, il ne restait plus qu'à prier pour que la paix revienne et qu'il n'y ait plus d'intrusions fâcheuses de la politique dans le libre échange des idées et des matériaux à travers la Manche.

RAMASSER DES COQUILLAGES ET ATTRAPER DES PAPILLONS

BAUDIN (1801–1804)

JOSÉPHINE BONAPARTE

MALMAISON, PARIS

10 GERMINAL AN VIII (31 MARS 1800)

Joséphine Bonaparte, *de son nom de jeune fille Marie-Josèphe Rose Tascher de la Pagerie, naquit en 1763 à la Martinique (Antilles). En 1779, à seize ans, elle rentra en France pour épouser Alexandre de Beauharnais ; ils eurent deux enfants, Hortense et Eugène. Devenue veuve pendant la Révolution, elle épousa alors le jeune général Napoléon Bonaparte en 1796. Elle acheta le château de la Malmaison comme refuge personnel en 1799, après quoi il acquit une grande renommée pour ses jardins et ses serres exceptionnels. Elle devint impératrice de France en 1804. Joséphine était célèbre pour sa beauté naturelle et son intelligence. Elle était très populaire et inspirait de la dévotion à ceux qui la connaissaient. De nature passionnée et directe, elle n'en réussit pas moins à tenir son rôle d'impératrice avec dignité et élégance. Elle s'adonnait à sa passion pour les jardins, les vêtements et la décoration avec prodigalité mais aussi générosité. En 1809, comme elle ne pouvait avoir d'autres enfants, elle dut accepter le divorce. Elle se retira à la Malmaison jusqu'à sa mort en 1814. Pour Joséphine, la Malmaison et ses jardins représentaient à la fois un refuge à l'abri des difficultés de sa vie d'épouse avec Napoléon et un monument aux exploits de son mari bien-aimé*[1].

Des rires lointains traversaient l'air calme de l'après-midi au-dessus de l'eau immobile du lac. Des reliefs de repas étaient éparpillés sur les nappes blanches, au milieu des fleurs des champs qui décoraient la table avec un abandon recherché. Bonaparte, allongé sur l'herbe, contemplait les efforts des dames pour faire avancer la barque sur l'eau. Ses compagnons étaient, comme lui, dans cet état de félicité qui suit les repas. Seul, le professeur de zoologie Bernard Lacépède s'était lancé dans une discussion animée à propos du capitaine Nicolas Baudin et de son expédition dans les mers du Sud qui venait d'être approuvée[2].

Joséphine écoutait leur conversation d'une oreille tout en faisant semblant d'accorder toute son attention à son compagnon en flânant dans le jardin. Sa robe blanche en mousseline était diaphane et rayonnait agréablement dans la lumière de l'après-midi. Tout chez elle, de ses cheveux châtains sans artifice à ses mules brodées et à son châle, était simple, élégant et champêtre. Sa beauté naturelle était de celles qui ne s'obtiennent qu'après des soins appliqués, surtout à son âge. Mais aujourd'hui, elle ne prêtait pas particulièrement attention à son apparence. Au contraire, elle écoutait attentivement la discussion – elle avait un intérêt tout particulier pour cette expédition.

En lui-même, le sujet de la discussion ne l'intéressait pas spécialement. Le continent austral était-il vraiment aussi récent que Buffon l'avait suggéré[3] ? Certes, aux dires de tous, les indigènes australiens étaient simples et primitifs, les paysages étaient sans relief, les rivières peu nombreuses : cela semblait indiquer que le continent n'était sorti de la mer que récemment. Cependant sa faune n'était pas composée, comme celle de l'Amérique, de formes dégénérées d'animaux du Vieux Monde : au contraire, elle comprenait des animaux nouveaux et différents, comme l'étaient ses plantes. L'attention de Joséphine s'aiguisa soudain. De nouvelles espèces – de nouveaux spécimens – voilà ce qui l'intéressait.

Bonaparte était assis au milieu du groupe, comme toujours au centre de la discussion. Celle-ci s'anima, le ton monta. Il rota bruyamment et se joignit à la conversation. Les savants s'avéraient être des invités exceptionnels pour le mari de Joséphine. Il était de plus en plus rare de trouver des hommes enclins à défendre leurs opinions dans une conversation avec lui, et capables de le faire. Peu, en France, étaient prêts à risquer le mécontentement du Premier consul : aucun général, aucun politicien n'osait montrer son désaccord. Mais les savants étaient différents : ils ne reconnaissaient que la supériorité de l'intelligence et Bonaparte appréciait l'occasion de mériter leur respect[4].

Avec ses bottes de cuir et sa culotte de chevreau, Bonaparte aurait pu se trouver dans un camp militaire. Et, de fait, certains des hommes présents avaient participé à la campagne italienne, chargés de « rapporter Rome à Paris », comme disaient les journaux. Le mathématicien Monge, le chimiste Berthollet et même le botaniste Labillardière, qui menait maintenant une existence de reclus, avaient tourné leur attention des sciences vers les arts. André Thouin, jadis jardinier en chef du Jardin du roi, et maintenant membre de la Commission des sciences et des arts en Italie, avait organisé une grande procession des trésors d'Italie, sous une bannière sur laquelle on pouvait lire « Monument des victoires de l'armée d'Italie ». Thouin soutenait qu'une telle procession enseignerait aux Français « une grande et sublime vérité », à savoir que l'art et la science représentent la réalisation ultime de la victoire et de la liberté. Bonaparte n'avait pas été mécontent de cette rationalisation de ses activités militaires. Il aimait à dire : « Les vraies conquêtes, les seules qui ne donnent aucun regret, sont celles que l'on fait sur l'ignorance. L'occupation la plus honorable comme la plus utile, c'est de contribuer à l'extension des idées humaines[5]. »

Joséphine et son mari avaient regardé les voitures chargées du butin de la guerre défiler dans Paris pavoisé. D'immenses foules faisaient une haie le long des rues pour voir le fameux cheval de bronze de Saint-Marc, les tableaux de Raphaël et de Titien, et les statues antiques de Laocoon, Vénus et Apollon. Cette procession s'était fortuitement enrichie de la collection d'histoire naturelle faite par le capitaine Baudin à Trinité. Des fougères arborescentes luxuriantes, des avocatiers et des papayers, des bananiers, des cocotiers et des palmistes ajoutaient leur verdure tropicale à la procession qui était décorée de pyramides en prévision des exploits égyptiens de Bonaparte.

Jussieu, le directeur du Muséum national d'histoire naturelle, était ravi du butin zoologique de Baudin, « riche en madrépores, pétrifications, insectes, coquillages, mollusques, poissons et des peaux et squelettes d'oiseaux et de quadrupèdes[6] ». Lamarck était particulièrement impressionné par les choix de Baudin qui s'étaient portés non seulement sur de beaux papillons aux couleurs vives, mais aussi sur les papillons de nuit inconnus des Antilles. Joséphine, quant à elle, avait à peine remarqué ces restes desséchés. Ce qui l'avait enchantée, c'étaient les plantes et les animaux vivants, qui respiraient. C'étaient là les plantes tropicales de son enfance, si voluptueuses, si luxuriantes ! C'étaient là les fleurs parfumées et lascives de son île aux fleurs à elle, la Martinique. Voilà les oiseaux de sa terre natale, flamboyants et effrontés, si différents des oiseaux européens, gris et bruns, si ternes. Baudin avait miraculeusement ressuscité son passé et l'avait livré à sa porte.

Le talent unique de Baudin, qui avait su s'occuper de ces

organismes délicats tout en naviguant pendant des milles sur des océans dangereux, avait été très apprécié au Muséum.

> Jamais il n'avait été rapporté en Europe de collection aussi considérable de plantes vivantes et aussi bien choisies. Nous fûmes étonnés qu'on ait pu rassembler cette quantité en aussi peu de temps et plus encore qu'on ait trouvé le moyen de la faire tenir dans un seul navire et de la conserver pendant un si long trajet malgré les mauvais temps que l'on a éprouvés ... Les plantes ont été réunies dans la plus grande de nos serres chaudes que nous leur avons destinée et qu'elles remplissent entièrement[7].

Joséphine avait admiré la collection. Dans la serre du Jardin, elle avait fermé les yeux et respiré l'oxygène chaud et humide exhalé par les plantes[8]. Tout en caressant les feuilles lisses du gingembre, elle avait presque pu s'imaginer de retour dans le monde sans souci de sa jeunesse, loin de cet univers à la structure majestueuse, rempli d'obligations consulaires. Cela faisait un an que Bonaparte avait saisi les commandes de l'État français qui se trouvait en plein chaos : il avait restauré l'ordre et remplacé la passion par la raison. Quand il l'avait épousée, veuve tragique d'un aristocrate exécuté, elle lui avait servi de clé d'entrée dans la noblesse. Mais maintenant, Bonaparte créait son propre destin et entraînait Joséphine avec lui, tout en consolidant son pouvoir et son autorité sur un peuple partagé entre le ressentiment et la nostalgie envers la monarchie absolue qu'il avait détruite. En tant que Premier consul, Napoléon était l'homme le plus puissant de France. En tant qu'épouse du Premier consul, la vie de Joséphine ne lui appartenait plus.

La rêverie de Joséphine, perdue dans ses souvenirs dans

les serres du Jardin des plantes, fut interrompue par son mari qui était impatient de rendre visite au vieux naturaliste Daubenton. Par devoir, elle s'éloigna à regret de cet univers qui lui rappelait son passé, se promettant de le recréer pour elle-même. Sans perdre de temps, elle harcela Jussieu pour obtenir des doubles et des graines qui excédaient les besoins du Muséum pour son jardin de la Malmaison[9].

La Malmaison était son sanctuaire, sa garantie contre l'insécurité d'un mariage incertain, sa retraite loin des entraves et des astreintes du rôle du Premier consul. Ici, à la Malmaison, elle pouvait créer son propre monde, intérieur et extérieur. Elle pouvait se plonger dans la beauté de la nature, si simple, si élégante. Ici, elle pouvait réaliser sa propre version de la vision de Rousseau : les fleurs éclatantes, les prairies lustrées, les ombrages frais, les ruisseaux, les bois et la verdure, qui lui étaient nécessaires pour purifier son imagination. Comme Rousseau, elle cherchait seulement à errer nonchalamment de fleur en fleur, de plante en plante : « Il y a dans cette oiseuse occupation un charme qu'on ne sent que dans le plein calme des passions mais qui suffit seul alors pour rendre la vie heureuse et douce. » Elle comprenait ce que Rousseau voulait dire quand il écrivait :

> Une rêverie douce et profonde s'empare alors de ses sens, et il se perd avec une délicieuse ivresse dans l'immensité de ce beau système avec lequel il se sent identifié. Alors tous les objets particuliers lui échappent ; il ne voit et ne sent rien que dans le tout. Je ne médite, je ne rêve jamais plus délicieusement que quand je m'oublie moi-même. Je sens des extases, des ravissements inexprimables à me fondre pour ainsi dire dans le système des êtres, à m'identifier avec la nature entière[10].

C'était seulement à la Malmaison que Joséphine pouvait se libérer du fardeau et des restrictions qui résultaient de la vie de plus en plus complexe de Bonaparte. Ici, elle pouvait se perdre dans la nature.

Tandis que l'entrée de la Malmaison était caractérisée par les lignes géométriques typiques des jardins français, dans le reste du jardin, Joséphine s'était adonnée à sa passion pour les jardins libres et naturels conçus par les Anglais. La maison était entourée de plates-bandes où se cachaient de nombreuses plantes rares provenant du monde entier. Joséphine avait en sa possession des plantes de toutes les régions de France et des Amériques ; certaines lui venaient de sa mère aux Antilles, d'autres, par l'intermédiaire de ses connaissances en Angleterre, de Botany Bay. Elle en avait aussi qui venaient de Jussieu et du Muséum d'histoire naturelle. Bien sûr, elle aimait ses tulipes, ses phlox, ses camélias et ses roses ; mais c'étaient les plantes rares qui la fascinaient vraiment. Ce fut un moment incomparable quand de minuscules étoiles scintillèrent dans les boutons roses de son boronia, répandant leur parfum inoubliable dans le jardin.

Tout comme Joséphine, Baudin avait courtisé les faveurs de Jussieu et d'autres savants pour ses propres fins : il leur avait envoyé des graines, des spécimens et des dessins, il avait présenté des communications savantes à l'Institut national (dernière incarnation de l'Académie royale) sur le potentiel de la partie sud-ouest de cette grande île, la Nouvelle-Hollande :

> Ici toutes les sciences réclament les soins et l'attention du voyageur. L'astronomie et la géographie ont encore beaucoup de points à fixer, de côtes à dessiner, de havres à reconnaître. L'histoire et l'économie politique demandent des notions plus étendues sur les nations qui habitent ces climats, sur leur population, leurs

mœurs, leurs usages, leur forme de gouvernement et sur le genre de relations qu'on peut établir avec elles. L'agriculture demande des productions cultivées dans ces lieux et surtout celle qui sous le nom de lin de la Nouvelle-Hollande fournit aux vêtements de ses habitans. L'histoire naturelle qui n'a trouvé que des objets neufs pour elle dans les collections d'animaux et de plantes sèches recueillies sur ces côtes requiert que les mêmes objets lui soient apportés vivans pour peupler ses jardins et ses ménageries. Elle espère de plus que de nouvelles recherches produiront de nouvelles découvertes[11].

Une expédition avait été approuvée par le Directoire, puis repoussée indéfiniment. Baudin fit directement appel à Bonaparte. Les savants apportèrent leur soutien à ses appels et demandèrent à rencontrer le Premier consul. Quelques jours plus tard, Fleurieu, Bougainville, Lacépède et Jussieu emmenèrent Baudin rencontrer Bonaparte qui, moins d'une semaine plus tard, approuva l'expédition.

Bonaparte se réjouissait de la perspective de ce voyage d'exploration de la côte sud-ouest de la Nouvelle-Hollande, là où aucun Européen n'était encore allé. Il avait rêvé, dans sa jeunesse, de prendre part à l'expédition infortunée de Lapérouse. Comme d'autres hommes brillants, il regrettait toutes les carrières et toutes les voies qu'il aurait pu suivre, tous les domaines auxquels il aurait pu contribuer par son intelligence et ses efforts. La vocation que Bonaparte regrettait le plus de ne pas avoir suivie était peut-être celle de la science et de l'exploration. Il aurait voulu voir tant de choses, tant d'endroits, tant de plantes et d'animaux, comme, par exemple, cet animal étrange qu'on avait décrit récemment, poilu et pourtant muni d'un bec de canard, *Ornithorhynchus paradoxus*[12].

Les savants, eux aussi, étaient heureux de cette occasion d'augmenter encore leurs connaissances de ce continent lointain, où chaque spécimen apportait du nouveau et chaque collection contenait de nombreuses curiosités. Ils avaient leurs propres théories au sujet d'*Ornithorhynchus*. Si cet animal était un mammifère, comment pouvait-il téter avec son bec ? Comme il ressemblait à l'échidné, est-ce qu'il devrait être classé avec lui, parmi les *Edentata*, comme les autres fourmiliers, les paresseux et les tatous ? Est-ce que la Nouvelle-Hollande était aussi le pays des *Edentata*, comme elle était le pays des marsupiaux ? La réponse à ces questions demanderait du temps, plus d'explorations, et la possibilité d'examiner leurs propres spécimens[13].

Quant à Joséphine, ce qui faisait battre son cœur, c'était la perspective de collections : oiseaux magnifiques et quadrupèdes, fleurs, arbres et graines, coquillages, insectes et papillons, pierres précieuses et bois pour la marqueterie fine. Elle jeta un regard sur ces serres magnifiques et leurs immenses panneaux de verre étincelants. Elle les imaginait déjà remplies de plantes que personne n'avait jamais vues, que personne ne pouvait faire pousser. Elle voyait déjà des fleurs se former et éclore dans ce monde froid, si éloigné de leur soleil austral – des mimosas où s'éparpillaient de jolies boules d'or et des *Melaleuca* écumant de fleurs à l'odeur de miel. Au milieu de la serre, elle imaginait le buste de Rousseau, orné d'une couronne naturelle faite de fleurs de pois violettes entrelacées : voilà qui serait digne de l'auteur d'*Émile* ! Elle peuplerait son parc d'animaux exotiques et rendrait ainsi un hommage horticole et zoologique aux exploits de son mari. Cet endroit ne serait pas une pâle reproduction de l'ancienne ménagerie royale, tout comme le futur Napoléon ne penserait pas être une pâle imitation des rois Bourbons. Son jardin serait varié, riche de sens et important, il aurait une justification scientifique : chaque plante serait là pour une bonne raison. À l'image de Napoléon lui-même, brebis galeuse, enfant prodigue, son emblème royal ne comporterait pas les cygnes blancs traditionnels, mais les cygnes noirs inversés des antipodes.

Et Baudin serait l'homme qui les lui apporterait.

NICOLAS BAUDIN

LA BAIE DES ÉLÉPHANTS DE MER, ÎLE KING

23 FRIMAIRE AN XI (14 DÉCEMBRE 1802)

Nicolas Baudin *naquit d'une grande famille de commerçants en 1754, dans la petite ville côtière de Saint-Pierre-de-Ré. Il s'engagea d'abord comme mousse dans la marine marchande, puis servit dans la marine française à partir de 1774 et fut promu enseigne de vaisseau en 1786. En 1786 et en 1792, il se rendit en Inde et en Chine pour y collecter des spécimens. Il retourna en France en 1795, mais fit un autre voyage aux Antilles entre 1796 et 1798. C'est avec méfiance et antipathie que les membres plus traditionnels et aristocratiques de la marine française considéraient ce fils de commerçant provincial à l'esprit intransigeant et critique. L'expédition de Baudin en Australie en 1800 fut marquée par des troubles et des relations personnelles difficiles. À cause de son humour sardonique, de ses plaisanteries sarcastiques et de son sens particulier de la discipline, Baudin ne semble pas avoir été accepté, ni par les officiers de la noblesse ni par les savants républicains. Baudin lui-même ne cachait pas son dégoût pour l'indolence et les prétentions des officiers de la noblesse et pour ceux qui cherchaient à se lier avec eux. Il mourut de tuberculose sur le chemin du retour ; il avait amassé une collection impressionnante, mais n'avait pas réussi à rétablir sa réputation qui demeura ternie pendant des décennies par les comptes rendus de ses détracteurs*[1].

L'air morose, le capitaine Nicolas Baudin regardait l'eau grise et la petite goélette anglaise mouillée près de la côte. Le minuscule *Cumberland* se balançait doucement sur son ancre. Il déplaçait vingt-neuf tonnes et était à peine plus grand que *Le Casuarina* qu'il avait fait construire à Port Jackson pour faire des relevés côtiers, pour lesquels ni *Le Géographe* (trop encombrant), ni *Le Naturaliste* (trop lent) n'étaient adaptés. Baudin attendit que *Le Géographe* se stabilisât à la suite d'un coup de houle qui l'avait fait rouler avant d'examiner la goélette anglaise en détail avec sa lunette. Celui qui la commandait n'avait pas choisi un bon mouillage. *Le Géographe* aurait pu, lui aussi, mouiller dans des eaux plus calmes et plus proches de la côte si Baudin avait préféré le confort à la sécurité. En dépit de la mer agitée à chaque marée montante, il valait mieux se trouver plus loin de la côte en cas de vent d'est ou de sud-est. En fait, *Le Géographe* avait déjà rompu un câble d'ancre et été obligé de passer une nuit inconfortable en mer. Chose étonnante, le *Cumberland* avait surmonté le mauvais temps à l'ancre, ce qui montrait bien que son capitaine avait été plus chanceux que prudent[2].

Le Géographe tangua soudain dans la forte houle et Baudin trébucha. L'île King s'avérait être un mouillage inconfortable à plus d'un titre. Le *Cumberland* était arrivé au moment même où Baudin faisait ses adieux au navire-jumeau, *Le Naturaliste*, qui retournait en France, chargé d'une cargaison précieuse confiée au capitaine Hamelin en qui il avait toute confiance. Il lui avait donné des instructions détaillées pour les soins à prodiguer aux animaux. Beaucoup avaient collectionné des animaux morts, mais tous n'avaient pas le talent nécessaire pour transporter et garder en vie des bêtes et des plantes à travers des centaines, voire des milliers de milles marins. Une plante qui avait perdu ses feuilles n'avait pas nécessairement perdu la vie – en fait, il valait mieux ne pas encourager une pousse excessive durant le voyage. Il fallait garder les mauvaises herbes, au cas où elles se révéleraient être des nouvelles espèces. Il fallait goûter l'eau au cas où des âmes malveillantes auraient remplacé l'eau douce par de l'eau de mer. Le mieux était, en fait, d'écarter les curieux des collections de plantes malgré leur popularité – trop de contact ne leur valait rien. Les animaux aussi avaient besoin de soins minutieux, ce que les officiers, dont les cabines avaient été réquisitionnées à cet effet, ne comprenaient pas toujours. Les kangourous, les wombats et les chiens indigènes ne posaient guère de problèmes, mais les émeus étaient délicats. Ils avaient besoin de beaucoup d'eau et refusaient parfois de manger, même le riz spécialement préparé, le blé cru ou la purée de maïs. Dans ces circonstances, Baudin avait été amené à faire des boulettes avec leur nourriture et à les gaver, comme des dindes qu'on engraisse[3].

Chaque jour de plus en mer mettait les animaux en danger – encore plus que les marins. Baudin tenait beaucoup à ramener les animaux à Paris le plus tôt possible. Au moins, il était sûr que ses plantes et ses animaux seraient bien soignés à leur arrivée car ils étaient destinés à une vie de luxe dans le jardin et la ménagerie privés de Mme Bonaparte elle-même. C'était pour obéir à ses instructions personnelles qu'il avait amassé cette collection supplémentaire. Il était heureux de les voir prendre le chemin du retour et tout aussi heureux de voir ses pires officiers, les plus paresseux et les plus récalcitrants, prendre le même chemin. Ils n'avaient même pas eu la courtoisie de prendre leur repas avec lui, le dernier soir avant leur départ. Peu importait ! Il les avait ironiquement remerciés de leur politesse et les avait assurés qu'il était heureux de ne pas avoir à leur faire d'adieux. Seul Hamelin lui manquerait[4].

Ils étaient à peine partis que la goélette anglaise était arrivée de Port Jackson. Manifestement, le bateau avait appareillé à la hâte car l'équipage était mal préparé pour le voyage. Ils étaient soi-disant en route pour fonder une colonie sur la terre de Van Diemen. C'était tout à fait par hasard, apparemment, qu'ils avaient rencontré les bateaux français et pu remettre à Baudin une lettre du gouverneur King.

> Au chef de l'expédition,
> Vous avez certainement été surpris de voir un bateau vous suivre de si près. Vous connaissez mon intention d'établir une colonie plus au sud ; celle-ci s'est faite plus pressante à la suite d'une information qui m'a été communiquée immédiatement après votre départ, à savoir que les Français ont l'intention de fonder un établissement à Storm Bay Passage ou dans la région que l'on connaît sous le nom de Frederick Hendrik Bay.
> On rapporte aussi que ce sont les ordres que vous avez reçus de la République française. C'est ce que m'a dit le colonel Patterson qui tient cette information d'un membre de votre équipage.
> Vous comprendrez que si j'avais été mis au courant de cette information avant votre départ, je vous aurais demandé des explications, mais je n'en savais rien. Même maintenant, je n'en crois rien et pense que ce sont des bavardages. Cependant, j'ai pensé que je devais vous en faire part au cas où le *Cumberland* vous rencontrerait. Le commandant de ce navire a mes instructions et il est chargé de vous les communiquer.
> Ma famille se joint à moi pour vous transmettre nos meilleurs souhaits ; nous nous rappellerons longtemps le plaisir que nous avons eu à vous rencontrer et vous

prions de bien vouloir transmettre notre meilleur souvenir à vos officiers et au capitaine Hamelin.

Signé
Gouverneur King[5]

L'irritation de Baudin à la lecture de cette lettre s'atténua au souvenir de la générosité du gouverneur Philip King. Quel soulagement de rencontrer une personne sympathique à leur arrivée à Port Jackson ! Un homme civilisé qui parlait français, était généreux envers les malades et faisait preuve de passion pour le progrès scientifique. Cela avait été un tel plaisir de pouvoir parler à quelqu'un de son âge qui avait une expérience égale à la sienne. Après la perte de ses officiers supérieurs, Baudin avait l'impression d'être à la tête d'un navire plein d'enfants – les savants, les officiers subalternes, les enseignes de vaisseau – qui montraient aussi peu de raison ou d'expérience les uns que les autres. Comme chefs dans leurs domaines respectifs, King et Baudin partageaient les mêmes responsabilités et devaient calmer les émotions qui se manifestaient parmi leurs subalternes au sujet de qui avait (ou n'avait pas) été invité à dîner, au sujet de l'hommage aux drapeaux ou de la distribution de rhum[6].

Le repos et le rétablissement de leurs forces à Port Jackson leur avaient presque permis d'oublier les épreuves de leur voyage long et difficile. Ils avaient été soulagés de pouvoir descendre à terre et d'échapper à l'atmosphère confinée du bateau. Logé près de la demeure du gouverneur, Baudin lui rendait visite tous les jours. Lorsqu'il dînait chez lui et conversait avec sa femme et sa fille qui étaient charmantes, Baudin oubliait presque les querelles entre les jeunes Français et leurs homologues anglais de l'*Investigator* avec qui ils campaient.

Ils avaient déjà croisé la route de l'*Investigator* et de son jeune capitaine, Matthew Flinders, au large de la côte sud de ce vaste continent inexploré. Surpris et ravi de rencontrer un autre Européen si loin de chez eux, Baudin avait invité Flinders à bord et il avait fait de son mieux pour mettre à l'aise ce jeune homme guindé. Repoussant de la main sans y jeter un coup d'œil le laissez-passer du ministère français de la Marine que Flinders lui présentait cérémonieusement, il lui avait parlé anglais, avec un fort accent, sans utiliser l'interprète. Au début, Flinders était demeuré sur la réserve, mais peu à peu, il s'était détendu et ils avaient discuté de leurs découvertes et intérêts respectifs. L'Anglais avait déjà cartographié une grande partie de cette côte sud qu'eux-mêmes avaient l'intention d'explorer. Ces nouvelles se répandirent sur le bateau français et donnèrent lieu à une certaine agitation et à des ressentiments chez ceux des membres de l'équipage qui, tout comme les Anglais, étaient convaincus que dépasser un cap et lui donner le nom d'un personnage important faisait avancer la connaissance. Flinders avait à peine remarqué les plantes bien soignées et les spécimens qui remplissaient la cabine de Baudin – manifestement, ce n'était pas un homme de science.

Baudin n'avait pas été vraiment surpris, deux mois plus tard, d'être accueilli à l'entrée de la baie par l'*Investigator* et son équipage alors qu'il rejoignait tant bien que mal Port Jackson. Il n'y avait aucun doute : Flinders était un navigateur compétent et très doué, en dépit de sa jeunesse et de sa fougue qui pourraient lui valoir des désagréments dans les circonstances où il fallait du tact et de la diplomatie. Depuis, ils s'étaient souvent rencontrés à la maison du gouverneur King où Flinders avait manifestement gagné l'admiration et l'envie de bon nombre des officiers de Baudin[7].

Ils étaient en train de discuter du sort de Lapérouse (le gouverneur King avait été lieutenant de la 1re flotte et l'une des dernières personnes à le voir avant sa disparition) lorsque l'attention de Flinders fut détournée par une conversation animée entre les lieutenants à l'autre bout de la table[8].

« Capitaine, disait Henri de Freycinet à Flinders, si nous ne nous étions pas attardés à la terre de Van Diemen à ramasser des coquillages et à attraper des papillons, vous n'auriez pas découvert la côte sud avant nous ! »

Il plaisantait à moitié mais Flinders semblait pourtant apprécier le commentaire[9].

Baudin ne prit pas la peine de répondre à la critique implicite de son lieutenant et continua de saucer son élégante assiette en porcelaine bleue. Henri de Freycinet, beaucoup trop jeune pour le rang qu'il occupait, ne pensait qu'à chasser, à manger et à faire en sorte de ne pas compromettre sa situation en faisant trop d'efforts. Son jeune frère, Louis, avait les défauts de son frère mais était de nature plus aimable, moins violente. Au milieu de l'activité qui régnait sur le bateau, ils étaient comme les faux bourdons de la ruche et ne s'intéressaient qu'à leurs plaisirs et à leur promotion. Baudin savait que ces officiers le méprisaient, parce qu'il détonnait dans la marine française – comme un corps étranger qui n'avait jamais été accepté. Les frères Freycinet avaient beau être des aristocrates au moment de la Révolution, au moins ils avaient toujours servi la France. Baudin, lui, avait dû tenter sa chance là où l'occasion se présentait et avait été au service du roi d'Autriche, ennemi de la France. Le fait qu'il avait servi la science et non la force militaire autrichienne comptait peu pour eux[10].

Pires encore que les officiers, qui semblaient tous penser qu'ils étaient plus capables de manœuvrer le navire que leur commandant, les enseignes de vaisseau, eux, compensaient leur manque d'expérience par leurs prétentions. Comme il connaissait leurs défauts avant même de lever l'ancre, Baudin avait explicitement demandé qu'aucun enseigne de vaisseau ne fît partie de l'expédition. Il partit avec quinze. Le jeune Hyacinthe de Bougainville, inséparable de ces frères Freycinet si contrariants, était le plus adroit à tomber malade dès qu'il entendait parler de travail. Il avait beau être le fils de l'un des plus grands explorateurs français du Pacifique, il ne serait jamais un bon officier[11].

C'était peu de temps après ce dîner que Flinders avait quitté Port Jackson. Il était pressé de mettre le cap au nord, bien que la mousson menaçât. Baudin soupçonnait que les Anglais avaient hâte de voir s'il était possible d'établir un port pour le commerce vers le nord-ouest et de devancer ses propres intentions de cartographier la région. Tout en observant un regain soudain d'activité à bord du *Cumberland*, Baudin se demandait où était Flinders en ce moment. Avait-il effectué son voyage vers le nord sans problème ? Faisait-il maintenant route vers le sud ? Ou vers l'ouest pour rentrer ?

Comme il voulait montrer la même générosité que les Anglais pour son expédition, Baudin avait donné à Flinders une lettre pour l'administrateur général de l'île de France.

> Le gouverneur King a donné à l'Europe entière le spectacle d'un trait de bienfaisance qui doit être connu et que j'ai du plaisir à publier ... D'après de semblables procédés, qui serviront sans doute pour l'avenir d'exemple à toutes les nations, je me fais un devoir, tant par reconnoicence que par émulation, de vous recommander particulièrement M ..., commandant le bâtiment de SM[12] ...

Flinders refusa son offre en l'assurant qu'il n'aurait pas besoin de s'arrêter à l'avant-poste français. Baudin avait été très surpris par la confiance de Flinders en ses propres plans : il avait néanmoins laissé quelques copies de la lettre au gouverneur King qui pourrait la donner s'il le jugeait bon à un navire anglais risquant d'en avoir besoin. Il espérait que Flinders en emporterait une copie. Le temps ou les circonstances pouvaient changer et forcer une visite à l'île de France où, Baudin le savait par expérience personnelle, même les navires français n'étaient pas toujours bienvenus. Il avait eu du mal à apaiser la méfiance des autorités de la région de l'île de France et à les convaincre que ses intentions étaient de nature scientifique et non pas politique. Il était sûr que Flinders trouverait cela encore plus difficile[13].

Il trouvait assez amusant que les Anglais fussent toujours en train de soupçonner son expédition d'avoir des motifs politiques secrets alors que leur propre expédition « scientifique » avait manifestement des objectifs stratégiques. Même le brave gouverneur King ne pouvait résister à l'influence destructrice des rumeurs et des soupçons. L'idée qu'un bateau aussi mal préparé que le *Cumberland* était en route pour fonder une colonie sur la terre de Van Diemen était aussi ridicule que celle selon laquelle lui-même avait l'intention d'en fonder une.

Baudin scruta la côte avec sa longue-vue et chercha le campement français. Pour une fois, l'atmosphère sur le bateau était calme et paisible et le travail avançait sans heurts, d'une manière organisée. Cela ne pouvait qu'être dû à l'absence de certains de ses officiers qui avaient été envoyés en mission de reconnaissance sur *Le Casuarina* dont le tirant d'eau était plus faible : cette liberté leur plaisait probablement autant que leur absence plaisait à leur commandant. En plus, il avait pu envoyer tous les naturalistes camper à terre et se trouvait donc aussi débarrassé de leur présence.

Ils étaient partis sur le grand canot, chargés de leur savoir et de leurs bagages : ces messieurs ne se déplaçaient jamais sans apparat. Bien sûr, ils allaient contribuer à l'avancement de la connaissance, mais leur capacité pour le travail important qu'était la collection des spécimens était beaucoup moins évidente. À la différence des hommes qu'il avait recrutés et recommandés, les savants qui avaient été choisis et soutenus par le Muséum brillaient plus par leur esprit que par leur goût du travail. Le jeune François Péron, par exemple, qui n'était pas expert en la matière, prenait grand plaisir à ramasser à la pelle d'énormes quantités de coquillages brisés, dans l'espoir que quelqu'un y trouverait quelque chose de précieux. Péron était l'« observateur de l'Homme » de l'expédition, c'était l'argument qu'il avait utilisé pour obtenir une place, mais son tempérament y était particulièrement mal adapté. Malgré tout, son enthousiasme demeurait intact. Baudin riait encore au souvenir de Péron et du médecin de bord, Lharidon, couverts de sang et d'entrailles de requin, en train de se disputer de manière sordide pour le cœur de l'animal. D'autres incidents étaient moins amusants. Péron avait pour habitude de démontrer son assiduité au travail en ne rentrant pas au bateau quand on le lui demandait et en ne prêtant aucune attention à l'heure qu'il était ou à l'endroit où il se trouvait : il donnait l'impression de n'avoir aucune idée du danger auquel il s'exposait, et exposait les autres, par ses actions. Baudin se jura que la prochaine fois que Péron serait en retard ou se perdrait, il l'abandonnerait là où il était[14].

Malgré ses origines provinciales, Péron semblait pourtant s'être allié avec les frères Freycinet : leur jeunesse, leur inexpérience et le mépris qu'ils éprouvaient pour leur commandant les unissaient. Péron, pourtant chétif, se faisait passer pour un héros de guerre : aux premières notes de *La Marseillaise*, tout au début de la Révolution, il avait abandonné sa famille et le clergé pour rejoindre les volontaires. Maintenant, bien sûr, il soutenait passionnément Bonaparte, son idole. « Cet homme est une girouette, pensa Baudin, ses opinions changent avec la direction du vent et ses intérêts[15]… »

Il s'éloigna du plat-bord, haussa les épaules et décida d'ignorer l'incompétence des autres membres de l'expédition. Tant que la santé de son équipage se maintenait, il n'avait besoin que d'un ou deux officiers moyennement compétents pour manœuvrer les bateaux. Ils étaient nombreux à bord, lui compris, qui n'avaient pas les compétences requises pour être des savants mais, ensemble, ils rassemblaient et dessinaient une telle variété d'espèces et enregistraient tellement d'observations qu'ils compensaient les insuffisances des naturalistes.

Ses amis lui manquaient beaucoup. Le chef jardinier de l'expédition, Anselme Riedlé, et les deux zoologistes, René Maugé et Stanislas Levillain, étaient tous morts maintenant. Il s'assurerait, au retour en France, qu'honneur serait rendu à ceux qui avaient contribué le plus à la science. Ils ne s'étaient portés volontaires pour ce voyage dangereux que par affection pour lui et leur amitié leur avait coûté très cher. Les dernières paroles de Maugé hantaient ses rêves : « C'est pour vous avoir été trop attaché que je meurs et que j'ai méprisé les conseils de mes amis, mais au moins souvenezvous de moi en récompense du sacrifice que je vous ai fait. » Comme s'il pouvait jamais oublier[16]...

Un appel à tribord lui annonça l'arrivée de M. Robbins, du *Cumberland*. Il venait sans doute demander de nouveau de l'aide pour son bateau. Baudin trouvait fort amusant que le *Cumberland* eût quitté Port Jackson si précipitamment qu'ils étaient maintenant obligés de demander des provisions au bateau français qu'ils étaient supposés surveiller. Il accepta de lui procurer les quatre anneaux de fer dont il avait besoin pour son ancre et l'observa, alors qu'il descendait à terre. Il avait pris la direction du campement des naturalistes. Baudin se demanda ce qu'il y trouverait et de quelle façon étrange les Anglais interpréteraient les activités des savants. Lui-même ferait bien de jeter un œil au travail des naturalistes. Il faisait beau et la récupération de l'ancre qu'ils avaient perdue avait bien progressé.

Un cri de femme en colère lui parvint de sa cabine, suivi par un fracas violent. Baudin tressaillit. Finalement, il aurait préféré que son ami le gouverneur King n'ait pas fermé les yeux sur l'embarquement clandestin de cette jolie détenue. Elle ne s'était pas avérée aussi sympathique qu'il l'avait imaginée d'abord. Les éclats de voix coléreux devinrent plus forts. Baudin se décida : il irait à terre voir ce que les naturalistes avaient fait ces jours derniers[17].

Bien que le temps fût calme, une petite houle se brisait avec quelque force sur la plage, où les coquillages abondaient. Baudin, bercé par les coups de rame du canot, minutait instinctivement les vagues en train de se succéder devant eux. Le canot profita d'une déferlante pour avancer sa proue sur le sable de la plage : les rameurs rangèrent leurs rames et sautèrent par-dessus bord pour stabiliser le bateau, le tout en un seul mouvement bien synchronisé. Baudin débarqua sur le sable ferme, esquiva la vague qui arrivait et laissa les hommes mettre le canot au sec.

Le campement des naturalistes était juste devant, caché dans les buissons épais de *Melaleuca* qui dominaient la côte. À l'abri du vent, les rayons de soleil se reflétaient sur le sable et réchauffaient Baudin pendant qu'il examinait l'ensemble désordonné des tentes. Il y avait des squelettes géants éparpillés sur le sable, témoins de l'activité des chasseurs de phoques locaux. Là où il était, il s'aperçut que le feuillage dense des *Melaleuca* s'ouvrait par-dessous pour former une sorte de grotte basse et abritée, nichée sous les branches et les feuilles. Sur le tapis de mousse, les naturalistes avaient étalé leurs outils et leur butin : des poissons qui séchaient là où le soleil pénétrait, des peaux crucifiées sur des planches et des bocaux d'alcool pour la conservation des spécimens.

« Et encore des débris de coquillages », grommela Baudin.

Son regard fut attiré par une tache de couleur rouge au faîte d'un poteau. De la lessive, peut-être ? Cela pendait mollement dans l'air immobile et était difficile à identifier jusqu'à ce qu'il remarquât un soldat anglais au garde-à-vous juste dessous. De plus en plus étonné, Baudin se rendit compte que c'était un drapeau. Une silhouette débraillée sortit d'une tente et vint à sa rencontre. C'était Péron.

« Qu'est-ce que c'est que ça ? » aboya Baudin en gesticulant vers le drapeau.

« Ils sont arrivés il y a environ une heure, répondit Péron en haussant les épaules, et ils ont hissé le drapeau anglais en haut d'un grand arbre. Ils ont tiré plusieurs volées de fusil, lancé trois acclamations et lu l'Acte de possession de 1788. » (Il fit une pause et regarda le drapeau avec perplexité.) « M. Robbins va dîner avec nous », ajoutat-il.

Baudin en resta abasourdi. Il fit demi-tour brusquement et monta au sommet de la colline à grands pas, laissant Péron reprendre les activités qui l'occupaient. Les mains serrées derrière le dos, il avait l'air de quelqu'un qui inspectait les environs avec attention, mais les idées se bousculaient dans sa tête. Non seulement il était tout à fait déplacé de revendiquer une île que les Anglais n'avaient ni explorée ni cartographiée, mais hisser le drapeau sur un campement scientifique était tout simplement discourtois. Bien sûr, les pêcheurs anglais avaient découvert et exploré l'île les premiers, c'était indiscutable. Mais si la possession revenait à ceux qui en avaient fait le tour les premiers, il était évident que cette île appartenait aux Français, si leur intérêt était d'en revendiquer la possession. Puisqu'il ne s'intéressait qu'à la science, il ne devrait pas se soucier de ces cérémonies sans importance, mais il savait combien elles comptaient pour les Anglais. C'était par l'intermédiaire de ces représentations publiques que ceux-ci s'étaient approprié, sur terre et sur mer, d'immenses régions pour leur usage exclusif, sans prêter attention aux découvertes antérieures ou aux populations autochtones. C'était ainsi qu'ils revendiquaient la moitié de la Nouvelle-Hollande depuis le nord jusqu'à la pointe sud de la terre de Van Diemen, y compris toutes les îles entre les deux, au prétexte qu'ils y avaient une petite colonie au milieu – et ils n'avaient même pas cartographié, exploré ou même observé la majeure partie de cette région[18].

En retournant sur son bateau, Baudin commença à composer mentalement sa réponse au gouverneur King.

> Monsieur le Gouverneur,
> L'arrivée du *Cumberland* m'aurait surpris par le contenu de la lettre que vous m'avez fait l'honneur de m'écrire, si M. Roben qui le commande n'avoit par sa conduite fait connoître le véritable motif pour lequel il a été si précipitamment expédié, mais peut-être est-il venu trop tard, car, plusieurs jours avant qu'il arborât sur nos tentes son pavillon, nous avions laissé dans les quatre points principaux de l'isle à laquelle je conserve votre nom des preuves de l'époque où nous l'avons visitée.
> L'histoire qu'on vous a fait et dont on soupçonne M. Kemp, capitaine au régiment de la Nouvelle-Galles du Sud, d'être l'auteur est sans fondement. Je ne crois pas non plus que les officiers et naturalistes qui sont à bord puissent y avoir donné lieu par leur discours, mais dans tous les cas vous deviez être bien persuadé que, si le gouvernement français m'avoit donné l'ordre de m'arrêter quelques jours au nord et au sud de la terre de Diemen, découverte par Abel Tasman, j'y au-

rois resté, et sans vous en faire un secret ...

> J'ai l'honneur d'être, etc.
> N. Baudin

Mais King était aussi son ami et il méritait une lettre plus sincère, qui ne fût pas exprimée dans les termes polis du diplomate.

> Je vous écris comme à Monsieur King mon ami, et pour lequel j'aurai toujours une considération particulière ... Dans ma façon de penser, je n'ai jamais pu m'imaginer qu'il y eut de justice et même de loyauté de la part des Européens à s'emparer, au nom de son gouvernement, d'une terre vue pour la première fois, quand elle est habitée par des hommes qui n'ont pas toujours mérité les titres de sauvages et d'anthropophages qui leur ont été prodigués ... Il seroit infiniment plus glorieux pour votre nation comme pour la mienne de former pour la société les habitants de son propre pays sur lesquels on a des droits, plutôt que vouloir s'occuper de l'éducation de ceux qui en sont très éloignés en commençant par s'emparer du sol qui leur appartient et les a vus naître. Ce discours n'est sans doute pas d'un politique, mais au moins il est raisonnable par le fait ... Non seulement vous avez à vous reprocher une injustice, en vous étant emparé de leur terrain, mais encore d'avoir transporté sur un sol où les crimes et les maladies des Européens n'étaient pas connus[19] ...

De retour à bord, Baudin remarqua que le ciel menaçait à l'est alors que la mer était calme. Les vents d'est, jusque-là légers, fraîchissaient et les nuages s'assombrissaient. Cela ne présageait rien de bon. Jussieu, son collègue et ami du Muséum d'histoire naturelle, était le seul à qui il pouvait dire la vérité et avouer la profondeur de son amertume et de son trouble. « Je n'ai jamais fait de voyage aussi pénible », lui écrivit-il, décrivant les problèmes de santé qui l'avaient affecté. Il espérait encore terminer l'expédition comme le gouvernement l'avait prescrite. Il ne désirait rien d'autre que de pouvoir satisfaire la nation française, alors « mes peines seraient oubliées[20] ». Quand il rentrerait finalement en France, tous les Parisiens pourraient voir, de leurs propres yeux, les merveilles qu'il avait rapportées du bout du monde. On lui ferait fête, il serait non plus traité comme un étranger chez lui, mais honoré comme un fils de retour au pays natal.

À la tombée de la nuit, les vents d'est apportèrent des orages. La pluie commença à tomber très fort : une pluie torrentielle, continuelle, qui envoya l'équipage s'abriter en vitesse. Baudin resta sur le pont : il regardait la côte et calculait anxieusement combien de temps il faudrait pour hisser les voiles si l'ancre venait à chasser ou à rompre, avant de s'y échouer. Il était trempé jusqu'aux os mais il espérait, avec optimisme, que la tempête passerait et que le beau temps reviendrait bientôt pour son expédition en difficulté.

ÉTIENNE GEOFFROY SAINT-HILAIRE

PORT DE LORIENT, BRETAGNE

8 AVRIL 1804

Étienne Geoffroy Saint-Hilaire *naquit le 15 avril 1772 près de Paris. Après avoir terminé des études de droit en 1790, il entreprit des études de médecine et de science. À l'âge de vingt ans, il fut nommé professeur à la chaire de zoologie des vertébrés au nouveau Muséum national d'histoire naturelle. Deux ans plus tard, il invita Georges Cuvier à travailler avec lui à Paris. Geoffroy Saint-Hilaire accompagna Bonaparte en Égypte (1798–1801) ; ce voyage eut une grande influence sur son travail mais il en revint souffrant de cyclothymie, en proie à des attaques périodiques de dépression et d'euphorie. Prématurément chauve, piètre orateur, s'appuyant sur son intuition plutôt que sur les faits, il pouvait difficilement rivaliser avec les talents d'orateur et le magnétisme de Cuvier, dont l'aura, les talents d'orateur, la précision et la maîtrise des détails étaient légendaire. Geoffroy Saint-Hilaire épousa Pauline Brière en 1804 et ils eurent trois enfants. En 1807, il fut nommé membre de l'Académie des sciences. Les relations entre Geoffroy Saint-Hilaire et Cuvier se détériorèrent progressivement, à mesure que leurs différends philosophiques se renforçaient, jusqu'au débat public qui les opposa en 1830. L'instabilité émotionnelle de Geoffroy Saint-Hilaire était souvent sa pire ennemie, mais il était de nature aimable et loyal en amitié. Il mourut le 19 juin 1844 à l'âge de soixante-douze ans*[1].

Étienne Geoffroy Saint-Hilaire se frayait péniblement un chemin dans les rues bondées qui menaient au port. Des hommes de toutes nationalités, tout juste libérés des contraintes de la vie à bord, poussaient des cris de joie. On reconnaissait les vétérans crâneurs des expéditions du Pacifique à leurs tatouages exotiques. Des hommes endurcis, secs et bronzés, les yeux brillants et les dents cassées, balançaient leurs lourds chargements sur l'épaule sans même remarquer le zoologiste pâle et ventripotent qu'ils bousculaient en passant. Geoffroy Saint-Hilaire s'arrêta pour éponger son front dégarni avec un mouchoir et redresser sa cravate avant de replonger dans la foule.

« Excusez-moi… 'Scusez… » marmonnait-il sans résultat. Il n'était même pas sûr que ces hommes puissent le comprendre. Il y avait dans l'air un mélange de français, d'espagnol et de portugais, auxquels s'ajoutaient beaucoup d'obscénités, des langues qu'il ne reconnaissait pas et tout un jargon marin incompréhensible. Mais, en dépit de la cohue et du mouvement, il n'y avait pas de malveillance : l'atmosphère était pleine d'enthousiasme contagieux. L'air matinal était frais et salin. Les pluies de ces derniers jours avaient été remplacées par un soleil pâle qui annonçait un printemps précoce[2]. Le chapeau de Geoffroy Saint-Hilaire tomba sur le sol et fut immédiatement ramassé et remis en place avec le sourire par un nègre incroyablement grand.

« Merci, merci », murmura Geoffroy Saint-Hilaire en maintenant son chapeau sur sa tête. Il pouvait voir une forêt de mâts devant lui, mais lequel était celui du *Géographe* ? Le voyage de Paris à la côte sud de la Bretagne avait été long mais il comprenait bien la répugnance du capitaine à se risquer sur la Manche pour rejoindre le port du Havre qui était plus proche de Paris. Lors de son retour l'année précédente, le navire-jumeau du *Géographe*, *Le Naturaliste*, avait été intercepté sur la Manche par les Anglais et escorté à Portsmouth, en dépit du passeport scientifique qui lui accordait libre passage. Une fois de plus, ils étaient redevables à Joseph Banks de son intervention et de la libération du navire[3]. Le capitaine du *Géographe* n'allait pas risquer de voir son précieux chargement confisqué après tous les périls bravés pour se le procurer. Et à un prix si élevé, songea Geoffroy Saint-Hilaire tristement : tant de braves hommes étaient morts ...

Des cent vingt hommes qui avaient quitté la France sur *Le Géographe*, vingt-deux avaient été enterrés en terre étrangère, parmi lesquels le commandant Baudin et ses naturalistes les plus expérimentés : René Maugé, Stanislav Levillain, et le chef jardinier, Anselme Riedlé. Hier encore, semblait-il, à la Société de l'Afrique intérieure, ils avaient tous levé leur verre à la santé de l'expédition et Baudin, assis à côté de Louis de Bougainville, s'était joyeusement exclamé : « À l'espoir de me retrouver, au retour de mon expédition, dans la même salle et avec les mêmes hommes[4]. »

Ils avaient tous ri et applaudi, optimistes pour l'expédition à venir. Mais comme beaucoup de commandants avant lui, il ne rentrerait pas en France. Ses restes avaient été enterrés sur l'île de France : ses derniers moments avaient été consacrés à la protection de la collection qu'il avait accumulée avec tant de soin. Il était mort de fièvre tuberculeuse, apparemment mal aimé de son équipage et de ses officiers qui ne le pleurèrent pas. Quelques officiers mécontents étaient arrivés des ports où ils avaient quitté l'expédition, faisant connaître clairement la rancœur qu'ils vouaient à leur commandant.

Même Emmanuel Hamelin, le capitaine du *Naturaliste*, pourtant fidèle à Baudin, avait fait allusion aux problèmes de l'expédition et aux fortes incompatibilités de caractère – les rumeurs, les insinuations et les ragots allaient bon train[5]. Le seul naturaliste du *Géographe* qui avait survécu était François Péron : lorsqu'il avait rendu visite à Geoffroy Saint-Hilaire à Paris, quelques jours auparavant, il n'avait pas parlé de Baudin mais n'éprouvait manifestement qu'antipathie pour son commandant décédé[6].

Déjà, il semblait que la valeur de l'expédition était déterminée, non pas par ce qu'elle avait accompli, mais par ce qu'elle n'avait pas fait. Les Anglais les avaient devancés sur la côte sud de la Nouvelle-Hollande. Flinders avait beau être prisonnier du général Decaen qui le menaçait de sa colère sur l'île de France, tout le monde savait qu'il avait été le premier à découvrir une grande partie de la côte que la France avait voulu explorer la première. On disait que Bonaparte avait lancé : « Baudin a bien fait de mourir, je l'eusse fait pendre[7]. »

L'absence d'envoyés du gouvernement au retour de l'expédition était révélatrice : seuls un officiel local et lui-même, représentant le Muséum national d'histoire naturelle, étaient présents. Aussitôt que Péron lui avait annoncé le retour de l'expédition, il était parti pour le port afin de s'assurer que les collections seraient transportées comme il fallait jusqu'à Paris, leur destination finale : il se souciait en particulier des plantes et animaux vivants qui constitueraient un apport superbe à la ménagerie du Jardin des Plantes. La distribution des collections à la fin d'une expédition était toujours délicate car beaucoup se montraient réticents à être séparés de leurs trésors.

Par ailleurs, d'autres s'intéressaient également aux collections. Mme Bonaparte ne partageait pas le dédain de son mari pour l'expédition – des lettres arrivaient de partout, rappelant son « intérêt » pour les collections à chaque personne concernée. Elle avait déjà envoyé son oiseleur faire son choix parmi les animaux pour la Malmaison. L'idée que quelqu'un était en train de fouiller parmi les précieuses collections et de prélever les meilleurs spécimens inquiétait Geoffroy Saint-Hilaire. Il était pressé d'être sur place[8].

Cette tâche lui convenait parfaitement. C'était un homme avec qui on pouvait s'entendre facilement. Contrairement à la plupart de ses collègues, il ne dégageait pas un sentiment de supériorité naturelle. Il avait l'air si inoffensif et facile à vivre qu'il était difficile de mal recevoir ses suggestions bien intentionnées. Son apparence naïve et sans malice le protégeait souvent des réflexes de compétition si évidents chez ses collègues. Sa nomination à l'âge de seulement vingt et un ans comme professeur de zoologie des vertébrés au nouveau Muséum avait surpris beaucoup de monde, y compris lui-même. Ce poste revenait légitimement à Lacépède, mais celui-ci avait cru prudent de quitter Paris pour quelque temps à cause de ses liens avec la noblesse. Personne ne reprocha pourtant sa chance à Geoffroy Saint-Hilaire et, à son retour, Lacépède fut accueilli parmi le personnel grandissant du Muséum. Les douze premiers professeurs qui avaient été nommés en 1793 avaient maintenant été rejoints par de nombreux autres, y compris Georges Cuvier, l'impétueux ami de Geoffroy Saint-Hilaire, homme au talent immense[9].

L'attention de Geoffroy Saint-Hilaire fut soudainement attirée par un cri d'effroi, suivi de rires embarrassés parmi un groupe d'hommes sur les quais. Quelque chose se faufila entre leurs jambes et les hommes se dispersèrent dans le désordre en criant. Derrière eux, s'élevait une pile de nouvelles cages à l'intérieur desquelles des silhouettes vagues faisaient les cent pas. Ce devait être la cargaison du *Géographe*. Quelqu'un se détacha du groupe pour lancer des ordres avant de disparaître derrière les boîtes par où l'animal s'était échappé. Les hommes se calmèrent, puis se mirent à applaudir quand le jeune homme réapparut triomphant, tenant un petit chacal par la peau du cou. Ce devait être Charles Lesueur, l'artiste de l'expédition, qui avait été chargé des collections pendant que Péron était allé demander conseil à Paris.

Malgré l'enthousiasme général, il n'y eut pas de volontaire pour aider Lesueur à enfermer l'animal. Geoffroy Saint-Hilaire se précipita pour garder la cage ouverte pendant que Lesueur se démenait pour faire passer le chacal qui gigotait par la petite ouverture.

« Non, non, pas comme ça... » s'exclama Geoffroy Saint-Hilaire qui prit l'animal par le cou, lui immobilisant les pattes de devant contre son corps. Il l'inséra adroitement la tête la première dans la cage où il finit par s'asseoir, glapissant de terreur dans l'obscurité. Lesueur s'assura que la cage était bien fermée et remercia Geoffroy Saint-Hilaire, manifestement soulagé de le voir là[10].

Il y avait beaucoup de travail à faire ici. Geoffroy Saint-Hilaire se prépara à s'y attaquer.

Quatre jours plus tard, l'inventaire des animaux était complet. Les plantes vivantes voyageraient séparément : il y en avait presque trois cents. Parmi les quatre émeus, deux avaient survécu au voyage, ainsi qu'une autruche, un casoar des Moluques, cinq perruches royales de Port Jackson, trois foulques, deux canards, deux pigeons et un faucon. Quarante-cinq autres oiseaux étaient morts au retour de Timor, la plupart à cause des pluies froides au large des côtes françaises. Quatre panthères, deux lions, deux mangoustes, une hyène et une civette avaient rejoint le chacal. L'odeur était nauséabonde – Dieu seul sait ce qu'elle avait dû être à bord ! Les porcs-épics n'étaient pas beaucoup plus faciles à manier – à la plus légère provocation, ils tournaient le dos et agitaient leurs piquants d'une façon menaçante. Geoffroy Saint-Hilaire avait eu besoin de tous ses talents de diplomate pour les faire entrer dans leur logement temporaire. Les trente-deux tortues, cinq lémuriens, deux kangourous, deux cerfs axis, deux singes, le gnou et le zèbre avaient été plus dociles. La perte de tant d'animaux australiens était décevante : en plus des émeus, on avait perdu six kangourous et deux wombats. Cependant les survivants avaient été bien chargés sur les neuf voitures. Une fois à Paris, ils rejoindraient leurs compagnons du *Naturaliste* : un émeu, un cygne noir et six autres oiseaux, trois wombats, deux dingos, deux gazelles indiennes, un bélier à quatre cornes et une tortue à long cou[11].

Geoffroy Saint-Hilaire se hissa dans la voiture qui fermait ce cortège encombrant ; il était prêt pour le long voyage de retour à Paris. Il aurait largement le temps de préparer son rapport pour Jussieu, le directeur. Il était vraiment dommage qu'il faille maintenant faire tant d'efforts pour rétablir la réputation compromise de ce voyage, alors qu'il avait tant accompli. Comme le nom de Baudin était déjà terni et avait perdu les faveurs du Premier consul, il vaudrait peut-être mieux se concentrer sur les aspects positifs – attirer l'attention sur les survivants et leur réussite plutôt que sur ce qui avait été perdu.

Bonaparte n'était plus le chef hésitant d'un coup d'État chancelant qui avait besoin du soutien et de l'influence de savants respectés. Ce n'était plus l'homme que Geoffroy Saint-Hilaire avait si bien connu dans les camps d'Égypte, l'homme dont la passion pour la connaissance, l'attention au détail et la compréhension de ce qu'une vie dévouée à la science demandait de minutie et de monotonie étaient légendaires. Même à ce moment-là, alors qu'il n'était que Premier consul, Bonaparte, l'homme le plus important de France, regrettait encore de ne pas avoir choisi une carrière scientifique. Il avait expliqué :

« Le métier des armes est devenu ma profession : ce ne fut pas de mon choix, et je m'y trouvai engagé du fait des circonstances. Jeune, je m'étais mis dans l'esprit de devenir un inventeur, un Newton. »

« Vous ne connaissez donc pas le mot de Lagrange, avait raillé Gaspard Monge. Nul n'atteindra à la gloire de Newton, car il n'y avait qu'un monde à découvrir. »

Bonaparte avait ricané puis répondu avec passion :

« Il n'y a rien d'exact dans votre mot de Lagrange. Le monde des détails reste à chercher. Voilà cet autre monde, et c'est le plus important de tous, que je m'étais flatté de découvrir. »

Il avait marqué une pause, le visage pensif, presque mélancolique, puis avait continué :

« D'y penser, j'en suis toujours au regret ; d'y penser me fait mal à l'âme[12]. »

Mais Bonaparte était maintenant assez puissant pour n'avoir de compte à rendre à personne. Il pourrait bientôt se déclarer empereur et se couronner lui-même. L'échec apparent de l'expédition Baudin l'avait irrité, un échec qui venait après tant d'autres ; son irritation s'était propagée à tout l'empire et avait conduit les savants à s'agripper encore plus fort à leurs postes précaires et à s'entreregarder anxieusement.

Face à cette antipathie, Geoffroy Saint-Hilaire se demandait ce qui arriverait au reste des collections de l'expédition Baudin. Au moins, un des naturalistes avait survécu. Il faudrait soutenir et louer Péron afin de s'assurer qu'il y aurait des fonds pour financer le travail très important de classification et de catalogage de ces énormes collections. Péron avait déjà indiqué qu'il était prêt à entreprendre le récit officiel du voyage en plus du travail scientifique si important. Un lieutenant, Louis de Freycinet, avait paraît-il été l'un des principaux cartographes. En s'appuyant sur l'ensemble des journaux de Baudin, des officiers et de l'équipage, tous deux seraient probablement en mesure de produire un compte rendu fidèle de l'expédition et de son intérêt pour la nation française[13].

Sa valeur scientifique pourrait être considérable. Geoffroy Saint-Hilaire estimait qu'il y avait bien 200 000 spécimens, parmi lesquels se trouvaient des centaines, peut-être des milliers de nouvelles espèces à décrire. Péron lui-même avait déclaré :

> Indépendamment d'une foule de caisses de minéraux, de plantes desséchées, de coquilles ; de poissons, de reptiles et de zoophytes conservés dans l'alcool ; de quadrupèdes et d'oiseaux empaillés ou disséqués, nous avions encore soixante et dix grandes caisses remplies de végétaux, en nature, comprenant près de deux cents espèces différentes de plantes utiles ; environ six cents espèces de graines contenues dans plusieurs milliers de sachets ; enfin une centaine d'animaux vivants, d'espèces rares ou tout à fait nouvelles[14].

Ajoutées à celles expédiées plus tôt avec Hamelin, ces collections doubleraient probablement les richesses actuelles du Muséum. C'était inimaginable. Qui sait quels trésors il pourrait y découvrir ?

Il avait déjà entendu parler de l'un de ces trésors, un spécimen de « taupe d'eau », qu'il tenait par-dessus tout à observer. Après toutes ces discussions sur cet animal, il voulait examiner lui-même son anatomie. Il voulait voir comment deux animaux aussi différents que l'échidné et la taupe d'eau pouvaient être apparentés. Là, les talents artistiques de Lesueur étaient précieux : ses illustrations montraient, chez l'animal vivant, les détails des parties molles et de la chair qui n'étaient plus visibles dans les peaux séchées et les squelettes. Il avait dessiné l'animal dans son environnement naturel et, surtout, il avait fait des croquis détaillés du crâne, de la mâchoire et des plaques masticatrices ainsi que des organes génitaux de la femelle.

C'était le dessous de la femelle qui résoudrait le mystère de la taupe d'eau, et non pas son bec étrange ou ses pieds palmés. Ce qui était si curieux chez cet animal qui, autrement, ressemblait à un mammifère, c'était l'absence évidente de mamelons ou de glandes mammaires et la présence d'un cloaque, orifice commun des cavités urinaire, génitale et intestinale. Un mammifère sans mamelles pouvait-il encore être un mammifère ? La production de lait et la viviparité n'étaient-elles pas ce qui définissait la classe des mammifères ? Les divisions strictes et nettes des classificateurs devenaient floues et incertaines alors même qu'ils se démenaient pour consolider leurs catégories. Et pourtant, Geoffroy Saint-Hilaire pensait qu'ils se prenaient à leur propre piège. Si, comme Cuvier le prétendait, la physiologie dictait le comportement, alors la présence d'un cloaque voudrait dire que l'animal pondait des œufs. Toutes les autres espèces qui avaient un cloaque pondaient des œufs. Est-ce que ces anomalies de Nouvelle-Hollande étaient des mammifères qui pondaient des œufs ? Voilà qui élargissait un peu trop la définition. Geoffroy Saint-Hilaire les appela monotrèmes, ce qui voulait dire « un seul orifice ». Lamarck pensait qu'ils pourraient être des animaux intermédiaires entre les mammifères et les oiseaux et les plaça dans leur propre classe. Cuvier grognait de mécontentement à ces hypothèses et affirmait que les faits révéleraient tout finalement[15].

Alors que le cortège s'ébranlait sur la route, Geoffroy Saint-Hilaire se pencha anxieusement par la fenêtre pour surveiller la progression des animaux dont il avait la charge. La biche axis balançait doucement la tête au-dessus de sa cage et regardait calmement le paysage et la campagne qui commençait à la porte de la ville pleine de monde. Un autre cerf sortit la tête de la voiture suivante. Mais non, ce n'était pas possible. Les deux daims étaient dans la même voiture. Geoffroy Saint-Hilaire regarda de nouveau. La tête du deuxième daim était plus basse, mais au moment où il la tourna vers lui, Geoffroy Saint-Hilaire se rendit compte de son erreur. Il était plus gris que le premier, son museau était moins retroussé et ses oreilles plus centrales. Cependant, la ressemblance entre les deux têtes était frappante. Comment se pouvait-il que deux animaux aussi fondamentalement différents qu'un cerf d'Asie et un kangourou d'Australie se ressemblassent autant ? Il se rappela alors que Cook, au premier abord, avait confondu un kangourou avec un cerf dans les hautes herbes. Il imagina le cerf en train de se dresser sur les pattes arrière, ses pattes avant se réduire et se courber, ses pattes arrière se ramasser en un ressort puissant avec la queue étendue en contrepoids, jusqu'à ce qu'il en ait fait un kangourou. Sans aucun doute, la même structure fondamentale était à la base des deux animaux, les mêmes os étaient configurés de la même façon malgré les différences de taille et de structure. Mais pourquoi ? Qu'est-ce que cette unité apparente de plan pouvait bien vouloir dire[16] ?

Geoffroy Saint-Hilaire s'adossa dans la voiture et ferma les yeux. Le squelette du kangourou se transforma de nouveau : sa colonne vertébrale s'allongea à l'horizontale, les os de la queue fusionnèrent pour permettre une propulsion latérale, les jambes se raccourcirent, le museau s'allongea, les yeux se déplacèrent dorsalement pour constituer un animal de forme crocodilienne typique. Les os changèrent de nouveau, les jambes se rétractèrent et disparurent, la queue se raccourcit, les côtes s'élargirent et s'aplatirent pour former un poisson. Le squelette se divisa pour en former quatre, qui retrouvèrent la morphologie originale, en chair et en os, du cerf, du kangourou, du crocodile et du poisson. Pendant un moment, Geoffroy Saint-Hilaire contempla leurs ressemblances avant que les transformations ne recommencent.

Cette fois-ci, chacune des espèces régressa jusqu'à la

jeunesse, l'enfance, la petite enfance, la naissance. À chaque étape de régression, les formes devenaient de plus en plus semblables, les différences disparaissaient jusqu'à ce qu'elles ressemblent toutes, dans l'esprit de Geoffroy Saint-Hilaire, à des embryons aveugles, roses et enroulés sur eux-mêmes, indifférenciés, non identifiables. Comment ce matériau de base pouvait-il produire une telle diversité ? Est-ce que le même matériau pouvait se diversifier ? Si on intervenait assez tôt, est-ce que le plan de développement pourrait être changé et suivre un autre chemin ? Est-ce qu'un œuf d'oiseau pourrait donner naissance à un reptile à la suite de l'intervention nécessaire ? Est-ce que les baleines pourraient garder les pattes et les dents qui sont présentes chez l'embryon mais perdues chez l'adulte ? Après tout, Lamarck avait peut-être raison, les espèces pouvaient peut-être se transformer. Il y avait un système, c'était sûr, il avait juste besoin de la clé qui le révélerait.

« La science doit se fonder sur des faits, en dépit des systèmes[17] ! » La voix de Cuvier résonna dans l'esprit de Geoffroy Saint-Hilaire, aussi importune et dominante que l'homme pouvait l'être en réalité. Il fronça les sourcils. Cuvier ne supportait pas les méditations de Lamarck, ni les spéculations philosophiques de Geoffroy Saint-Hilaire. Éduqué en Allemagne, protestant luthérien de religion, il était presque l'opposé de Geoffroy Saint-Hilaire qui, lui, était sujet à des enthousiasmes spéculatifs passionnés et à des dépressions profondes. Dans la science comme dans sa carrière, Cuvier progressait régulièrement, indomptablement, inévitablement, pas à pas. Il s'intéressait aux faits, au connu, à l'évidence. Là où Cuvier voyait des espèces discrètes, immuables, inaltérables, Geoffroy Saint-Hilaire voyait relations, variation, continuité.

Au contraire de Cuvier, Geoffroy Saint-Hilaire supportait bien de ne pas savoir, de ne pas être maître de la situation. Il se contentait de réfléchir, de se poser des questions, de ne pas toujours trouver de réponse, du moins pas encore. Il ne savait pas ce que tout cela voulait dire, mais il savait qu'il devait y avoir une raison, une explication, à la base de ces régularités. Il devait y avoir une raison pour laquelle les espèces avaient des structures fondamentales en commun même quand leurs formes extérieures étaient si différentes.

Geoffroy Saint-Hilaire jeta un coup d'œil par la fenêtre. Le kangourou avait de nouveau dressé la tête, il mâchait le fourrage qui lui avait été donné avec placidité tout en regardant le paysage inconnu qui se déroulait devant lui. Peut-être Geoffroy Saint-Hilaire trouverait-il sa réponse parmi cette myriade d'animaux étranges et merveilleux qui venaient de l'autre côté du monde. Peut-être, à condition que Cuvier ne s'approprie pas les meilleurs spécimens pour les garder sous clé dans son laboratoire, peut-être même, cette fois-ci, y trouverait-il sa preuve.

FRANÇOIS PÉRON

LA MALMAISON, PARIS
MARS 1807

François Péron *naquit le 22 août 1775 en Provence ; son histoire est celle, classique, de l'enfant doué issu des classe populaires et qui s'élève dans l'échelle sociale. Il montra tôt des talents pour l'étude et put aller au collège grâce à l'aide de son grand-père. Comme il n'avait pas les moyens de continuer ses études, Péron servit dans l'armée, puis devint employé de bureau avant d'obtenir une bourse à l'École de médecine de Paris. À la dernière minute, Jussieu et Cuvier lui obtinrent un poste de zoologiste assistant dans l'expédition de Baudin. Enthousiaste, fervent et plein d'arrogance juvénile, Péron percevait l'humour sardonique de Baudin comme une persécution cruelle. À leur retour, Péron et Louis de Freycinet compilèrent le récit officiel du voyage et n'éprouvèrent aucun scrupule à ajuster les cartes et les comptes rendus de Baudin au service de leurs ambitions personnelles. L'énergie de Péron le conduisait à pousser son corps frêle au-delà de ses capacités, ce qui lui valut le dévouement de ses amis en dépit du manque de probité de certaines de ses actions. Péron mourut de tuberculose le 14 décembre 1810, sans avoir achevé son travail zoologique ni le second volume de ses voyages. Celui-ci fut terminé par Louis de Freycinet*[1].

Il était tôt dans la saison mais Péron ne pouvait refuser à l'impératrice de visiter brièvement son jardin. Toute la journée, le soleil avait brillé faiblement derrière les nuages gris mais l'air était demeuré humide et glacial. Péron resserra son manteau fourré et enfonça sa casquette jusqu'aux oreilles. Il toussa avec précaution dans son mouchoir. Cela faisait des mois qu'il n'était pas venu et tant de choses avaient changé, mûri et grandi. Des bourgeons vigoureux grossissaient sur les branches dénudées en attendant le printemps. Les premiers crocus poussaient leurs têtes délicates hors de la terre dure. Il n'y avait aucun doute que le jardin serait bientôt magnifique et c'était à juste titre que l'impératrice en était fière[2].

Ce n'étaient pas seulement le temps froid et la mauvaise santé qui avaient empêché Péron de venir à la Malmaison récemment ; en fait, l'impératrice avait souvent eu la gentillesse d'envoyer sa propre voiture pour aller le chercher, surtout depuis qu'elle l'avait honoré du titre de « lecteur de l'impératrice ». Mais depuis que les fonds avaient été approuvés pour la publication de son *Voyage de découverte aux terres australes*, il surveillait l'impression, examinait les planches et le texte et contrôlait chaque étape du travail. Enfin, le premier volume était maintenant terminé. Le géographe Malte-Brun avait écrit une critique élogieuse du livre dans *Le Moniteur*, ce qui en assurerait la vente et peut-être permettrait une traduction en anglais ou même en allemand. Le combat avait été bien long pour obtenir une petite pension d'État pour sa recherche et une subvention pour la publication afin de rétablir la réputation détruite de leur expédition. La première bataille avait été gagnée, Péron pouvait souffler un instant avant de commencer la seconde – le deuxième volume du *Voyage*. Ce n'est qu'ensuite qu'il pourrait s'attaquer au travail le plus important de tous : l'atlas zoologique.

L'air vif lui irrita la gorge. Péron porta son mouchoir à la bouche et s'efforça de retenir une quinte de toux douloureuse, tout en faisant semblant d'examiner en détail une plante dans une plate-bande. Sa ruse, cependant, n'échappa pas à l'impératrice. Elle se détourna de l'arbre dont elle parlait et demanda à l'un des jardiniers de l'aider. Péron lui prit la main et tenta d'exprimer la profondeur de sa reconnaissance pour sa prévenance, mais elle sourit gentiment et les encouragea tous à poursuivre leur chemin.

Péron suivit l'impératrice le long de l'allée qui serpentait en direction de l'orangerie à travers des bois clairsemés. C'était la partie du jardin qu'elle préférait, disait-elle de sa voix mélodieuse, tout à fait différente des tracés géométriques de l'entrée majestueuse. Les grands parterres proches de la maison débordaient de plantes herbacées vivaces qui formaient un ensemble artistement conçu sous l'apparent naturel. Les feuillages contrastés de ces plantes attiraient autant l'intérêt que les fleurs qui y apparaissaient au cours de l'année. C'était vraiment un jardin à l'anglaise, malgré la guerre.

L'impératrice serra plus fort le bras du naturaliste en entamant sa récitation familière des plantes, de leurs noms scientifiques et de leurs caractéristiques. Elle était toujours ravie d'avoir un auditeur attentif avec qui discuter de ses chères plantes. Nulle n'était trop petite ou insignifiante : toutes méritaient son attention. Elle avait le regard du botaniste pour les plantes, la passion de la collectionneuse, pas celle de l'artiste florale. Elle remarquait les caractères anatomiques peu communs, s'émerveillait de leurs particularités et était manifestement obsédée par la nouveauté, non pas celle des variétés cultivées ou des créations de jardiniers, mais celle des espèces sauvages nouvellement découvertes, dans leur profusion naturelle et sans contraintes. Elle avait une excellente mémoire pour les noms, ce qui lui permettait de se repérer sans effort dans un labyrinthe de détails botaniques.

Péron la regardait, fasciné. Il oubliait toujours cette aptitude étrange à diriger la conversation qu'elle avait : c'était si rare chez une femme, surtout en ce qui concernait les sujets qu'il connaissait mieux qu'elle. Même à son âge, l'impératrice était d'une grande beauté, mais ce n'était pas cela qui troublait Péron. Il y avait quelque chose d'autre, ses yeux peut-être, sa voix basse, cette impression d'autorité inattendue chez une femme. Peut-être était-ce cela la noblesse ? Péron écarta cette pensée déplacée presque aussi rapidement qu'elle était venue à son esprit.

Il remarqua de nouveau, comme il l'avait fait auparavant lorsqu'il l'écoutait et répondait à ses questions, qu'il lui parlait instinctivement comme à une collègue, quelqu'un qui était à son niveau. Et pourtant, elle n'était pas vraiment une collègue : il n'y avait pas ce sentiment critique, cette compétition, cette peur vague de se tromper, ce besoin de bravade. Il lui faisait confiance : elle avait la sagesse et la connaissance du professeur, mais aussi la bonté et l'indulgence de la mère, la douceur et la tendresse d'une sœur ; elle était pourtant triste et vulnérable. Une petite partie de son cœur, qu'il croyait avoir perdue depuis le décès de sa mère, se réveilla, telle une plante qui lance une nouvelle pousse, fragile et délicate.

Bien sûr, elle était aussi l'impératrice, riche, puissante, influente. Sans son soutien, sans les paroles douces qu'elle chuchotait à l'oreille de Napoléon, tous ses efforts auraient peut-être été vains. Il était important d'entretenir l'amitié des puissants et, en France, il n'y avait personne de plus puissant que Napoléon. Péron se rappelait la procession du sacre, riche en symboles de la Rome antique, à laquelle il avait assisté, plus de deux ans auparavant ; le sacre avait mis fin aux incertitudes liées à la démocratie et à la Révolution. Les régiments de hussards, cuirassiers, dragons, carabiniers et mamelouks avaient défilé en rangs. Les seize voitures qui abritaient les princesses et les dignitaires étaient d'une splendeur croissante au fil de la procession. La voiture du pape était tirée par huit chevaux blancs, ornés de plumes spectaculaires. Mais même l'empereur de Rome était éclipsé par l'extravagance de la dernière voiture. Entourée de seize pages, elle était accompagnée par les maréchaux de France les plus éminents, chacun monté sur un cheval couvert de brocarts d'or et muni de rênes de soie. La voiture elle-même était tirée par huit chevaux de robe claire, harnachés de pompons gigantesques qui atteignaient la hauteur d'un étage. Elle ne comportait pas moins de dix fenêtres de verre, ce qui offrait une vue incomparable du grand Bonaparte et de sa femme Joséphine[3].

En tant que savant, bien sûr, Péron se rendait compte que ce genre de parade n'était que du pain et des jeux pour le peuple. Mais cela ne nuisait jamais de saluer les exploits des puissants. Son commandant défunt, malhabile en cela, comme en bien d'autres choses, avait rarement su saisir ces occasions. Il n'y avait aucun mal à laisser entendre à ses supérieurs ce qu'ils voulaient entendre. Ce qu'il avait dit à Decaen à propos de Flinders était vrai : le but de son expédition n'était pas scientifique, mais vraiment stratégique. Il n'avait rien à voir avec la détention de Flinders. Quel mal pourrait-il y avoir à dire aux autorités tout ce qu'il savait sur les colonies anglaises et quels étaient leurs points faibles ? Pour quelle raison devrait-il protéger les intérêts anglais ou s'abstenir de bénéficier des informations obtenues quand il était leur hôte ?

Et quel mal pourrait-il y avoir à honorer une péninsule lointaine du nom d'un ministre ou de celui de sa femme ? Le nom de Napoléon, bien sûr, devrait être immortalisé dans leurs découvertes ! S'il avait corrigé les omissions de son commandant dans le récit de leur voyage, c'était seulement pour rendre honneur à ceux qui le méritaient. Il ne rendrait certainement pas honneur à ceux qui ne le méritaient pas : il était tout à fait normal que le nom de Baudin n'apparût qu'une fois dans le récit du voyage, et cela à propos de sa mort. Finalement, on n'obtient que ce que l'on mérite, pensait Péron, encore piqué au vif par les plaisanteries de Baudin à ses dépens, ses ricanements dédaigneux, ses commentaires humiliants. Même du fond de la tombe, son sarcasme le touchait encore. Il était heureux que ce soit le récit de Péron qui serait publié ; quant au journal de Baudin, il languirait au fond des archives de Paris, ignoré pour l'éternité[4].

Certains ne seraient probablement pas d'accord avec sa complaisance, tant pis pour eux ! Labillardière, par exemple, ce reclus, avait rompu le contact avec Napoléon après le voyage en Italie : il déclarait que Bonaparte avait trahi l'idéal de la République en se couronnant empereur. Mais ni l'empereur ni l'impératrice n'auraient à souffrir de l'absence de Labillardière. Péron était plus que disposé à se glisser à la place du botaniste récalcitrant. Péron, après tout, n'était pas seulement botaniste, il s'intéressait aussi à l'histoire naturelle au sens large et à l'étude des hommes et des animaux en particulier. Il était le seul zoologiste survivant de l'expédition : en tant que tel, il avait une connaissance sans pareille de la faune de Nouvelle-Hollande.

À son retour, n'avait-il pas surveillé la distribution des plantes et des animaux au Muséum ? N'avait-il pas en personne fait cadeau à l'impératrice des cygnes noirs qui, maintenant, ornaient le lac central et des kangourous qui broutaient paisiblement ses pelouses ? N'était-ce pas grâce à lui que l'expédition avait pu retourner en France, après la mort du commandant en île de France, malgré les efforts du général Decaen pour les y retenir ? Qui pourrait nier qu'il avait donné à l'expédition la direction scientifique qui, malheureusement, avait fait défaut chez leur commandant défunt ? Personne ne contesterait cela : Baudin était mort, Milius et Hamelin étaient à la guerre. Il n'y avait que ses amis Charles Lesueur et Louis de Freycinet qui s'intéressaient encore au bilan de l'expédition et qui le soutenaient. Même le baron Cuvier avait fait un éloge sans réserve du travail de Péron quand il avait livré son rapport à l'Institut impérial en juin dernier.

Après avoir noté que, des vingt-trois savants qui avaient pris part à l'expédition, seuls trois étaient revenus, Cuvier félicita Péron : « Resté seul de tous ses collègues, M. Péron redoubla de zèle et de dévouement. »

Il décrivit l'étendue étonnante de la collection, complimenta Péron pour la variété des espèces rapportées, loua le détail et la précision de ses descriptions et exprima son admiration pour le caractère novateur de ses études du comportement animal et humain. Bien sûr, les tableaux de Lesueur attirèrent aussi les louanges mais, ce qui impressionna les savants plus que tout, c'était la façon dont les collections avaient été rapportées en France.

> Tout ce qu'il était physiquement possible de conserver, ils l'ont rapporté, soit dans l'alcool, soit empaillé avec soin, soit desséché, soit dans l'eau surchargée de muriate de soude. En un mot, ils n'ont négligé aucun des moyens connus pour multiplier leurs collections et pour les rendre aussi belles que possible. Lorsque les animaux se refusaient, par leurs dimensions, aux moyens de transport ordinaires, comme les grands phoques, les grands squales, etc., ils en ont rapporté ou les peaux, ou les mâchoires, ou les dents, ou simplement les poils ... L'acquisition des animaux vivants ne leur a coûté ni moins de sacrifices ni moins de peine.

Une partie de ceux qui nous sont parvenus avait été acquise par M. Péron à ses propres frais[5].

Personne ne semblait accorder la moindre importance au fait que la plupart des collections d'animaux vivants avaient été rapportées par Hamelin. Pour le public, les savants, l'impératrice, c'était Péron qui personnifiait l'expédition : elle était son triomphe. Libéré de ses derniers doutes, Péron se redressa légèrement au bras de l'impératrice en approchant des serres.

Les vastes serres chauffées abritaient les acquisitions les plus précieuses de l'impératrice. À l'intérieur, Péron pouvait voir deux hommes en grande discussion : un Anglais à l'égard duquel Napoléon éprouvait la plus vive méfiance et un Français qui avait une connaissance sans pareille des espèces exotiques. Félix Lahaye s'empressa de leur ouvrir la porte et une bouffée de chaleur lourde balaya la fraîcheur du soir.

Péron salua brièvement le jardinier de la tête, mal assuré soudain, en présence d'un rival. Ils se connaissaient, bien sûr. Lahaye avait travaillé pour Labillardière pendant l'expédition en Australie d'où venaient la plupart des plantes de l'impératrice. Labillardière avait, le premier, décrit un grand nombre de ces plantes mais c'était Lahaye, l'humble jardinier, qui avait recueilli les graines, les avait fait germer, les avait propagées, comprises, encouragées et fait grandir jusqu'à maturité sur ce sol étranger. La tâche de Joséphine avait été de solliciter, d'emprunter et d'acheter des graines et des plantes partout où elle pouvait. Beaucoup avaient été acquises à Londres et provenaient de Botany Bay et de Port Jackson. D'autres venaient des expéditions françaises. Joséphine leur avait fourni un habitat et des jardiniers qui comprenaient leurs besoins. Lahaye avait terminé les rénovations du jardin de Versailles et était régulièrement réquisitionné par la Malmaison ; il échangea un coup d'œil avec Joséphine en passant. Ces plantes représentaient son triomphe autant que celui de l'impératrice.

Un sursaut du naturaliste confirma leur réussite. Péron ne pouvait plus contenir son admiration. L'orangerie se déployait devant lui dans toute sa splendeur, offrant une profusion d'odeurs et un spectacle qu'il reconnaissait sans pourtant les avoir jamais perçus. Ces plantes des antipodes semblaient même défier l'hiver parisien : elles prospéraient et se hâtaient vers un printemps précoce. De jeunes arbres à thé se dressaient déjà à quelques mètres de haut. Il écrasa doucement leurs feuilles épineuses entre le pouce et l'index, libérant leur parfum âcre et familier. Les boutons bruissants des immortelles cachaient encore leurs pétales d'or sous un lustre argenté. Une abondance de minuscules bourgeons de fleurs de pois se répandaient sur un buisson maigre qu'il n'avait jamais vu que nu et desséché, leurs extrémités jaunes étaient enflées et prêtes à s'ouvrir. Le chorizema, une superbe fleur de pois d'une couleur rouge flamboyante, était déjà en train d'éclore et de révéler du rose et du cramoisi strié de jaune. Un wonga wonga grimpait sur le mur voisin en laissant retomber dans toutes les directions des cascades de clochettes crème qui recouvraient l'écorce parcheminée des melaleucas. Il fut ravi de voir enfin qu'aux feuilles peu prometteuses des pois corail s'étaient associées de grandes guirlandes de fleurs violettes.

Même le délicieux persil de mer qu'ils avaient goûté sur la terre de Van Diemen poussait ici en abondance : il avait été rapporté en France par le capitaine Hamelin sur *Le Naturaliste*. D'autres survivants du voyage le côtoyaient : un hibiscus à fleurs jaunes dont les bourgeons ne pointaient pas encore et une herbe délicate qui avait été nommée en l'honneur de l'impératrice *Josephinia imperatricis*. Certaines plantes avaient été rapportées sur *Le Géographe* : *Callistachys lanceolata*, dont les fleurs éclatantes étaient jaunes, striées de bordeaux, et les conchiums, plus discrets, dont les fleurs délicates commençaient à se montrer parmi des feuilles qui ressemblaient à des aiguilles de pin[6].

Une petite myrtacée exhibait ses premières fleurs pas très bien formées dont les boutons étaient ornés de curieux poils rouges. Un mimosa duveteux décrivait une arche élégante au-dessus de sa tête et le parfum capiteux qui provenait de ses panaches d'or envahit temporairement ses sens. C'était le paradis des antipodes, peut-être la plus belle collection de plantes australiennes vivantes en Europe.

Péron sourit ; il lui semblait que cet air chaud et humide lui permettait de se remplir les poumons complètement pour la première fois depuis des mois. Il terminerait le second volume du récit de l'expédition et commencerait son travail de zoologie le plus rapidement possible. Il le dédierait à l'impératrice, bien sûr. Il serait fêté, non seulement par ses confrères, mais aussi par les gens à la mode et les nantis. L'humble fils de tailleur de Cérilly était arrivé au sommet de la société parisienne, sinon européenne. Sa place dans l'histoire était assurée.

La toux irritante qui l'avait tourmenté tout l'hiver le secoua de nouveau. Alors qu'il portait son mouchoir à la bouche, il aperçut un peu de rouge. Une sensation glacée s'empara de son cœur et chassa toute chaleur de son corps. Il revoyait Baudin, allongé sur un coude, essuyant un crachat sur le menton. Sa peau cireuse était tirée sur des pommettes creuses, un long nez crochu assombrissait des lèvres fines déformées par un sourire sardonique. Baudin avait levé le bocal qu'il gardait près de son lit et qui contenait des amas de chair et de sang coagulés.

« Est-ce qu'on a besoin de poumons pour vivre ? dit la vision d'une voix rauque tout en riant de l'expression horrifiée de Péron. Vous voyez, je n'en ai plus et pourtant j'existe encore ! »

Péron ferma les yeux pour échapper à la douleur et à cette apparition. Finalement, on n'obtient que ce que l'on mérite[7].

JEAN-BAPTISTE LAMARCK

MUSÉUM D'HISTOIRE NATURELLE, PARIS

25 DÉCEMBRE 1810

Jean-Baptiste Pierre Antoine de Monet Lamarck *naquit en 1744. Il était doté d'un caractère ferme et résolu qui se manifesta au début de sa carrière dans l'armée, mais sa fragilité physique et les conséquences d'une blessure coupèrent court à une carrière prometteuse. Il travailla comme employé de bureau avant de s'intéresser à l'histoire naturelle, domaine où il remporta un succès étonnant avec sa Flore française, en utilisant une nouvelle clé dichotomique pour identifier les espèces. Pendant la Révolution, Lamarck défendit son poste de « garde des herbiers » au Jardin des Plantes et participa à l'établissement du Muséum d'histoire naturelle. Lamarck était excentrique, sensible aux critiques mais, cependant, insensible à autrui, arrogant mais recherchant l'approbation, reclus et renfermé mais reconnu brillant malgré tout. On lui attribua une des nouvelles chaires professorales, celle des insectes et des vers, une discipline peu connue. Ce passage à la zoologie conduisit Lamarck à formuler sa théorie transformiste de l'évolution malgré les critiques de nombreux collègues, en particulier Cuvier. Lamarck se maria trois fois et eut huit enfants. Il fut aveugle pendant les onze dernières années de sa vie ; sa fille Rosaline prit soin de lui jusqu'à sa mort en 1829*[1].

Une silhouette voûtée, fragile et menue, inspectait d'un œil myope une collection de coquillages étalée sur la table. Un foulard noué autour du cou accentuait encore l'aspect anguleux du crâne, luisant sous des mèches de cheveux gris. Le silence de la pièce n'était troublé, de temps en temps, que par des murmures et des exclamations étouffées. Tout son de l'extérieur aurait été assourdi par la lourde porte en bois. Le Muséum, cependant, était silencieux. Tous les autres étaient chez eux, en famille, en train de fêter Noël.

Il n'était même pas venu à l'esprit de Lamarck qu'il aurait dû être chez lui avec sa propre famille. Ils étaient accoutumés à son absence. Il était assis, seul comme à son habitude, entouré de piles de boîtes, de tiroirs et de meubles de rangement qui couvraient les murs, étaient entassés dans tous les coins et occupaient tout l'espace de la pièce. Seul son bureau était dégagé, ainsi qu'un chemin étroit qui menait à la porte. La pièce, par ailleurs, était l'image même du désordre organisé, rassemblant toute une vie d'observations, de théories et de questions à portée de la main.

Un mince rayon de lumière tombait de la fenêtre et éclairait la table à laquelle Lamarck était assis. Il percevait à peine l'existence de la pièce, encore moins ce qui se passait à l'extérieur. Pour lui, la lumière de la fenêtre n'était qu'une tache brillante, les murs et les meubles de rangement n'étaient que des formes sombres qui lui servaient de repères quand il quittait la table pour consulter un article, un livre ou un objet[2].

La vue faiblissante de Lamarck avait littéralement réduit son univers à l'espace cérébral qu'il avait toujours considéré comme son domaine naturel. Il ne pouvait plus voir les jardins qu'il traversait tous les jours. Il ne reconnaissait plus les collègues qu'il rencontrait. Il ne pouvait plus déchiffrer leur expression de l'autre côté de la table où ils s'asseyaient lors des réunions où il allait encore parfois. Mais sa perception du monde qui lui était le plus important demeurait entière. Son imagination, intacte, parcourait le temps et l'espace, spéculait, cherchait des régularités et des explications. Il était toujours le naturaliste philosophe. Les doigts minces de Lamarck saisirent sur la table un des coquillages qui ressemblait à une coque et l'approchèrent de son visage pour examiner les détails complexes de sa structure. Il ne pouvait voir à plus d'un mètre devant lui, mais à l'échelle des détails microscopiques, sa vue semblait accrue, capable de se fixer sur des choses qui échappaient à ceux qui opéraient à une plus grande échelle optique.

Lamarck se lécha un doigt et frotta le centre opalescent du coquillage, révélant des volutes luminescentes de nacre vert et violet. Il avait déjà manipulé ces coquillages une centaine de fois mais il n'avait jamais imaginé que, vivants, ils seraient aussi beaux. Il frotta son doigt contre l'extrémité où la valve cassée aurait été attachée à l'autre. Les dents fendues de la charnière étaient caractéristiques – uniques à la famille que Bruguière avait décrite et appelée Trigonie, d'après la forme triangulaire. Mais Bruguière n'avait qu'un seul fossile à sa disposition et celui-ci était plein de limon qui cachait la charnière. Il était même impossible de voir, sur son spécimen, où les deux valves étaient jointes. Il y avait plusieurs espèces fossiles de trigonies : leur forme triangulaire était ornée de motifs variés, quelquefois concentriques, quelquefois en étoile, quelquefois concentrique sur une moitié, en étoile sur l'autre moitié. Elles formaient en France de grands bancs pétrifiés et avaient embelli les collections du Muséum pendant de nombreuses années, mais personne ne pensait qu'on trouverait une trigonie vivante, pas plus qu'on ne pensait trouver une bélemnite ou une ammonite vivante.

« Personne, sauf moi », songea Lamarck.

La poignée de trigonies éparpillées devant lui sur le bureau n'étaient pas des fossiles. Elles étaient mortes, certaines avaient été brisées et endommagées par les vagues et toutes étaient des moitiés séparées de bivalves qui avaient vécu au fond des océans. Mais elles étaient mortes récemment et représentaient les restes fraîchement lavés d'organismes qui vivaient encore, il y a une semaine, un mois, une année. Mais même mortes, pour Lamarck elles témoignaient de la vie, elles étaient les premières, les seules trigonies qui eussent jamais été trouvées fraîches et vivantes[3].

Le naturaliste Péron les avait rapportées de son voyage en Nouvelle-Hollande. Quelqu'un lui avait dit que Péron était mort la semaine dernière – il devrait essayer de s'en souvenir pendant la messe de minuit. Cela avait été le destin de tant de voyageurs naturalistes qu'un homme d'esprit avait parlé d'un « martyrologe de savants ». Péron serait un bon candidat à la sainteté. Mais son sacrifice n'avait pas été vain. Lamarck ne savait pas s'il s'était rendu compte de ce qu'il avait trouvé. La montagne de matériaux qu'il avait rapportée était à l'état brut, elle n'avait été ni triée ni traitée. Mais comme elle provenait d'un continent inexploré, peuplé de tant de merveilles de la biologie, même les déchets contenaient des spécimens rares et remarquables ainsi que de nouvelles espèces. Péron n'eût-il rapporté que des boîtes de sable, Lamarck y aurait découvert des trésors.

Et cette trigonie était une vraie merveille, exactement la preuve que Lamarck cherchait pour démontrer que cette petite espèce n'avait pas disparu mais avait survécu au fin fond des océans, dans les eaux profondes encore inexplorées par l'homme. Il avait publié ses découvertes immédiatement. Les activités humaines pouvaient, bien sûr, causer l'extinction d'espèces de grande taille comme le mammouth, mais la nature n'était pas si prodigue. Les extinctions étaient sûrement moins fréquentes que Cuvier voulait le faire croire[4].

L'extinction n'était pas tout simplement l'histoire des espèces qui apparaissaient puis disparaissaient, elle était liée à la nature même du temps et de la vie. Quelle était la durée des jours de la création de la Genèse qui, comme par hasard, correspondaient remarquablement aux sept époques de la vie que Buffon avaient trouvées inscrites dans la roche ? Une journée, pour Dieu, correspondait-elle à une ère géologique, un millier d'années ou cinq mille ou dix mille ? Pour Buffon, Dieu était synonyme de « force de la nature ». Il s'agissait de temps géologique, et non de temps humain ou religieux. Buffon avait prouvé expérimentalement que la Terre était âgée de 75 000 ans d'après le taux de refroidissement de sphères de fer fondu ; en fait, Buffon lui avait dit qu'il pensait que la valeur réelle était proche de trois millions d'années[5].

Mais les longues périodes de Buffon ne plaisaient pas à tout le monde. Elles ne plaisaient pas à ceux pour qui le monde était jeune, discontinu, immuable. Ils pensaient que Dieu, dans sa sagesse, avait créé, puis détruit la vie cinq fois au cours de la réalisation de son œuvre, violemment et soudainement. Il n'y avait pas eu de temps pour changer ou s'adapter, la vie était telle qu'Il l'avait créée. L'Éternel l'avait donnée, l'Éternel l'a ôtée.

Après tout, l'Éternel n'avait pas ôté la trigonie. Elle avait survécu et changé, tout au fond d'un océan lointain. La forme vivante ne ressemblait à aucun de ses ascendants fossiles. On ne pourrait savoir combien elle avait changé pour s'adapter à son environnement moderne que lorsqu'on pourrait trouver, observer et étudier des spécimens vivants. Mais ce petit coquillage était la preuve que la vie pouvait se transformer. Les démarcations entre les grandes époques de la vie étaient floues ; elles n'étaient pas marquées de façon irréversible par des catastrophes violentes et des révolutions mais, au contraire, s'enfonçaient graduellement dans les brumes du passé, des régressions variables, vagues, fluctuantes. L'explication complète restait encore à trouver[6].

Lamarck posa le coquillage et souffla sur une feuille de parchemin pour la nettoyer. Il plongea sa plume dans l'encre, la tapota soigneusement trois fois sur le bord de l'encrier. De son écriture droite et sans fioritures, avec soin, il commença à coucher ses idées sur le papier.

SUR LA TRACE
DE LEURS AÎNÉS

FREYCINET (1817–1820), DUPERREY (1822–1824) ET BOUGAINVILLE (1824–1825)

ROSE DE FREYCINET

AU MILIEU DE L'OCÉAN PACIFIQUE – EN ROUTE POUR PORT JACKSON

1ER OCTOBRE 1819

Rose de Freycinet, *née Pinon, vit le jour en 1794. En 1815, elle épousa Louis Claude de Saulces de Freycinet, issu de famille noble. Rose donnait l'impression de n'être qu'une jolie jeune fille typique de son temps et de sa classe, frivole et pleine de vivacité ; mais, en fait, elle était étonnamment forte de caractère et d'une loyauté à toute épreuve. Elle embarqua clandestinement sur le bateau de son mari la veille du départ pour un voyage autour du monde dont le but était d'étudier le magnétisme de la Terre. Rose surmonta sa peur intense des indigènes et des naufrages et survécut au naufrage de* L'Uranie *aux îles Falkland. L'équipage retourna en France, avec les collections, à bord d'un navire de commerce américain. Louis de Freycinet comparut en cour martiale pour avoir perdu son bateau mais fut acquitté. Il ne fut jamais poursuivi pour avoir emmené Rose avec lui ; quant à elle, elle devint une héroïne en France : le roi remarqua ironiquement que peu d'épouses françaises étaient suffisamment dévouées à leur époux pour suivre son exemple. Rose et Louis n'eurent pas d'enfants. Ce fut une triste infortune que Rose, qui servit toujours fidèlement son époux, lui fut arrachée lors d'une épidémie de choléra à Paris en 1832. Sa mort fut un coup terrible pour Louis*[1].

La lumière du soleil étincelait et rebondissait sur les eaux brisées, dansant sur le visage de Rose malgré la protection de son grand bonnet. Une brise légère soufflait, adoucissant la chaleur du soleil et gonflant légèrement les voiles. La moindre surface de voile à leur disposition était déployée de façon à attraper le plus léger souffle de vent : on aurait dit de grands oiseaux blancs captifs s'efforçant, à petits coups secs, de retrouver leur liberté. Autour d'eux, l'océan Pacifique offrait sa luminosité de saphir d'un bout à l'autre de l'horizon infini. Au-dessus de leurs têtes, le vaste ciel austral formait un arc ininterrompu, le bleu cobalt s'estompant en un bleu d'une pâleur impossible autour d'un soleil éblouissant. C'était une belle journée, tout comme hier l'avait été, ainsi que toutes les journées précédentes. Une sérénité sans fin, immuable, vacante.

Rose songeait que le Pacifique était un peu comme une personne aimable qui est toujours de notre avis : très agréable au début, mais fade après un certain temps, et on préférerait que quelque dispute sans grande importance ravive la conversation. Elle se rendait bien compte que son cher Louis devait, bien sûr, suivre ce cap dans les immensités vides de cet océan afin de poursuivre sa recherche sur l'équateur magnétique. Elle respectait la science comme tout un chacun mais, à son avis, une telle déviation de leur destination finale, Port Jackson, avait peu de chances de contribuer à cette cause importante[2].

Mais c'était, bien sûr, son amour pour son mari et non son amour pour la science qui l'avait amenée ici, sur cet avant-poste flottant de la France, point minuscule au milieu d'un vaste océan. Ce pauvre Louis avait besoin d'elle près de lui et la Providence lui avait ordonné de suivre son mari partout où il allait, quelles que fussent les règles de la marine. Peut-être était-ce pour cela que le privilège de la maternité lui avait été refusé jusqu'à présent ? Elle souriait maintenant au souvenir de la jeune fille de vingt-trois ans, tremblante, craintive, qui, par une nuit sombre où la lune jetait quelques ombres, s'était embarquée à Toulon pour le grand voyage de sa vie, vêtue d'un pantalon bleu, ses cheveux bouclés coupés ras. Elle était gaie, un peu folle, écervelée. Elle était agitée de mille peurs, de l'orage et de l'océan, des bateaux et de l'étranger, mais, plus que tout, elle redoutait qu'on la découvre et qu'on la force à retourner chez elle. Pareille mésaventure était arrivée à Ann Flinders. Flinders avait presque perdu son poste de commandant pour avoir tenté de la faire embarquer clandestinement. Pourtant, la vie était trop courte pour vivre séparés !

Le risque avait été encore plus grand pour Louis. Le ministère de la Marine interdisait expressément aux femmes de voyager sur les navires de l'État. La discrétion était de la plus haute importance : Rose avait porté son pantalon et son long manteau bleu tant qu'ils se trouvaient dans les eaux territoriales de l'Europe. Elle ne put se permettre de revêtir ses propres vêtements qu'après avoir quitté Gibraltar[3].

Son élégant manteau de satin blanc, brillant à côté des boiseries vert clair du pont, couvrait complètement sa robe de gaze à taille haute. Peu importait qu'ils fussent loin de tout et qu'il fît trop chaud, il fallait être présentable – et garder la peau blanche.

L'habitude anglaise d'avoir les seins presque nus, maintenant passée de mode, ne convenait pas à Rose. Quand ils étaient sur l'île de France, elle avait continué à porter son fichu, simple mais élégant, et s'était moquée de la suggestion qu'il pourrait cacher un défaut. Elle ne se conformait pas aveuglément aux préjugés communs. Elle était capable de résister aux critiques de la majorité quand il s'agissait d'obéir à sa conscience – qu'il fût question de s'assurer du bonheur de Louis, de se couper les cheveux tout en restant séduisante ou de porter un fichu. En fait, il y avait peu de raisons de se soucier de sa tenue à bord et elle y pensait à peine. Elle rêvait plutôt de la vie que Louis et elle mèneraient à leur retour en France : une maison de campagne, des châteaux en Espagne. Dans son imagination, ils concevraient des jardins, les planteraient, les arroseraient et imagineraient toutes sortes de folies[4].

Ses rêves étaient peuplés de tables qui ployaient sous le poids de délices épicuriens. Ah ! manger ... Jamais auparavant, elle ne s'était tant intéressée aux plaisirs de la table : elle n'avait pas grand appétit et se souciait peu de ce qu'on lui mettait dans son assiette. Ces derniers mois, cependant, il n'y avait eu que bœuf salé et porc bouilli, porc rôti et poissons séchés, riz et haricots en un cycle sans fin ni variations ! Le cuisinier faisait de son mieux pour la tenter et elle lui était reconnaissante pour la soupe, les petits morceaux de chocolat et la confiture qu'il lui donnait, mais elle rêvait des plaisirs simples que lui procureraient une bonne volaille bien grasse, des œufs ou même du lait frais ! Quelque chose qui réveillât son palais endormi. Quelque chose qui rompît la monotonie interminable de la vie à bord. Elle avait eu peur des orages, des naufrages et des sauvages, elle en avait toujours peur, mais qui eût pensé que son pire ennemi serait l'ennui ?

Elle faisait de son mieux pour s'occuper. Tous les matins, elle se levait à sept heures et on lui servait son petit-déjeuner dans la salle à manger qui jouxtait sa cabine. En règle générale, elle le prenait avec Louis et son secrétaire. Pendant la journée, elle consacrait une heure à l'étude de l'anglais, une heure à la musique, une heure au dessin et une heure à des travaux d'aiguille, ce qui occupait son temps jusqu'au dîner, à quatre heures. Son talent pour la guitare s'était beaucoup développé depuis qu'elle était à bord et, le soir, Louis ajoutait sa belle voix de ténor au son de l'instrument jusqu'à ce qu'elle soit obligée de lui demander de lui laisser l'honneur de jouer seule[5].

Mais c'était le journal qu'elle écrivait pour son amie Caroline et les lettres qu'elle écrivait chez elle chaque jour qui la sauvaient et lui permettaient de rester saine d'esprit en l'absence de conversations avec ses amis. Pendant ces « causeries » avec Caroline, elle livrait ses espoirs et ses craintes, ses réflexions quotidiennes et ses frustrations ; autrement, elle n'aurait eu personne à qui se confier à part ce pauvre Louis. Et Louis avait déjà assez de soucis. Elle aurait seulement préféré que la conversation soit dans les deux sens. Voilà deux ans qu'elle avait quitté la France, deux ans sans une seule lettre de chez elle – aucune nouvelle de sa mère, de ses amis, de sa famille[6].

À Port Jackson, il y aurait du courrier. À Port Jackson, il y aurait du monde, une civilisation – si l'on peut dire –, on pourrait descendre à terre, il y aurait peut-être même une maison où loger. Ce serait sa deuxième visite en Nouvelle-Hollande et elle ne pourrait pas être pire que la première. Elle avait mis pied à terre pour la première fois à l'ouest du continent, où se trouvait la côte sableuse, aride et sans relief de Shark Bay dont aucun arbre ni verdure ne brisait la monotonie. Ils y étaient allés exprès pour récupérer un objet précieux que Louis avait vu lors de sa dernière visite avec l'expédition de Baudin. Cette fois-là, le commandant avait insisté pour que cet objet soit laissé là où il se trouvait, mais Louis était résolu à le préserver pour la postérité. Il envoya M. Quoy, le charmant médecin de bord, et d'autres hommes le chercher à bord d'une petite embarcation.

En attendant qu'ils reviennent, Rose était allée à terre avec Louis. À sa grande horreur, un groupe de sauvages s'étaient approché d'eux, brandissant leurs lances de manière hostile.

Les jeunes officiers, ne sachant trop comment aborder ces indigènes effrayants et peut-être dangereux, se mirent à danser en cercle – ce qui fit bientôt rire les indigènes avec eux ; ceux-ci échangèrent une pointe de lance contre un miroir, un fichu et, de la part du timonier, un vêtement qu'il valait mieux ne pas mentionner, puis ils repartirent gaiement.

Malgré le caractère désolé de l'endroit, Rose, à l'abri d'un auvent, assiette et verre à même le sable, mangea de bon appétit son déjeuner d'huîtres tout juste ramassées sur les rochers. Les huîtres de Cancale ne pouvaient pas rivaliser avec celles de Shark Bay – voilà un mets délicieux qui n'avait pas son pareil en Europe. La chair d'énormes tortues que le lieutenant Duperrey avait rapportées promettait un bouillon et un ragoût délicieux. Quand il fit moins chaud, elle alla se promener sur le sable brûlant, à la recherche de coquillages à ajouter à sa collection[7].

Mais M. Quoy ne rentra pas sur le bateau ce soir-là et, alors que le vent commençait à agiter la baie qui était peu profonde, ils se mirent à craindre qu'il ne fût arrivé quelque chose à leurs collègues, qui n'avaient emporté avec eux que des provisions d'eau et de nourriture pour un jour. Comme il n'y avait aucune possibilité de trouver de l'eau à terre, leurs chances de survie seraient maigres s'ils s'étaient échoués quelque part. Contrairement à l'habitude, l'équipage manquait d'entrain : peut-être redoutaient-ils le présage que constituerait une telle tragédie, le jour même de l'anniversaire de leur départ de Toulon.

Cependant, le lendemain matin de bonne heure, ils virent apparaître de petites voiles à l'horizon, ce qui transforma rapidement l'humeur sombre en une joyeuse célébration. M. Quoy, toujours plein d'enthousiasme, ne tarda pas à monter à bord et à leur faire le récit de leurs privations, de leur salut et des efforts invraisemblables qu'ils avaient faits pour extraire de l'eau douce à partir d'éponges (comme l'avait fait saint Basile avec grande difficulté). Il rapportait aussi une belle collection de petits oiseaux qu'il avait réussi à naturaliser pendant qu'il attendait que le temps s'améliore[8]. Et, bien sûr, ils avaient récupéré la précieuse assiette que Louis convoitait tant.

C'était un objet tout simple, une modeste assiette en étain qui avait été aplatie et sur laquelle était inscrit, en lettres imprimées de forme carrée, le texte suivant en hollandais :

> Le 25 octobre 1616, le bateau *Eendracht*, d'Amsterdam, est arrivé ici. Marchand-chef Gilles Miebais de Liège ; capitaine Dirck Hatichs (Dirk Hartog), d'Amsterdam. Le 27, nous partons pour Bantum. Marchand Jan Stins ; timonier-chef Pieter Doores de Brielle. Année 1616.

Cette inscription était suivie d'une autre, plus récente :

> Le 4 février 1697, est arrivé ici le vaisseau *Le Geelvinck*, d'Amsterdam, capitaine-commandant Willem de Vlamingh, de Vlielandt ; lieutenant Joannes Bremer, de Copenhague ; premier pilote Michiel Bloem, de l'évêché de Brême. La hourque *Le Nyptangh*, capitaine Gerrit Colaart, d'Amsterdam ; lieutenant Theodoris Hiermans ; du même, premier pilote Gerrit Gerritsen, de Brême. La galiotte *Le Weesetie*, commandant Cornelis de Vlamingh, de Vlielandt, pilote Coert Gerritsen. Partis d'ici avec notre flotte pour continuer d'explorer les terres australes, en route pour Batavia[9].

Grâce à cette assiette, ils pouvaient trouver leur place dans la lignée des explorateurs qui avaient visité cet endroit isolé : d'abord Dirk Hartog qui, en 1616, avait fixé la première assiette sur un poteau pour commémorer son passage, puis Willem de Vlamingh qui l'avait trouvée quatre-vingt-un ans plus tard et l'avait transcrite sur une nouvelle assiette en y ajoutant ses propres coordonnées, puis le corsaire anglais William Dampier en 1699, puis les expéditions françaises qui avaient atteint ces côtes. Cette assiette était trop précieuse pour qu'on la laissât ainsi à la merci du sable qui l'ensevelirait ou des marins qui la vandaliseraient. Il valait mieux la rapporter à l'Institut national où elle serait mise en valeur.

Rose était pressée de quitter le plus tôt possible cet endroit inhospitalier. Elle ne pouvait pas comprendre l'enthousiasme que montraient certains des hommes à retrouver les horribles sauvages qu'ils avaient rencontrés auparavant. En dépit des risques que son collègue avait courus à terre, le second médecin de bord, M. Gaimard, pressa son commandant de le laisser faire une petite excursion à la recherche des indigènes – et se perdit aussitôt. Quand l'équipe partie à son secours, repéra ses pantalons en lambeaux dans les buissons, on craignit le pire. Cependant, M. Gaimard retrouva son chemin, plus par chance que par dessein, et grâce à de copieuses quantités de thé et de vin, recouvra vite sa santé et sa bonne humeur. Le naturaliste lui-même perdit son enthousiasme pour l'herborisation après cette escapade[10].

La Nouvelle-Hollande avait cependant réservé le pire pour la fin. Au moment où ils s'éloignaient, alors que Rose croyait qu'elle avait échappé à un enfer, le bateau s'immobilisa brusquement sur un banc de sable assez loin de la côte. Elle ne pouvait penser qu'au terrible destin qui les attendait s'ils faisaient naufrage sur une côte aussi hostile. Elle écrivit à sa mère :

> À six heures du soir, comme on sondait continuellement, le fond diminua tout à coup, et, quelques instants après, quoique nous fussions assez loin de terre, nous touchâmes un banc de sable. Je te laisse à pen-

ser quelle fut ma position dans ce moment, jetée sur une côte horrible comme celle-là, sans la moindre ressource ! Tout mon courage m'abandonna et je ne voyais qu'horreur autour de moi. Je songeais que si le vent venait à fraîchir, notre pauvre *Uranie*, rencontrant des rochers, se briserait en mille pièces[11]...

Si ce brave M. Quoy ne l'avait pas rassurée gentiment en lui disant qu'ils pourraient d'ici peu renflouer le bateau, son désespoir eût été absolu. Mais bientôt, la marée montante les remit à flot et, maintenant, Rose attendait le jour où ils arriveraient à Port Jackson avec un enthousiasme exacerbé par le caractère extrême de son expérience de la Nouvelle-Hollande jusque-là.

Louis lui avait dit que la colonie était étonnante, malgré ses débuts peu prometteurs. Voilà maintenant dix-huit ans que Louis était allé à Port Jackson et pourtant, même à cette époque, cette petite colonie était déjà prospère.

> Sans doute il serait difficile de concevoir une colonie composée d'éléments plus corrompus que celle de Port Jackson, et qui ait eu à lutter, dès sa naissance, contre un plus grand nombre d'obstacles ; mais il était réservé au génie britannique de les vaincre tous, et de métamorphoser une population vicieuse en colons industrieux, destinés à changer un jour la face de ces régions[12].

La situation avait dû s'améliorer depuis ; les Anglais se débrouillaient si bien avec leurs colonies. Ils étaient si méthodiques, si travailleurs et ils ne semblaient pas souffrir du mal du pays, alors qu'il arrivait aux marins français de l'éprouver au point qu'il fallait les renvoyer chez eux : cela n'arrivait pas qu'aux Provençaux d'ailleurs, c'était un mal qui pouvait toucher n'importe quel Français (ou Française), pensa Rose. Quant aux Anglais, ils semblaient avoir le don d'adopter de nouvelles terres et d'y recréer leur petite Angleterre plutôt que de se languir de leur pays. En fait, même une petite Angleterre serait merveilleuse maintenant ... Rose jeta un regard désespéré vers l'arrière du bateau, dans la direction de l'ouest, là où le soleil commençait à laisser une traînée argentée qui montrait la direction de la terre promise. Comment Louis pouvait-il continuer cette route détestable qui l'éloignait de l'endroit où elle avait tellement envie d'aller ?

Au moins, Ann Flinders avait échappé à l'ennui, pensa Rose avec irritation. Elle retrouva rapidement son calme. Non, jamais elle ne pourrait envier Ann Flinders qui était restée seule en Angleterre et s'était retrouvée pratiquement veuve, alors que son mari cherchait la gloire et la renommée sur les océans. Et même pire, elle avait dû attendre chez elle pendant qu'il était en prison sur l'île de France[13]. Ce n'était pas la faute de Louis si Flinders s'était attiré la colère du général Decaen et était resté prisonnier pendant sept ans, avec ses cartes qui montraient ses découvertes dans le sud de l'Australie. Louis n'avait pas eu l'intention de devancer Flinders et ses découvertes quand le récit de l'expédition Baudin avait été publié en 1809, avant que Flinders ne pût faire paraître le sien. C'était ce naturaliste, Péron, qui avait changé tous les noms sur les cartes pour gagner la faveur de Napoléon. Péron avait revendiqué bien plus que ce à quoi il avait droit. Au moins, Flinders semblait savoir à qui s'en prendre :

> Les officiers anglais et les habitants respectables de Port Jackson peuvent dire si la découverte antérieure de ces endroits n'était pas généralement reconnue ; ou plutôt j'en appelle aux officiers français eux-mêmes, en groupe et individuellement : n'est-ce pas le cas ?

> Comment M. Péron en est-il venu à avancer ce qui est si contraire à la vérité ? Était-il dénué de tout principe ? Je pense, quant à moi, que sa sincérité était à la mesure de ses capacités reconnues de tous, qu'il a écrit ceci poussé par une autorité supérieure et que cela lui a déchiré le cœur ; il est mort avant de terminer le deuxième volume.
>
> Je ne prétends pas expliquer cette agression. Elle peut avoir sa source dans le désir de rivaliser avec la nation anglaise pour l'honneur d'achever la découverte de la Terre, à moins qu'elle ne soit le signe avant-coureur de la revendication de territoires dont on disait qu'ils avaient été découverts pour la première fois par des navigateurs français. Quel qu'en soit le but, la question, à mon avis, doit être jugée par d'autres. Si les auteurs français à venir sont capables d'admettre les revendications des navigateurs aussi clairement et facilement que l'a fait un autre Français, M. de Fleurieu, maintenant décédé, je n'ai rien à craindre de leur décision[14].

Mais Péron était mort, à la campagne paraît-il, dans une étable. Louis avait dû terminer le deuxième volume du récit du voyage. Qu'aurait-il dû faire de tous ces noms ridicules ? Il ne pouvait quand même pas les changer en cours de récit, simplement parce que le roi légitime avait été restauré et le parvenu déposé. Louis avait déclaré ouvertement :

> Péron et Flinders sont morts ; l'un et l'autre ont des titres certains à notre admiration ; ils vivront, ainsi que leurs travaux, dans la mémoire des hommes, et les nuages que je cherche à dissiper auront disparu sans retour. Pour moi, sans aigreur comme sans haine, mais fort de

la pureté de ma conscience, j'attendrai avec tranquillité et confiance le jugement d'un public impartial[15].

Louis était resté fidèle à son ami Péron bien qu'une telle loyauté parût à Rose peu justifiée. Mais il avait aussi reconnu les découvertes antérieures de Flinders. Et pourtant, les journaux anglais ne le laissaient pas tranquille. Au cap de Bonne-Espérance, ils avaient reçu une copie d'un article du *Quarterly* qui suggérait franchement que ses cartes « ressemblaient beaucoup à celles du capitaine Flinders, quoique d'une réalisation bien inférieure » et ironisait sur la mésalliance géographique entre les familles Bourbon et Bonaparte. Louis était furieux. Maintenant, Flinders était mort, n'ayant survécu que juste assez longtemps pour voir l'impression du compte rendu de son voyage apportée à son chevet ; sa fidèle Ann s'était occupée de lui jusqu'à la fin.

Les larmes montèrent aux yeux de Rose qui les refoula d'un battement de paupières. Ces accusations de plagiat contre Louis étaient vraiment trop injustes. Il n'avait même pas vu les cartes de Flinders pendant que celui-ci était en prison – de toute façon, qu'en aurait-il fait ? Flinders lui-même avait témoigné que Louis était un excellent cartographe. Mais ce que Louis dirait n'avait plus d'importance maintenant. Rose savait qu'il gardait, dans sa poche intérieure, une lettre qui réfutait les accusations qui avaient été portées contre lui. Le soir, il la relisait et la réécrivait : il pensait l'envoyer au *Quarterly* et se réhabiliter. Mais maintenant que Flinders était mort, il ne pouvait réhabiliter son nom que par des actions : il devait prouver une fois pour toutes qu'il était un marin et un cartographe hors pair[16]. Et qui pourrait en douter ? Quand ils rentreraient en France, tous verraient Louis comme elle le voyait, comme un grand homme et un grand commandant.

Un cri et des rires étouffés ramenèrent Rose à la réalité

présente. Elle était restée un long moment sur le pont. En dépit de tous leurs efforts, la grivoiserie naturelle des hommes ne pouvait pas être contenue longtemps : elle savait que sa présence perturbait la marche du bateau. Elle inclina la tête pour regarder les remous dans le sillage du bateau tandis que le soleil couchant soulignait l'élégance de sa silhouette. Elle fit semblant de ne pas entendre les commentaires qui lui arrivaient clairement du pont avant, jeta un dernier coup d'œil ému vers l'horizon et descendit à sa cabine, baissant modestement ses yeux pétillants.

19 novembre 1819,

Quelle belle matinée ! J'éprouve tant de plaisir à vous la décrire en détail ! Après tant de jours et de nuits pendant lesquels des milliers de pensées et des milliers d'inquiétudes m'agitaient, vous devinerez que, la nuit dernière, j'ai dormi paisiblement dans ce port tranquille où le calme n'était plus un obstacle, mais une preuve de réussite. C'est ce que j'ai fait, mais je me suis réveillée aux premiers rayons du soleil. Hier soir, nous avons jeté l'ancre trop tard pour apercevoir quoi que ce soit au-delà du bateau. Cet affreux Louis qui connaissait parfaitement les environs ne m'avait pas dit qu'on était en face de Sydney car il voulait profiter de ma surprise. Imagine mon étonnement quand j'ai découvert que j'étais toute proche d'une ville, et d'une ville dont les maisons étaient de style européen ! Il y a dix-huit mois que je n'ai rien vu de tel, et cela me fait un très grand plaisir.

Rose de Freycinet[17]

C'est un spectacle curieux et imposant à la fois que cette côte qui borde le vaste port Jackson : une végétation nouvelle et vigoureuse y est entremêlée de petits établissements dont l'architecture européenne appelle les regards et l'admiration. On n'aperçoit que les avant-postes d'une cité, et l'on est frappé d'étonnement ; à peine arrivé, l'on peut se demander combien de siècles ont passé sur cette colonie. Je ne veux pas te faire une description de la ville que je viens de parcourir ; je suis dans l'enchantement, et j'aime mieux laisser reposer mon admiration. Des hôtels magnifiques, des châteaux majestueux, des maisons d'un goût et d'une élégance extraordinaires, des fontaines ornées de sculptures dignes de nos meilleurs artistes, des appartements vastes et bien aérés, des meubles somptueux, des chevaux, des équipages et des cabriolets de l'élégance la plus recherchée, des magasins immenses : croirait-on trouver tout cela à quatre mille lieues de l'Europe ?

Jacques Arago[18]

RENÉ LESSON

MONTAGNES BLEUES, NOUVELLE-GALLES DU SUD

3 FÉVRIER 1824

René Primevère Lesson *naquit le 20 mars 1794 à Rochefort. À l'âge de seize ans, il entra à l'École de médecine navale et servit dans la marine française. Il changea de spécialité et devint pharmacien en 1816, puis embarqua en 1822 sur* La Coquille *sous le commandement de Duperrey. Il était chargé de rassembler les spécimens d'histoire naturelle, un rôle qu'il partageait avec le lieutenant Dumont d'Urville qui, lui, s'intéressait particulièrement à la botanique. Au début, ils s'entendirent bien, mais leur amitié se refroidit plus tard : Dumont d'Urville était exigeant et ne supportait pas les médecins, à la différence de Lesson dont la santé laissait à désirer. De retour à Paris en 1825, Lesson consacra sept ans à la partie du récit officiel de l'expédition concernant les vertébrés. Toute sa vie, il eut une passion pour les oiseaux. Il publia de nombreux ouvrages d'ornithologie et fut le premier Européen à observer un paradisier. Il nomma un oiseau-mouche en l'honneur de la belle duchesse de Rivoli, Anna de Belle Masséna, ce qui prêta à controverse. Lesson épousa la fille de l'ornithologue Charles Dumont de Sainte-Croix. Il fut nommé pharmacien en chef de la marine en 1839 et reçut la Légion d'honneur en 1847. Lesson mourut à Rochefort le 28 avril 1849. Son frère, Pierre-Adolphe Lesson, avec qui on le confond souvent, embarqua comme médecin de bord avec Dumont d'Urville en 1826 et devint médecin en chef de la marine.*

Il se tenait immobile, tel un héron, et surveillait patiemment la surface du ruisseau. Des libellules voletaient en frôlant l'eau qui ressemblait à un miroir, une cigale stridulait dans une touffe d'herbe toute proche. L'air immobile résonnait de toute cette activité estivale. Même à l'ombre clairsemée des eucalyptus, la chaleur incitait au sommeil.

René Lesson s'étira et agita ses membres pour soulager son engourdissement. Cela faisait des heures qu'il était assis là, à Fish Creek ; il espérait voir une de ces célèbres taupes d'eau qu'on appelle *Ornithorhynchus* sortir de son terrier sous l'eau. Jusqu'à présent, il n'avait rien vu bouger sous l'eau, pas même un poisson, sauf quelques minuscules alevins. Il n'y avait pas la moindre trace de ces énormes perches que l'on trouvait dans les rivières avoisinantes et dont la chair délicate avait souvent agrémenté leurs dîners.

Le lit de la rivière était composé d'épaisses couches de granite noir et dur où s'intercalaient des couches plus fines de couleur grise. Le temps si longtemps sec avait réduit le flot de la rivière, laissant ici des flaques immobiles d'eau profonde et ailleurs des étendues d'eau murmurante. De grands amas irréguliers de blocs de granite étaient éparpillés dans la rivière et formaient des gués où il était aisé de la traverser. Ces formations granitiques se retrouvaient dans les environs, jusqu'au sommet des montagnes où tremblait la brume bleutée qui leur avait donné leur nom. Pas plus tard qu'hier, il avait ramassé une collection impressionnante d'échantillons de granite à Cox's River qui contenaient tous les mêmes traces de feldspath, de quartz rose et de mica[1].

Il était bien agréable de rester assis au bord de la rivière Fish malgré le caractère monotone de la végétation, typique des paysages australiens. Il y avait une vingtaine d'espèces d'eucalyptus dans la région et ils se ressemblaient tous. À part les acacias et les arbres à thé, il n'y avait guère d'autres espèces. On reconnaissait au bord de l'eau quelques espèces européennes qui changeaient des gris et des verts sombres caractéristiques de la végétation indigène dont la ressemblance était accentuée par l'uniformité des feuilles. Ces feuilles simples, sèches et rigides étaient toutes orientées dans la même direction, peut-être pour obtenir le plus d'oxygène possible dans ce pays rude et sec. Même les feuilles de mimosa se conformaient à ces formes traditionnelles alors que, dans le reste du monde, les mimosas étaient caractérisés par des feuilles plumeuses ; ici, à part quelques exceptions, ils formaient des feuilles simples.

Peu d'arbres donnaient des fruits comestibles. Une framboise du pays donnait une assez bonne confiture, mais la plupart des fruits indigènes étaient secs et coriaces comme du bois. Quel dommage pour les Aborigènes, se disait Lesson, forcés d'être chasseurs, pêcheurs et nomades, toujours en quête de nourriture. Il n'était pas étonnant que leur civilisation ne montrât pas les mêmes progrès, si minimes soient-ils, que celle des Polynésiens dont les îles fournissaient une abondance de fruits et de racines comestibles.

Cependant les vertus médicinales potentielles des plantes australiennes n'étaient pas négligeables. L'écorce de nombreux mimosas s'était avérée riche en tanin, très utile pour la nation britannique qui était obligée d'importer ce produit pour sa consommation locale. Un joli mimosa, *Mimosa decurrens*, produisait une résine que les médecins locaux utilisaient à la place de la gomme arabique d'Afrique qui, une fois dissoute dans l'eau, servait de tonique pour les muqueuses enflammées et que certains colons semblaient trouver également utile contre la diarrhée[2].

Seule l'écorce des eucalyptus présentait une certaine beauté. Lesson frotta son dos contre le tronc lisse et satiné du vieil eucalyptus sur lequel il s'appuyait. Un enchevêtrement de longs lambeaux d'écorce pendait des branches supérieures, tels des cordages : lorsqu'il y avait du vent, ils produisaient un son troublant. Le tronc dénudé était d'une couleur crème, avec des veines délicates d'un ton pastel qui formaient un réseau de courbes voluptueuses. Avec leurs branches blanches et tendues vers le haut, ces arbres faisaient penser à des esprits féminins à demi nus, pour peu que l'imagination s'en mêlât.

Une volée de minuscules perroquets passa rapidement dans le ciel, lançant dans l'eau des reflets rouges et verts, leurs jacassements ricochant d'un bout à l'autre de la vallée[3]. L'attention de Lesson fut immédiatement captée. Les oiseaux, c'était sa vraie passion bien que, en tant que pharmacien à bord, il eût dû plutôt se consacrer à la botanique. Formé comme médecin à l'École de médecine navale, il s'était reconverti récemment dans la pharmacie. Ces deux professions lui permettaient de donner libre cours à sa passion pour l'histoire naturelle. Les pharmaciens, tout comme les savants du Muséum d'histoire naturelle et au contraire de la plupart des autres professions, avaient réussi à faire de leur Collège, jusque-là une organisation élitiste et royaliste, un champion de liberté et d'égalité. Comme leur Collège l'avait déclaré à l'Assemblée nationale en 1790, sans le concours éclairé des pharmaciens « la médecine et la chirurgie ne pourraient avoir des effets salutaires et réguliers[4] ». Après une brève période désastreuse pendant laquelle on permit l'exercice libre de la pharmacie avec, pour résultat, des abus terrifiants de la part d'herboristes non qualifiés et de charlatans, l'Assemblée nationale en convint et maintint les qualifications nécessaires à la profession de pharmacien. Il y avait, semblait-il, des limites à la liberté.

Mais, en dépit de son intérêt professionnel pour la botanique et ses applications, les services de Lesson dans cette discipline n'étaient pas requis. La botanique était le domaine particulier du lieutenant Jules Dumont d'Urville, commandant en second de *La Coquille*, et il s'en occupait avec zèle et talent. N'ayant pas à faire de botanique, Lesson pouvait se concentrer sur les collections géologiques et zoologiques, ce qui explique pourquoi il se trouvait maintenant assis au bord d'une rivière, de l'autre côté des Montagnes bleues, à la recherche d'une taupe d'eau, pendant que son compagnon, Dumont d'Urville, parcourait la campagne avoisinante en quête de spécimens de plantes.

Lesson avait été heureux d'accompagner Dumont d'Urville dans cette expédition à l'intérieur du pays, tandis que leur commandant, Louis Isidore Duperrey, restait à bord de *La Coquille* à Port Jackson. Duperrey et quelques officiers avaient organisé à la hâte une autre expédition, un pèlerinage au dernier campement connu de Lapérouse à Botany Bay. Ils n'avaient aucun désir d'accompagner leur lieutenant exigeant dans un voyage de 300 milles aller et retour alors qu'une excursion agréable d'une journée à Botany Bay s'offrait à eux.

Les relations de Lesson avec Dumont d'Urville n'étaient pas aussi tendues que celles de certains de ses collègues. Dumont d'Urville avait bien des manières brusques (pour parler poliment) qui empiraient à bord et un grand nombre de jeunes officiers avaient exprimé une profonde aversion pour lui, mais, en tant que pharmacien, Lesson occupait une position privilégiée dans la hiérarchie à bord et ressentait peut-être moins que d'autres le poids de l'autorité de Dumont d'Urville[5].

Bien qu'il ne fût pas commandant de l'expédition, l'autorité de Dumont d'Urville était incontestable. Le capitaine, Duperrey, n'hésitait pas à admettre qu'il avait formulé le plan de l'expédition en collaboration avec lui[6]. Il était très probable que l'appui de ce jeune officier réputé avait facilité l'adoption du projet d'expédition, tout autant que la confiance qu'inspiraient les solides succès de la carrière de Duperrey.

Duperrey et Dumont d'Urville avaient servi ensemble en Méditerranée. C'était là que le premier avait commencé à s'intéresser à l'hydrographie tandis que Dumont d'Urville s'était consacré à la botanique, acquérant auprès de ses collègues une réputation d'érudit peu sociable. Les deux hommes avaient posé leur candidature pour participer à l'expédition de Freycinet, mais celle de Dumont d'Urville avait été rejetée à sa grande irritation. Ainsi, tandis que Duperrey s'était embarqué vers le Pacifique sous la direction de Louis de Freycinet, Dumont d'Urville avait été forcé de rechercher la gloire en mer Égée. Il avait fait partie du groupe qui avait découvert une belle statue de femme sur l'île de Milo en Grèce. Il semble que l'intervention de Dumont d'Urville ait permis l'achat de cette statue par la France plutôt que par les représentants de la Turquie. La *Vénus de Milo* arriva à Paris à un moment propice : la *Vénus de Médicis* venait d'être rapatriée en Italie d'où elle avait été enlevée par Napoléon ; la beauté et l'élégance de la *Vénus de Milo* vinrent à point pour permettre l'éclosion d'un nouveau culte du classicisme qui éclipsa cet embarrassant épisode. La gloire de la *Vénus de Milo* déteignit définitivement sur Dumont d'Urville. Il reçut la Légion d'honneur et fut reconnu par l'Académie des sciences.

Quand Duperrey rentra à Paris, impatient de commander sa propre expédition dans le Pacifique, c'est donc tout naturellement que ces deux vieux amis s'associèrent. Cependant, en dépit de l'amitié qui les unissait, leurs relations s'étaient tendues rapidement. Dumont d'Urville ne pouvait s'empêcher de critiquer son commandant de manière caustique, sans aucune retenue. Duperrey était un commandant impulsif et impressionnable qui se sentait mal à l'aise face au caractère froid, obstiné et assuré de Dumont d'Urville. Alors que Duperrey se contentait de concentrer ses efforts sur ses recherches magnétiques et hydrographiques, Dumont d'Urville avait souvent confié à Lesson qu'il était important de chercher des sites propices à la colonisation française, ce qui n'intéressait nullement Duperrey[7].

Bien que ce dernier appréciât l'enthousiasme illimité de Dumont d'Urville pour ses travaux de botanique, il comprenait bien pourquoi les gens le trouvaient fatigant. Dumont d'Urville était un homme grand et fort que même les travaux physiques les plus durs ne rebutaient pas, il n'avait aucunement besoin des services du médecin de bord et était rarement malade. C'était à toute allure qu'il menait les expéditions à l'intérieur des terres, comme celle qui les avait conduits de Port Jackson à Bathurst. Lesson n'avait pas tendance à traîner mais sa santé avait souvent souffert du zèle implacable de Dumont d'Urville[8]. Lors d'une rare aubaine durant ce voyage, d'Urville ayant été pour une fois indisposé, on avait pu ralentir le rythme[9].

Un tintement perçant annonça le retour des perroquets qui se posèrent bruyamment en groupe sur l'arbre en face : peut-être cherchaient-ils un peu de fraîcheur au moment le plus chaud de la journée. Lesson se dressa lentement et étira ses membres endoloris. Cela faisait trois heures qu'il était là et les taupes d'eau n'émergeraient sans doute plus maintenant. Déçu, il s'apprêta à descendre le ruisseau en direction du campement. Au moins, ils avaient réussi à attraper un échidné vivant que son collègue médecin, qui devait quitter l'expédition pour raisons de santé, s'apprêtait maintenant à rapporter à Paris. Lesson avait aussi capturé une tortue commune dans la région qui possédait une carapace noire et plate, ainsi qu'un long cou qu'elle mettait bizarrement de côté au lieu de le rétracter vers l'intérieur. En même temps, il avait aussi trouvé une jolie grenouille dorée, ainsi que deux escargots d'eau douce qui flottaient sur l'eau, parfaitement transparents et extrêmement fragiles[10].

Mais c'étaient les oiseaux qui l'avaient vraiment comblé. Ces derniers jours, il avait vu de nombreux cacatoès, certains blancs avec des crêtes jaunes et d'autres noirs avec des queues rouges, tous plus bruyants et cabotins les uns que les autres, et tout aussi tapageurs que le martin-pêcheur géant qui avait acquis l'étrange nom local de « jacasse rieuse » avec son appel rauque. Il y avait des perroquets de toutes les couleurs de l'arc-en-ciel, des rouges, des jaunes, des verts, des bleus et des violets ; les arbres bruissaient de l'activité des méliphages, certains explorant délicatement l'intérieur des fleurs tandis que d'autres s'agitaient bruyamment au sommet des arbres.

Lesson espérait encore que, durant ce voyage, il apercevrait ce bel oiseau qu'on appelle le faisan-lyre et que son prédécesseur, M. Quoy, avait décrit lors de son périple à travers les Montagnes bleues, cinq ans auparavant. Lesson avait beaucoup entendu parler du travail de M. Quoy, qui avait été médecin et naturaliste à bord de l'expédition de Freycinet. Sa description du faisan à la queue en forme de lyre ne pouvait manquer d'impressionner. La chasse avait déjà rendu rare cet oiseau jadis si abondant dans ces forêts[11].

Il y avait de tout dans les collections de Lesson, du plus splendide au plus obscur. Dans sa cabine, de nombreuses rangées de boîtes minuscules contenaient les corps délicats de petits oiseaux-mouches d'Amérique du Sud. On y trouvait aussi des oiseaux de paradis spectaculaires disposés soigneusement afin de ne pas endommager leurs plumes ; ces oiseaux, disait-on, vivaient du vent, résidaient au ciel et ne se posaient jamais au sol. Il avait déjà assez de travail pour une vie entière, sans compter son devoir professionnel de pharmacien.

Et pourtant, Lesson trouverait le temps de faire les deux. Il remplirait ses fonctions de pharmacien de manière consciencieuse et productive et, en même temps, il satisferait sa passion pour les oiseaux et rendrait vie à ces animaux spectaculaires dans les bibliothèques d'Europe. La fumée du feu de camp dériva vers lui alors qu'il revenait vers ses compagnons. Les taupes d'eau lui avaient peut-être échappé, mais pas les oiseaux. C'est à eux qu'il consacrerait ses plus grands travaux.

GEORGES CUVIER

MUSÉUM D'HISTOIRE NATURELLE, PARIS
18 JUILLET 1825

Léopold Chrétien Frédéric Dagobert Cuvier *naquit en 1769 dans la province franco-allemande de Montbéliard. Enfant prodige, il adopta le prénom de son père décédé et de son frère aîné : Georges. Il fit ses études à Stuttgart, puis donna des cours particuliers en Normandie, où ses travaux de biologie attirèrent l'attention des savants du Muséum d'histoire naturelle. Geoffroy Saint-Hilaire invita Cuvier à Paris où il devint bientôt professeur et établit les fondements de l'étude des fossiles et de l'anatomie comparée. Il modifia le système de classification de Linné de façon à pouvoir l'utiliser pour les animaux. Cuvier était un anatomiste et un illustrateur de talent, ainsi qu'un conférencier convaincant et éloquent ; il eut une très grande influence sur la science française. Ses cheveux roux et son assurance en avaient fait une autorité et l'avaient rendu célèbre, mais il pouvait être mordant et sans pitié quand il critiquait ses collègues (comme Geoffroy Saint-Hilaire et Lamarck). En bâtisseur d'empires typique, il fit beaucoup pour consolider la supériorité française en biologie, grâce à sa promotion des collections françaises et au caractère détaillé de son travail anatomique en laboratoire. Cuvier mourut en 1832*[1].

Georges Cuvier ajusta soigneusement le revers brodé de vert de son habit et examina avec attention son reflet dans le miroir à dorures de son salon. L'habit d'académicien lui allait bien. Le bicorne, orné du ruban patriotique, maintenait en place sa crinière rousse et ébouriffée tandis que les plumes noires en cachaient la couleur légèrement passée. Il redressa le dos, avança un pied et se regarda de profil de façon à exposer la poignée en nacre de son épée. Il prit une pose imposante, les sourcils froncés : il n'y avait aucun doute, il avait fière allure. En son for intérieur, il tirait autant de plaisir de son uniforme que du prestige que lui conférait sa position à l'Académie. De toute façon, il y avait été nommé il y a si longtemps : il avait toujours occupé la première place, toujours dirigé, il avait toujours raison, il était donc tout à fait naturel que l'Académie reconnût ses talents alors qu'il était encore jeune[2].

Cuvier jeta un coup d'œil sur le rapport qu'il s'apprêtait à présenter à l'Académie. Il avait été aussi diplomate que possible, mais à quoi pouvait donc penser Geoffroy Saint-Hilaire lorsqu'il avait décidé de laisser toutes les collections à un homme comme Péron ?

> L'expédition Baudin à la Nouvelle-Hollande où MM. Péron et Lesueur ont fait des collections si immenses [...] ne donnera pas, pour la science proprement dite, des fruits proportionnés aux richesses matérielles qu'elle a procurées. Feu Péron, homme d'une vaste capacité et d'une activité étonnante dans un corps débile, avait fait une infinité d'observations curieuses, et avait recueilli les notes les plus précieuses et les plus suivies. [...] Mais dans un désir fort naturel de s'assurer à lui seul la gloire de ses découvertes, désir auquel

> l'administration laissa la plus entière latitude, il gar-
> da soigneusement par-devers lui tous ses manuscrits
> et même toutes les figures qui les accompagnaient,
> quoique par celles-ci, il n'eût pas même à alléguer
> qu'elles fussent son ouvrage et, depuis sa mort, on ne
> sait ce que tous ces précieux recueils sont devenus[3].

Après la mort de Péron, le Muséum s'était dépêché de sceller son appartement de sorte que les précieux spécimens ne disparaissent pas. Mais, d'une manière ou d'une autre, les papiers associés à la collection n'étaient plus avec elle. Sans information sur leur provenance, sans l'interprétation que leur avait donnée la personne qui les avait rassemblés, les spécimens perdaient trop souvent toute leur valeur.

Et puis, il y avait les collections botaniques que Labillardière, telle une vieille araignée maussade, gardait jalousement. Pendant le bouleversement de la Révolution, Labillardière avait obtenu que les Anglais lui rendissent ses collections de Nouvelle-Hollande sous le prétexte qu'elles étaient sa propriété privée. Il avait habilement expliqué à Thouin qu'« il serait nécessaire de les faire considérer comme propriété particulière ; la guerre avec eux serait un puissant motif de retenir toute propriété nationale[4] ». La ruse avait fonctionné. Grâce à l'aide de Joseph Banks (sur qui on pouvait toujours compter), les collections avaient été rendues à Labillardière qui, depuis, les avait farouchement conservées comme sa propriété personnelle. Comme aucun botaniste de l'expédition Baudin n'avait survécu, c'est tout naturellement que Labillardière fut chargé de mettre en ordre et d'analyser les immenses collections que Banks avait rendues. Qui d'autre avait les connaissances nécessaires pour interpréter ce matériel australien ? Labillardière avait beaucoup publié quand il était jeune : un article important tous les ans ou tous les deux ans. Sa *Relation du voyage à la recherche de Lapérouse* avait eu un grand succès international (alimenté par cette passion apparemment insatiable pour tout ce qui avait trait, factuel ou fictif, au capitaine, que sa disparition avait rendu célèbre). Son ouvrage en deux volumes, *Novae Hollandiae plantarum specimen*, était sorti rapidement, à peine quelques années après son retour en France : c'était un travail détaillé, bien qu'un peu limité par les contraintes de la composition en fascicules. Mais il avait été publié plusieurs années avant le récit officiel du voyage. Il y avait peu de raisons de douter que Labillardière ferait un aussi bon usage de la collection Baudin[5].

Récemment, cependant, Labillardière avait ralenti son rythme et les publications promises avaient pris du retard : son dernier ouvrage sur le Pacifique, *Sertum austro-caledonicum*, n'était sorti que l'année précédente. Il n'y avait malgré tout aucun doute, c'était un bel ouvrage et une contribution précieuse à la botanique australe. Au moins Cuvier avait-il réussi à persuader Labillardière d'abandonner la classification simpliste de Linné qu'il avait utilisée dans ses ouvrages précédents et de la remplacer par le système naturel complet que lui-même avait conçu ; il restait cependant des traces de la simplicité linnéenne : certaines descriptions étaient si concises qu'elles étaient inutilisables par quiconque souhaitant utiliser un critère de classification différent de celui que Labillardière avait choisi. Cela n'avait pas vraiment étonné Cuvier. La brièveté de certaines descriptions de Labillardière l'avait horrifié. Personne ne pourrait les comprendre, elles ne pouvaient guère servir qu'à raviver les souvenirs du collectionneur lui-même, mais Cuvier se demandait si, avec le passage des années, Labillardière se rappelerait la signification de ces notes énigmatiques. Cuvier se rendait bien compte que tout le monde n'avait pas, comme lui-même, la chance de posséder une mémoire infaillible[6].

Il n'était donc guère étonnant que Labillardière ne laissât personne approcher ses collections. Avec l'âge, il était devenu de plus en plus irascible et de moins en moins sociable. Il était séparé de sa femme depuis de nombreuses années ; depuis, il avait vécu seul et sans affection. On disait que sa misanthropie maussade l'avait conduit à vivre au septième étage pour décourager les visiteurs importuns. En raison d'un tel isolement social et intellectuel, Cuvier (grand partisan d'une vie mondaine active enrichie d'échanges intellectuels) doutait fort que rien d'intéressant ne sortît plus des collections botaniques de d'Entrecasteaux et de Baudin. C'était clair : il fallait une autre expédition et d'autres collections.

Cuvier avait beaucoup œuvré pour promouvoir l'expédition Duperrey et il était satisfait du résultat. Cinquante-trois nouvelles cartes seraient en mesure de rectifier de nombreuses erreurs. Pendant plus de vingt et un mois, les membres de l'expédition avaient accumulé une base précieuse de données météorologiques à partir de six observations quotidiennes de la température de l'eau et de la pression atmosphérique. Ils avaient apporté une contribution majeure à l'étude du problème épineux du magnétisme terrestre. Pour le Muséum, Lesson avait accumulé environ trois cents spécimens de roches, tandis que Dumont d'Urville avait constitué une collection botanique remarquable ; ensemble, ils rapportaient aussi 1 200 insectes, 264 oiseaux et quadrupèdes, 63 reptiles et 288 poissons, dont un grand nombre étaient jusque-là inconnus du monde scientifique.

Cette expédition, ainsi que celle de Freycinet, avait montré que le personnel de la marine, plutôt que les naturalistes de profession, suffisait à répondre aux besoins du Muséum en ce qui concernait la collection de spécimens. En fait, la contribution de la plupart des naturalistes civils qui avaient participé aux expéditions s'était révélée peu satisfaisante. S'ils survivaient aux rigueurs du voyage, ce qui n'était pas toujours le cas, ils voulaient toujours analyser et publier leurs découvertes eux-mêmes, mais leur aptitude n'était pas toujours à la hauteur. Il allait sans dire que les capacités requises par la collection et la conservation des spécimens étaient différentes des compétences intellectuelles nécessaires à leur interprétation scientifique. Bien sûr, le collectionneur avait le droit de nommer et de décrire les nouvelles espèces qu'il avait découvertes, mais il était aussi nécessaire de mettre les spécimens à la disposition des savants le plus tôt possible de façon à pouvoir les utiliser pour aborder les problèmes du jour.

Le Muséum avait essayé de résoudre la question des naturalistes voyageurs, en créant une école dont le but était de former des savants et de leur donner les compétences nécessaires pour assembler des collections durant les expéditions. Des dizaines d'adjoints au Muséum suivraient peut-être ainsi la tradition illustre de Linné et iraient collectionner des échantillons dans le monde entier pour les rapporter à leurs maîtres du Muséum. Mais ce grand espoir ne se réalisa pas. Les deux premiers candidats qui partirent moururent prématurément et les suivants se révélèrent bien moins productifs que le Muséum n'avait espéré. L'école expérimentale ne fit pas long feu[7].

Après son expérience lors de l'expédition Baudin, Louis de Freycinet avait fortement recommandé que chaque membre de l'expédition soit au service de la marine et soumis directement à son autorité. Geoffroy Saint-Hilaire avait exprimé ses craintes que les intérêts du Muséum ne fussent pas respectés, mais elles s'étaient avérées infondées. Pendant l'expédition de Freycinet, le médecin de bord, René-Constant Quoy, et le chirurgien, Paul Gaimard, avaient été des collectionneurs enthousiastes et habiles, tout comme l'avaient été le pharmacien Lesson et le lieutenant Dumont d'Urville pendant l'expédition récente de Duperrey.

Cuvier n'avait jamais cru qu'il était nécessaire d'observer dans leur propre environnement les animaux qu'il étudiait. Dans les limites de son laboratoire, la faune de la terre entière se montrait à lui comme elle ne pourrait jamais le faire pour un naturaliste sur le terrain. Et, de fait, ses collections contenaient des espèces disparues ou existantes, locales ou lointaines, qui paradaient devant lui en une vision qui ne pourrait jamais se comparer à celle d'un naturaliste sur le terrain, quelles que soient les circonstances. Les collectionneurs qui se livraient à la spéculation et à l'analyse perdaient leur temps : il valait mieux laisser faire les experts du Muséum.

> Ainsi ceux-là sont dans une grande erreur, avait-il écrit dans son rapport, qui, en voyage, s'occupent d'autre chose que de rassembler des moyens d'étude soit par la préparation, soit par le dessin des choses que la préparation ne peut pas préserver, soit, enfin, en écrivant toutes les circonstances fugitives que l'objet ne porte pas avec lui, et qui perdent leur temps à faire des descriptions ou des recherches de nomenclature qu'il faudra toujours recommencer quand on sera arrivé à son cabinet[8].

Et, bien sûr, pas n'importe quel cabinet : son propre cabinet. Il ne pouvait pas empêcher ses collègues d'avoir accès aux spécimens mais, quelquefois, cela semblait être vraiment une perte de temps, étant donné l'usage qu'ils en faisaient. Prenez Lamarck, par exemple : il avait l'esprit vif et passionné, il avait fait des découvertes majeures et pourtant il n'examinait pas les faits importants, continuait à mélanger concepts fantaisistes et réalité et se livrait à de vastes constructions de l'esprit qui reposaient sur des bases imaginaires. Si seulement il se limitait aux détails du problème au lieu de persister à construire de grandes hypothèses... De toute évidence, il était absurde de considérer que les animaux pouvaient se transformer à volonté (à moins que ce ne soit par nécessité ?). Dans cette ligne de pensée, ce n'étaient pas la nature et la forme des organes qui contrôlaient le comportement de l'animal, mais l'inverse[9].

Pour un physiologiste comme Cuvier, cette idée était insupportable. Montrez-moi une dent, pensait-il, et je vous décrirai le régime de l'animal, son système alimentaire, sa physionomie, son mode de vie et ses habitudes, sans même l'avoir vu. Ces choses sont immuables, indiscutables et prévisibles. Si un animal a des ailes, il pourra voler. Si ses griffes et ses dents peuvent déchiqueter, c'est un carnivore ; s'il possède des sabots et une dentition propre à broyer, c'est un herbivore. Les principes de la physiologie dictent la forme des animaux et leur mode de vie.

Même l'ornithorynque, cet étonnant paradoxe de Nouvelle-Hollande que les Anglais appelaient *Platypus*, devait obéir à ces principes de base, malgré son bec de canard et des pieds qui ressemblaient à ceux d'un phoque. Non, malgré ce qu'on en disait, ce n'était pas une forme intermédiaire entre les mammifères et les reptiles ou entre les mammifères et les oiseaux. L'ensemble de sa physiologie le rapprochait des mammifères, donc ce devait être un mammifère, pourvu de toutes les caractéristiques principales des mammifères comme l'allaitement des jeunes et la viviparité. Bien sûr, la ressemblance de l'appareil génital de cet animal avec celui des oiseaux signifiait que leur façon de donner naissance devait être inhabituelle : peut-être produisaient-ils des œufs dont l'éclosion advenait à l'intérieur du corps avant de mettre au monde des prématurés minuscules ? La Nouvelle-Hollande était le pays des animaux étranges. Qui aurait pensé que l'échidné, qui ressemblait tant aux fourmiliers que lui-même l'avait classifié parmi les *Edentata*, était en fait plus proche des ornithorynques ? Les marsupiaux, avec leurs poches ventrales et leurs jeunes minuscules agrippés à des mamelons plus grands qu'eux, présentaient de multiples mystères qui n'avaient pas été résolus et qui, sans doute, intrigueraient les naturalistes pendant de nombreuses années[10].

Cuvier lui-même ne se posait pas trop de questions sur l'étrange ornithorynque – celui-ci trouverait un jour sa position dans le système de la nature. Son étudiant, Henri de Blainville, avait écrit une dissertation excellente sur cette espèce et continuait d'apporter une rigueur anatomique au débat la concernant, ainsi d'ailleurs que ce jeune Anglais prometteur, Richard Owen. Contre eux, il y avait Geoffroy Saint-Hilaire qui affirmait que l'ornithorynque et l'échidné faisaient partie des *Monotremata* (« munis d'un orifice », les deux espèces possédant un cloaque commun aux systèmes génital et digestif). Lamarck l'avait encouragé à cette complication inutile du système de classification traditionnel en créant une classe nouvelle pour les *Monotremata* qui se trouvaient ainsi séparés des mammifères. Lamarck avait écrit :

> Ces animaux sont quadrupèdes, sans mamelles, sans dents enchâssées, sans lèvres, et n'ont qu'un orifice pour les organes génitaux, les excréments et les urines (un cloaque). Leur corps est couvert de poils ou de piquants.
>
> Ce ne sont pas des mammifères ; car ils sont sans mamelles, et très vraisemblablement ovipares ;
>
> Ce ne sont pas des oiseaux ; car leurs poumons ne sont pas percés, et ils n'ont point de membres conformés en ailes ;
>
> Enfin, ce ne sont pas des reptiles ; car leur cœur à deux ventricules les en éloigne nécessairement.
>
> Ils appartiennent donc à une classe particulière[11].

Mais Geoffroy Saint-Hilaire et Lamarck avaient tort. Un jeune anatomiste allemand avait récemment démontré que l'ornithorynque possédait en fait des glandes mammaires. Et si un animal avait des glandes mammaires, cela voulait dire que les femelles produisaient des nouveau-nés viables. Geoffroy Saint-Hilaire, lui, n'acceptait pas cette évidence. Il continuait à penser que l'ornithorynque pondait des œufs ; comme un animal ovipare ne nourrissait pas ses petits avec du lait, il refusait l'idée qu'il avait des glandes mammaires et affirmait qu'il s'agissait de glandes sudoripares ou autres. Pauvre Geoffroy Saint-Hilaire ! Une fois de plus, il soutenait une cause perdue ... Richard Owen répliquait soigneusement et logiquement à chaque argument tandis que les réactions de Geoffroy Saint-Hilaire devenaient de plus en plus émotives et irrationnelles. Mais la réalité finirait par l'emporter. Ce n'était qu'une question de temps : le mythe du mammifère qui pond des œufs serait finalement enterré par la découverte d'une femelle gestante ou d'une femelle accompagnée de son nouveau-né.

Le futur de la science serait fondé sur les détails de la physiologie et sur les faits, et non pas sur ces vagues prémonitions de régularités et de fluctuations que l'esprit humain pouvait à peine comprendre. Pour Cuvier, les fossiles et la physiologie offraient assez de merveilles : il n'y avait pas besoin de s'égarer dans le champ de la métaphysique. Il valait mieux laisser ces choses à Dieu, et garder la science dans le domaine purement humain.

Le bavardage joyeux de sa belle-fille Sophie, qui entrait dans la bibliothèque, ramena Cuvier au moment présent. En souriant, il lui prit le bras et descendit l'escalier en discutant gaiement des invités à son salon hebdomadaire et en la taquinant à propos de ce jeune écrivain qu'elle trouvait attirant. Les habitués seraient présents. L'écrivain Stendhal s'attacherait à charmer la récente épouse anglaise d'Alfred de Vigny.

Mérimée, sombre et sérieux, les regarderait d'un air désapprobateur. Talleyrand, toujours élégant, mènerait intrigue et chuchoterait les potins de la cour de Charles X à l'oreille du général Étienne Maurice Gérard. Le brillant compositeur Rossini, lui, captiverait tout le monde avec sa charmante manière italienne de se moquer de lui-même : tous avaient éclaté de rire en l'écoutant raconter comment il avait été enfermé dans une pièce par un directeur de musique en colère jusqu'à ce qu'il produise le morceau qu'on exigeait de lui pour la représentation du soir ; Cuvier, quant à lui, frémissait qu'on puisse avoir à travailler avec quelqu'un d'aussi capricieux. Et, bien sûr, Humboldt et quelques autres savants du Muséum seraient là aussi. Pour les jeunes intellectuels sérieux de Paris, le salon de Cuvier était l'endroit où il fallait se faire voir et le maître des lieux adorait leur compagnie. Là, au centre de son empire, entouré par sa famille et ses amis influents, reconnu comme une lumière du monde scientifique français (tout comme Buffon avant lui), Cuvier était un homme satisfait[12].

HYACINTHE DE BOUGAINVILLE

PORT JACKSON, AUSTRALIE
24 SEPTEMBRE 1825

Hyacinthe de Bougainville, *fils privilégié du célèbre navigateur Louis Antoine de Bougainville, naquit à Brest, le 26 décembre 1781. Il entra à Polytechnique en 1799 et fut nommé enseigne de vaisseau sur* Le Géographe, *commandé par Nicolas Baudin. Sa conduite pendant l'expédition Baudin ne semble pas avoir donné satisfaction à son commandant et, à son retour en France, il servit sur plusieurs vaisseaux de la marine avant de devenir lieutenant en 1808. Il fut promu capitaine en 1811 et, la même année, hérita du titre de baron porté par son père. Bougainville vécut dans l'ombre paternelle et ses succès ne furent jamais appréciés à leur juste valeur. De 1824 à 1826, il commanda l'expédition de* La Thétis *et de* L'Espérance *et devint contre-amiral. Il mourut en 1846 à l'âge de soixante-cinq ans. En dépit ou plutôt à cause de sa réputation d'homme à femmes, Bougainville ne s'est jamais marié. Il a été fait commandeur de la Légion d'honneur et membre de l'École royale polytechnique et du ministère de la Marine*[1].

Hyacinthe de Bougainville se pencha, accablé, sur le bastingage de *La Thétis* et contempla le littoral de Sydney d'un air morose. Vus d'ici, les maisons de grès et leurs jardins d'agrément nichés parmi les collines autour du port formaient un ravissant ensemble. Les roches plates qui bordaient le littoral contrastaient avec le bleu profond de l'eau. De nombreuses baies et échancrures s'ouvraient de tous côtés, suggérant une abondance sans limites d'anses abritées. Vers la mer, de hautes falaises rouges se dressaient, comme des remparts contre les vagues. Une belle couverture végétale gris-vert, éclaircie en partie par les habitants, entourait la ville d'un manteau verdoyant et s'étendait jusqu'aux rochers d'un ton jaune chaud. L'endroit était si majestueux qu'avec le temps, une cité de grande beauté ne pouvait manquer de s'y déployer.

Pourtant, malgré les signes extérieurs de civilisation, Sydney mettrait des années avant d'être en mesure de rivaliser avec une cité médiocre de France ou d'Angleterre. Ses rues larges n'étaient ni éclairées ni pavées : on y voyait tantôt des nuages de poussière rouge, tantôt des rivières de boue. Les bâtiments, bien que construits avec une belle pierre locale, étaient d'un style criard et ne dureraient pas longtemps : ils étaient d'un goût aussi médiocre que leur construction. La nuit, les rues et les parcs étaient dangereux. Même le commissaire de *La Thétis* avait été agressé pendant cette escale. La morale locale ne s'était guère améliorée depuis la visite des Freycinet qui, après leur première nuit à terre, avaient découvert que leur argenterie et leur vaisselle avaient été volées pendant qu'ils dormaient[2].

L'enthousiasme et l'hospitalité locale étaient, eux, irréprochables. On buvait beaucoup, on s'adonnait au jeu, on chantait et dansait avec plus d'énergie que de panache. Bougainville se montrait à la hauteur, faisant rouler les hommes sous la table et séduisant leurs femmes avec son charme latin envoûtant. Le charme avait d'ailleurs opéré dans les deux sens.

Bougainville poussa un profond soupir. Alors qu'il contemplait l'eau, il revoyait les yeux bruns et taquins d'Harriott qui flirtaient sous des paupières lascives. Il revoyait ses boucles dorées brillant au soleil, ses sourcils délicatement arqués, moqueurs et séduisants à la fois, alors qu'ils exploraient ensemble les bains de mer il y a seulement une semaine. Il se rappelait la courbe de ses seins blancs et doux, la chaleur de son haleine quand elle accepta de venir le retrouver à minuit sur *La Thétis*. Il aurait tant voulu la tenir dans ses bras encore une fois. Si seulement il l'avait rencontrée plus tôt ... Si seulement il n'était pas obligé de partir : il s'était déjà attardé trop longtemps ...

La lettre d'Harriott renonçant à leur rencontre à cause d'un rendez-vous à Newington l'avait désespéré. Manifestement, ce rendez-vous était avec son mari jaloux. Elle avait écrit qu'elle désirait beaucoup le rencontrer et qu'elle irait dîner chez le shérif lundi. Elle s'y trouvait effectivement, modestement assise à côté de son mari en colère, que seule la retenue anglaise empêchait de porter attention à cet officier français qui jetait des regards désolés à sa femme. Il pourrait ne pas manifester une telle retenue en d'autres occasions et Bougainville décida d'éviter les contacts. Il ne servirait à rien de revoir Harriott : cela ne ferait de bien à personne, et encore moins à lui-même.

N'avait-il donc rien appris de sa dernière visite à Port Jackson, qui avait frôlé la catastrophe ? Cela faisait déjà près d'un quart de siècle ... Les circonstances étaient très différentes : il était alors enseigne de vaisseau et c'était son premier voyage. La cruauté et la grossièreté de son commandant, Nicolas Baudin, l'avaient contraint à chercher une échappatoire. Il avait demandé à être transféré sur *Le Naturaliste* mais sa requête avait été brutalement refusée. Quand il avait découvert que *Le Naturaliste* devait rentrer en France, Bougainville avait recouru à des moyens désespérés. Il avait fait semblant d'être très malade et avait persuadé les médecins locaux de dire à Baudin qu'il serait incapable de continuer l'expédition. Baudin n'avait pas été dupe, Bougainville n'avait jamais oublié son mépris et son sarcasme lorsqu'il signa la liste des malades et des indisciplinés qui devaient être transférés sur *Le Naturaliste* pour rentrer en France. Un poison dont il était bien content d'être débarrassé, avait dit Baudin d'un ton vengeur[3].

En évoquant ces moments de sa jeunesse fougueuse, Bougainville se rendait compte que son comportement durant l'expédition Baudin n'avait pas été idéal. Il ne pardonnait pas à celui-ci son humeur détestable, ses mauvaises décisions et sa cruauté, mais il comprenait mieux maintenant les difficultés du commandement. Ils étaient tous si jeunes à l'époque, ils s'étaient joints à l'expédition dans un tel esprit d'exaltation, s'attendant à une vie de camaraderie excitante. Les premiers temps, Baudin avait toléré ces manifestations de fougue et d'individualisme. Mais quand le moment fut venu d'exiger une certaine discipline, il s'était rendu compte qu'il avait manqué l'occasion d'imposer sa volonté à ses officiers. Il avait perdu leur respect et leur allégeance et ne pouvait pas les regagner.

Alors, comme maintenant, Bougainville avait quitté Port Jackson agité par des émotions contradictoires. Sa joie à l'idée d'échapper à son persécuteur et de retourner au pays se mêlait à un désespoir d'adolescent qui quittait la jolie jeune fille qu'il avait rencontrée et dont il était tombé amoureux.

Comme un souvenir lancinant, la déception de son père lui pesait toujours. Celui-ci, Louis Antoine de Bougainville, avait été un grand explorateur du Pacifique et ses histoires de paradis tropicaux et de beautés brûlées de soleil avaient inspiré toute une génération. Son père, si influent et si puissant, si vieux et si fragile, avait tout fait pour lui obtenir une place dans l'expédition Baudin. Son père lirait le rapport accablant de Baudin. Il s'enfermerait d'abord dans son bureau, muré dans un silence plus douloureux que des reproches, puis il en sortirait, pardonnerait à son fils une fois de plus et s'attacherait à relancer sa carrière compromise. Un ami de son père l'avait un jour averti :

> N'oubliez jamais qu'il vous faudra surpasser les autres parce que vous êtes le fils de votre père. Peut-être aurait-on dit que le fils de Buffon était un aigle, s'il n'avait été le fils du célèbre naturaliste[4].

Bougainville se tourna vers les ponts de *La Thétis* où tout était bien rangé et prêt pour prendre la mer. Des hommes robustes et en parfaite santé s'affairaient à préparer le départ. Il y avait à bord une belle collection de plantes et d'animaux. Il était fier de son navire et de son expédition, de peu d'envergure mais sans faille. Il aurait aimé que son père puisse le voir maintenant. Mais son père était mort depuis plusieurs années ; il ne verrait jamais ce qu'il avait réalisé, ne lui accorderait jamais la reconnaissance dont il avait besoin.

Il aurait voulu que son père eût pu le voir arriver à Port Jackson deux mois auparavant. Il aurait voulu que Baudin eût pu le voir aussi. Vingt-cinq ans avant cela, *Le Géographe* était entré au port tant bien que mal, avec à peine assez de marins pour la manœuvre. Les hommes étaient malades ou en train de mourir du scorbut ou de mauvais traitements. L'équipage anglais de l'*Investigator* avait eu bien du mal à cacher l'horreur qui les avait saisis lorsqu'ils avaient sauté à bord pour aider leurs camarades français à entrer au port.

En revanche, *La Thétis* et *L'Espérance* étaient entrées triomphalement dans Port Jackson, aussi fraîches et fringantes que si elles venaient tout juste de quitter Brest. Un an après le départ de l'expédition, l'itinéraire prévu avait été suivi avec une précision qui se chiffrait en jours. Bien que des vents contraires eussent empêché Bougainville de réaliser le rêve qu'il avait chéri longtemps de mettre ses pas dans ceux de son père pendant la traversée du Pacifique, il avait suivi diligemment et à la lettre les instructions qui lui avaient été données. Même sans naturalistes, même sans artistes, il avait réussi à obtenir les spécimens et les observations que le Muséum lui avait demandés en payant des chasseurs locaux, quelquefois de sa poche[5].

Le goût des Français pour les expéditions était en train de disparaître et Bougainville s'en rendait compte. Sa propre expédition n'avait pu finalement commencer qu'en raison d'événements politiques fortuits en Chine, qui avaient nécessité le déploiement du drapeau français dans les océans de la région. Les politiciens réclamaient maintenant des résultats concrets, ils ne se contentaient plus de la gloire des découvertes et de l'exploration. « Qu'est-ce que la France va en tirer ? » avait-on demandé : des avantages commerciaux, des colonies, un établissement pénitentiaire ? La science ou le désir de cartographier plus précisément les côtes visitées brièvement par leurs prédécesseurs n'étaient plus des raisons suffisantes pour financer les expéditions. Ces hommes de fortune et d'ambition ne se souciaient guère des détails, seules la renommée future et la fortune les intéressaient. Le soutien de Cuvier avait à peine suffi à autoriser l'expédition de Duperrey et, sans l'appui du charismatique Dumont d'Urville, elle n'aurait peut-être jamais quitté la France.

L'expédition de Bougainville avait été retardée de plusieurs années par celle de Duperrey, qui était sur le point de rentrer quand elle prit la mer⁶. Peut-être s'étaient-elles croisées au large de l'Afrique, peut-être Duperrey entrait-il dans les eaux tranquilles de la Méditerranée au moment même où l'expédition de Bougainville longeait la côte française avant de se lancer dans sa circumnavigation par l'est. Où qu'ils fussent maintenant, il savait que Duperrey avait jeté l'ancre ici, à Sydney, seulement dix-huit mois auparavant. Son équipage avait suivi ses traces, au moins en partie, et avait revisité le camp de Lapérouse à Botany Bay. Le site, que l'on connaissait localement sous le nom de French Garden, était à proximité d'un plateau exposé qui se trouvait à l'extrémité de la deuxième pointe, que l'on peut voir à tribord en entrant dans la baie. Il s'inclinait légèrement vers la mer et on pouvait encore y observer les trous qui avaient été creusés pour recevoir les piquets des barricades. Tout près, se dressait un arbre où les hommes de Duperrey avaient gravé une petite épitaphe en hommage au chapelain de Lapérouse.

> PRÈS DE CET ARBRE
>
> REPOSENT LES RESTES
>
> DU PÈRE LE RECEVEUR
>
> VISITÉ
>
> EN MARS
>
> 1824⁷

Ce simple mémorial avait donné une idée à Bougainville. Il érigerait un monument à son compatriote illustre et infortuné à l'endroit même où Lapérouse avait composé son message final. Cet hommage s'était fait attendre trop longtemps. Le gouverneur Brisbane venait d'ériger un monument au capitaine Cook dans un endroit difficile d'accès, de l'autre côté de la baie. Sûrement, un tel ami de la France (et même membre de l'Académie des sciences) se laisserait persuader de soutenir un tel dessein ! Bougainville, assis sur le promontoire et mangeant du pain qui sortait du four, imaginait la forme que prendrait le monument : une colonne d'un blanc étincelant, d'une élégance classique, visible de tous, en mer comme sur terre.

Un élan de satisfaction réchauffa le cœur de Bougainville à la pensée des progrès de son projet. Le gouverneur Brisbane avait aimablement fait don du terrain où le monument devait se dresser (en plus des soixante-dix mètres carrés qui entouraient la tombe du père Receveur) et avait offert à Bougainville les services de l'architecte du gouvernement. Bougainville avait laissé une somme de 736,5 piastres à son ami le capitaine Piper pour les dépenses de construction. Dans quatre ans, il en était sûr, le monument serait érigé. Il pouvait quitter Sydney en sachant que cet héritage qu'il laissait à la France était en bonnes mains[8].

L'air chaud du soleil se déversait des voiles de coutil qu'on hissait vers le ciel. Celles-ci se gonflèrent et les bateaux commencèrent la traversée du port. Au son de l'ancre qu'on levait succéda le déferlement régulier de la vague d'étrave. Le soleil éclaboussait les eaux paisibles de Sydney, qu'ils quittaient pour les îles du sud de la Nouvelle-Zélande et l'Amérique du Sud. Bougainville était au garde-à-vous, l'uniforme impeccable, ses boutons de cuivre étincelant au soleil. Il donna l'ordre de tirer une salve de vingt et un coups de canon à laquelle une autre canonnade répondit en écho de l'autre côté de la baie. Une autre salve de vingt et un coups résonna sur la baie alors qu'ils dépassaient la résidence du capitaine Piper. En réponse, Bougainville donna l'ordre de tirer une salve de neuf coups et de serrer les perroquets et les cacatois. La corvette tira une salve de onze coups en passant. La colonie regretterait la présence des bateaux français presque autant que les officiers français regretteraient Sydney.

À midi, ils dépassaient North Head. Vers quatre heures et demie de l'après-midi, on ne pouvait déjà plus voir le haut du phare et, un peu plus tard, on perdit la terre de vue sur le pont. Alors que Sydney disparaissait à l'horizon, Bougainville se rendit compte que jamais plus il ne reverrait ces rivages. Son cœur se serra : il aurait peut-être mieux valu qu'il parte un mois plus tôt ; il n'aurait pas rencontré Harriott, il n'aurait pas vécu ces jours de bonheur si vite passés, il n'aurait pas eu à souffrir de cette séparation douloureuse et définitive[9].

Bougainville fit demi-tour et descendit sous le pont. Libéré des contraintes de l'uniforme, il jeta sa casquette de côté et passa les mains dans ses cheveux bruns en broussaille. Il déboutonna son manteau et retira sa cravate, s'affala dans le fauteuil le plus proche et étendit ses longues jambes sur le plancher recouvert de toile peinte. Il contempla la cabine confortable et bien rangée qui serait de nouveau son foyer pendant quatre mois. La cloison lambrissée était couverte de livres, parmi lesquels se trouvaient les récits de tous les voyages récents en Australie ainsi que les derniers ouvrages d'histoire naturelle, de navigation, d'astronomie et de géologie. Tout à côté, une pile de publications récentes qui lui avaient été envoyées à Port Jackson de Paris attendait d'être rangée. Sur son bureau, se trouvaient ses livres de bord où il avait consigné ses observations minutieuses, ainsi que des centaines de pages contenant des transcriptions de rapports qu'il avait trouvés, concernant la colonie anglaise et qui pourraient intéresser ses supérieurs en France. Il n'avait pas consacré tout son temps à des poursuites amoureuses. De toute façon, maintenant, le temps des plaisirs de société était bien passé.

Il avait des rapports à écrire, des comptes rendus à préparer, une documentation à compléter sur les plantes et les animaux qu'il avait vus, sur leur valeur scientifique et commerciale, sur les moyens de défense et les fortifications de Sydney, sur la colonie pénitentiaire et son application à des projets français du même genre, sur les indigènes et leur triste dégénérescence, sur les Anglais, leurs progrès et leurs objectifs d'expansion infinie, sur le monument de Lapérouse.

Peut-être son expédition n'était-elle pas aussi grandiose que celle de son père (après tout, maintenant, il y avait moins d'occasions de faire des découvertes) mais il s'assurerait que toutes les tâches seraient terminées, tous les rapports écrits et tous les marins reconnus. Il avait suivi toutes les instructions à la lettre et dépassé toutes les attentes. Mais, finalement, cela serait-il suffisant ? Est-ce que ses réussites suffiraient à faire entrer son nom dans l'histoire, à côté de celui de son père ? Est-ce que les fruits de cette expédition seraient source de bonheur ou d'amertume ? Qui le savait ?

Bougainville haussa les épaules :

« *Sic voluere fata !* Ainsi le veut le destin[10] ! »

LE DERNIER CONTINENT

DUMONT D'URVILLE
(1826–1829 ET 1837–1840)

JULES DUMONT D'URVILLE

VANIKORO, ÎLES SANTA CRUZ

17 MARS 1828

Jules Sébastien César Dumont d'Urville, *issu d'une famille noble, naquit le 25 mai 1796 en Normandie. Son père mourut quand il avait sept ans ; sa mère avait un caractère contrariant et dominateur. Dumont d'Urville était de nature stoïque et d'une grande intelligence. À dix-sept ans, il entra dans la marine où il étudia l'astronomie, la navigation, les langues et la botanique. En 1816, il épousa Adèle : ils eurent quatre enfants dont un seul survécut. Dumont d'Urville participa à la récupération de la* **Vénus de Milo**, *puis prit part, en tant que lieutenant, à l'expédition de Duperrey vers le Pacifique. Il y commanda sa propre expédition (1826–1829) durant laquelle il découvrit les restes de l'expédition Lapérouse. Pendant sa troisième expédition, vers le Pacifique et l'Antarctique (1837–1840), ses hommes furent les premiers à fouler le sol antarctique. La détermination inébranlable de Dumont d'Urville ainsi que son attitude méprisante envers ses inférieurs le rendaient d'abord souvent difficile ; ses exploits lui avaient pourtant garanti la faveur du public. En 1842, il perdit la vie, avec sa femme et son fils, dans un terrible accident de train*[1].

L'air chaud et épais pesait dans la cabine, comme des relents de linge sale. Les fenêtres étaient ouvertes, mais aucune brise n'osait pénétrer pour disperser les miasmes immondes. Le grain qui était passé vers minuit avait tout trempé. Ce temps changeant troublait le sommeil de chacun et les rendait tous nerveux et anxieux. Même ceux qui étaient malades restaient éveillés et tendus, écoutant le bruit menaçant des vagues qui s'écrasaient sur les récifs côtiers sous le vent du bateau. Ils comprenaient tous le danger qui les guettait.

« Si nous ne bougeons pas aujourd'hui, se disait Dumont d'Urville, demain il sera trop tard pour quitter Vanikoro. »

Malgré la chaleur, le commandant ne pouvait s'empêcher de trembler. Des vagues de fièvre lui traversaient le corps, lui laissant les jambes faibles et affectant sa vue. Il avala de l'eau jaunie en prêtant à peine attention aux bestioles minuscules qui y frétillaient et se concentra de nouveau sur la carte étalée devant lui.

Voilà un mois maintenant qu'ils étaient dans cet enfer : Vanikoro, l'île aux fièvres. On les avait avertis qu'ils y mourraient tous, mais un devoir sacré les avait amenés dans cet endroit fatal.

Et pourtant, le voyage avait si bien commencé. Après le succès relatif de son voyage avec Duperrey, Charles X avait donné à Dumont d'Urville le commandement de la vieille *Coquille* qui avait été rebaptisée *L'Astrolabe* en l'honneur du fameux bateau de Lapérouse afin d'« explorer quelques-uns des principaux archipels du Grand-Océan, où *La Coquille* n'a fait que passer rapidement, et [lui] donner le moyen d'augmenter, autant que possible, la masse de documents scientifiques qui ont été le fruit du voyage exécuté par ce bâtiment dans les années 1822, 1823 et 1824 ». Plus loin, le ministre de la Marine et des Colonies avait écrit : « Un autre intérêt se rattachera à votre voyage, si vous parvenez à découvrir des traces de La Pérouse et de ses compagnons d'infortune. » Le bruit avait couru qu'un capitaine américain avait vu, dans la région entre la Nouvelle-Calédonie et les Louisiades, des objets d'origine française qui auraient pu provenir de l'expédition de Lapérouse[2].

Lors de leur arrivée à Hobart, de nouvelles rumeurs circulaient. Un capitaine anglais au caractère douteux, employé par la Compagnie des Indes orientales, prétendait avoir découvert des vestiges de l'expédition Lapérouse dans une île qui s'appelait Vanikoro, près de Tikopia. On n'aimait pas beaucoup le capitaine Dillon à Hobart et il avait même été en prison pour des écarts de conduite. On disait que c'était un fou et un aventurier, et que son histoire concernant Lapérouse n'était qu'un autre de ces mythes fantaisistes qui avaient circulé dans le Pacifique pendant quarante ans.

Troublé mais non dissuadé par cette rumeur, Dumont d'Urville poursuivit son enquête. Il chercha à parler à ceux qui avaient rencontré le capitaine Dillon et lut avec attention tous les articles de journaux, les rapports de la cour et les comptes rendus de ses activités. Il s'agissait probablement d'un homme brutal et grossier mais il n'y avait aucune raison de douter de son honnêteté. De plus, Dillon était illettré et un navigateur si incompétent qu'il n'aurait pas eu les capacités ou l'intelligence nécessaires à l'invention d'une histoire aussi détaillée. En lisant les rapports, Dumont d'Urville, impressionné par la précision des détails que seul un marin expérimenté pouvait apprécier, sentit un voile se lever, révélant le destin tragique de Lapérouse et de ses compagnons. Il s'imaginait sur la scène de cette grande calamité, se portant en témoin auprès des fantômes de ses compatriotes malchanceux de la peine ressentie par toute la France[3]. Il ne pouvait pas laisser une découverte d'une telle importance aux mains d'un Anglais à la réputation douteuse, qui était peut-être en ce moment même sur la scène de la tragédie, en train de fouiller à la recherche de bibelots et de souvenirs.

Dumont d'Urville avait résolu de partir immédiatement pour Tikopia. Défiant résolument l'opinion de la plupart de ses officiers et de son équipage, ainsi que celle des habitants de Hobart qui riaient des histoires concernant Tikopia et Vanikoro, Dumont d'Urville se prépara à prendre la mer. Dillon avait eu beau ne pas donner de détails sur la position de Vanikoro, pour un marin d'expérience, l'indication « Vanikoro n'était éloigné de Tikopia que de deux journées de route en pirogue sous le vent » suffisait. Vu les vents dominants, l'île devait se trouver à quarante ou cinquante lieues au nord-ouest de Tikopia (dans les îles Banks) ou au sud-ouest (dans les îles Santa Cruz). L'histoire dirait si Dumont d'Urville avait perdu l'occasion de faire du travail utile en Nouvelle-Zélande pour poursuivre un rêve de fou.

Ils quittèrent la ville neuve de Hobart de bonne humeur. Cette colonie naissante avait été très agréable comme base : les petites maisons étaient bien entretenues et les Anglais s'arrangeaient toujours pour que tout soit « plaisant » et « confortable », même lorsque les conditions étaient franchement défavorables. Les bateaux français pourraient toujours compter sur un accueil chaleureux et une base hospitalière lors de voyages futurs. À bord, tous étaient en bonne santé, aucun marin n'était sérieusement malade. Après les tempêtes inévitables au large de la Tasmanie, ils passèrent l'extrémité nord de la Nouvelle-Zélande et se dirigèrent vers les eaux tropicales de Tikopia.

Leur arrivée, un mois plus tard, fut très prometteuse. Le temps était aussi beau qu'on pouvait espérer en cette saison :

une alternance de grains et de périodes calmes. Les Tikopiens, à qui ils avaient demandé de l'aide pour localiser Vanikoro, étaient un peuple charmant et amical qui s'était vite gagné le respect des marins. Un certain nombre d'entre eux s'étaient portés volontaires pour les accompagner où qu'ils veuillent aller, bien que leur enthousiasme décrût considérablement quand la destination leur fut dévoilée. Malgré tout, les Tikopiens les avaient accompagnés et les avaient guidés adroitement dans cette immensité déserte en se servant des étoiles. L'équipage se réjouissait à l'avance de la profusion de cochons et de volailles qu'ils espéraient trouver à Vanikoro.

Dumont d'Urville se servait du répertoire de mots polynésiens qu'il avait soigneusement accumulés pour poser aux Tikopiens des questions sur leur destination, leur montrant patiemment les cartes de la région qui avaient été dressées avec diligence par l'expédition de d'Entrecasteaux. Mais les Tikopiens s'obstinaient à détourner patiemment ses questions, soit par ennui, soit par ignorance ; les gribouillis et les traits qu'ils pouvaient voir sur le papier n'avaient aucun intérêt pour eux, ils préféraient regarder l'eau et l'horizon à l'extérieur. Dumont d'Urville renonça. Il voyait bien dans quelle direction ils allaient. D'Entrecasteaux les avait précédés dans cette région.

Le cœur serré, Dumont d'Urville se rendit compte que l'île vers laquelle ils se dirigeaient portait un nom français, ainsi qu'un nom local : autrefois, Vanikoro s'appelait l'île de la Recherche. L'expédition qui avait été envoyée à la recherche de Lapérouse était passée au large de cette île, où des survivants s'abritaient peut-être encore, et ils lui avaient donné le nom de cette recherche même qui était promise à l'échec. Cette ironie faisait mal.

Le 11 février 1828, au coucher du soleil, Dumont d'Urville avait aperçu les points culminants de Vanikoro pour la première fois. Il se rappelait si bien ce qu'il avait ressenti à ce moment capital.

> À cet aspect nos cœurs furent agités par un mouvement indéfinissable d'espérance et de regrets, de douleur et de satisfaction. Enfin nous avions sous les yeux le point mystérieux qui avait caché si longtemps à la France, à l'Europe entière, les débris d'une noble et généreuse entreprise ; nous allions fouler ce sol funeste, interroger ses plages, et questionner ses habitants. Mais quel allait être le résultat de nos efforts[4] ?

Il avait été difficile de trouver un bon mouillage dans ce labyrinthe de récifs, un endroit qui soit à l'abri des vagues, assez profond et assez large pour permettre aux bateaux de manœuvrer en toute sécurité et de partir si le besoin s'en faisait sentir. Les habitants de Vanikoro avaient attentivement observé cette opération. Ils avaient déjà vu de ces vaisseaux peu maniables passer le long de leurs côtes et certains ne les avaient jamais quittées. Dumont d'Urville, à la recherche d'un bon mouillage, se sentait vulnérable, comme si ces gens connaissaient trop bien les faiblesses des hommes blancs.

L'île elle-même était fertile, dotée de forêts majestueuses, d'une flore superbe et d'une profusion d'insectes et de papillons qui ressemblaient de façon frappante à ceux de Nouvelle-Guinée, de Nouvelle-Irlande ou des Moluques. Mais la forêt était dense et inhospitalière et ne se laissait pas pénétrer facilement à partir du rivage[5]. Les indigènes étaient laids et peu sympathiques, n'offrant rien d'intéressant ou de bon à manger. Dillon, qui était négociant, les avait inondés de marchandises bien au-delà de ce qu'un navire de la marine pouvait leur offrir. Dumont d'Urville n'avait rien à leur donner en échange d'informations : il dépendait donc de leur bonne volonté et de leur générosité, qualités qui ne semblaient pas très répandues chez eux.

Quel destin malheureux avait amené le grand Lapérouse à échouer ici, plutôt que dans une autre île du Pacifique ? Parmi les Tahitiens, les Tongiens ou les Tikopiens, un marin naufragé pouvait espérer être traité avec soin et respect. Même les cannibales de Nouvelle-Zélande offraient quelquefois l'hospitalité aux marins naufragés. Mais les habitants de Vanikoro étaient dépourvus de ce genre de vertus. Lapérouse n'aurait trouvé ici que cupidité, barbarie et traîtrise.

En réponse à des questions sur d'éventuels naufrages français, les indigènes se montraient presque toujours évasifs et se contredisaient, leur peur des représailles indiquant sûrement un sentiment de culpabilité vis-à-vis de forfaits passés.

« Je ne sais pas ... »

« Je n'ai rien vu ... »

« Cela s'est passé il y a si longtemps ... »

« Nous en avons entendu parler par nos pères ... »

C'était seulement grâce à l'insatiable convoitise des indigènes pour les étoffes rouges que les Français étaient finalement parvenus à leur but. Leur guide, enchanté par la perspective de ce beau tissu, les emmena vers une brèche dans le corail et leur demanda de regarder dans l'eau. La réfraction brisée des eaux vertes et claires laissait apercevoir, presque à portée de la main, des plaques de plomb éparpillées, des canons et des boulets, incrustés de corail[6].

Après tant d'attente, tant d'espoir et d'enthousiasme, la vue des restes pitoyables de la grande expédition de Lapérouse les plongea dans le silence. L'un après l'autre, des bateaux amenèrent tous les membres de l'équipage à cet endroit afin que chaque homme pût faire ce pèlerinage difficile. Après quarante ans, le grand mystère était enfin éclairci. Il ne leur restait plus qu'à rendre un triste hommage à la mémoire de leurs compatriotes infortunés[7].

Avec acharnement et amertume, les hommes s'étaient attachés à construire un monument commémoratif. Pendant qu'ils y travaillaient, les médecins Quoy et Gaimard décrivaient chaque détail et collectionnaient chaque espèce de corail pour leurs études minutieuses sur la construction des récifs : malgré leur chapeau à bord large, leur peau blanche brûlait et devenait rouge.

Chaque jour qui passait rendait cet endroit de moins en moins hospitalier. La duplicité changeante des indigènes les avait convaincus qu'ils avaient traité leurs camarades naufragés avec barbarie et traîtrise. Chacun savait que le destin de Lapérouse aurait pu être le leur, pouvait encore être le leur. Seul, un des chefs de Vanikoro, Moembe, semblait faire preuve de courtoisie et d'honnêteté. Dumont d'Urville entretenait la bonne volonté de Moembe et honorait ses dieux, mais il doutait de sa loyauté.

De nombreuses sources, certaines plus fiables que d'autres, avaient élucidé le destin de Lapérouse et de ses hommes. Un bateau s'était échoué la nuit au large de l'île par mauvais temps et l'autre bateau avait subi le même sort en essayant de lui porter secours. Entre soixante-dix et quatre-vingts hommes avaient débarqué à Païou et étaient repartis quelques mois plus tard après avoir construit un petit bateau. Leur séjour à Vanikoro n'avait pas été paisible. On disait qu'il y avait eu des bagarres et des morts des deux côtés. Certains racontaient que deux Français étaient restés après le départ des autres.

D'après une de ces sources, le dernier Français n'était mort que l'année précédente. Peut-être cet homme était-il encore vivant quand les frégates de d'Entrecasteaux étaient passées ? Les indigènes les avaient vues, aucun passage de bateau européen ne leur échappait. Est-ce que ce dernier survivant les avait vues apparaître, puis disparaître à l'horizon et, avec elles, son ultime espoir de délivrance ? Dumont d'Urville rejeta cette idée mélancolique. Il était peu probable qu'un Français pût survivre longtemps sur cette île. La mort rôdait ici, inexorable. Gaimard avait supplié qu'on le laissât aller à terre avec les indigènes. Le médecin était un homme jovial et populaire partout où il allait. Mais, quelques jours plus tard, il était rentré, irrité et ennuyé par les mauvais traitements qu'il avait reçus, et souffrant de fièvre et d'abcès douloureux. C'était un signe de ce qui allait se passer. Le lendemain, Dumont d'Urville reconnut en lui-même les premiers symptômes d'une maladie qui lui faisait peur : il avait déjà souffert ce fléau en Grèce. Dans la semaine qui suivit, les hommes commencèrent à tomber comme des mouches.

Finalement, le cénotaphe fut terminé : c'était une colonne de corail surmontée d'une pyramide de bois de kauri acheté à Kororareka en Nouvelle-Zélande. Aucun fer ni clou n'était entré dans sa construction, il n'y avait qu'une petite plaque de plomb sur laquelle avait été gravé ce simple message :

À LA MÉMOIRE

DE LAPÉROUSE

ET DE SES COMPAGNONS,

L'ASTROLABE

14 MARS 1828

Une salve de vingt et un coups de canon fracassa le calme paisible de l'île et envoya les sauvages se mettre à l'abri en courant. La salve se répercuta sur les flancs des montagnes qui avaient été les témoins de la mort de leurs compatriotes, tant d'années auparavant, à la suite de fièvres et de brutalités. Du rivage, Dumont d'Urville pouvait voir une pirogue qu'on lançait avec hâte et anxiété. Il n'avait pas averti les indigènes de la cérémonie. Un peu de frayeur n'était pas une mauvaise chose.

Moembe monta à bord le premier, faisant confiance à leur amitié mais néanmoins incertain. Il baisa respectueusement le dos de la main du commandant, voulant s'assurer que les visiteurs n'étaient pas en train de déclarer la guerre à son peuple. Dumont d'Urville regarda l'indigène de haut avec sévérité, ne voulant pas complètement chasser cette idée.

« Les coups que vous avez entendus ont été seulement tirés en l'honneur de *l'atoua* Papalangui, dieu des Européens, que nous venons de placer sur le récif, expliqua-t-il. Engagez vos compatriotes à respecter la maison de notre dieu et à ne point chercher à la détruire. Si les navires qui viennent après nous dans votre île voient cette maison debout, ce serait pour eux un gage de notre amitié avec les habitants ... Si le monument est renversé, les Blancs seront irrités et, s'ils sont de notre nation, ils vengeront sans doute sévèrement cet attentat. »

Moembe avait l'air mal à l'aise : il se demandait peut-être ce que ses dieux à lui penseraient d'un dieu européen emménageant sur l'île.

Dumont d'Urville essaya une autre tactique.

« Pour ne pas provoquer la colère des *atouas* de Vanikoro, le nôtre a été placé sur le récif au milieu des eaux, tandis que les *atouas* du pays, Banie et Loubo, étaient établis sur terre, précaution qui évitera tout conflit de pouvoir entre ces divers dieux. Veuillez accepter ces offrandes pour Loubo et Banie, afin d'apaiser leur colère. »

En entendant cela, le visage de Moembe s'éclaircit manifestement et il accepta sans se faire prier la pièce d'étoffe rouge et la hachette. Il dit solennellement :

« Je jure par ce que j'ai de plus sacré que *l'atoua* Papalangui sera respecté à l'égal de Loubo et de Banie. Nous veillerons à la conservation de sa maison, *fare atoua*, et nous traiterons en ennemi quiconque tentera de la dégrader. »

Alors que Moembe s'éloignait, Dumont d'Urville s'appuya sur le bastingage, ses forces défaillantes éprouvées par cette démonstration de son autorité de commandant. Il ne doutait pas de la sincérité de Moembe mais ne faisait pas confiance à la parole des indigènes. Il espérait seulement que leur indolence naturelle diminuerait leur tendance à s'efforcer de détruire quelque chose qui n'avait aucune valeur pour eux[8].

Il ne leur restait plus qu'à partir avant que d'autres hommes ne succombent aux fièvres qui faisaient des ravages sur le bateau. Les pirogues arrivèrent juste au moment où ils étaient en train de lever les ancres, un travail éprouvant car quarante hommes étaient confinés au fond de leurs lits de malades.

« Nous sommes venus échanger des noix de coco », dirent les indigènes avec un rire sournois.

En fait, ils n'avaient pas de noix de coco, ils n'avaient que des arcs et des flèches. Quelques-uns sautèrent à bord, leur sourire mauvais s'élargissant à la vue des malades sur le faux-pont. Dumont d'Urville se redressa de toute sa hauteur, rassemblant ses dernières forces pour un dernier geste.

« Quittez immédiatement le bateau », ordonna-t-il.

Les indigènes continuèrent de le toiser, ricanant insolemment. Dumont d'Urville les dévisagea à son tour, le regard glacé de haine. Ses lèvres minces se serrèrent. Sans un mot, il demanda d'un geste qu'on ouvrît le magasin d'armes. Les yeux des indigènes s'élargirent à la vue des mousquets reluisants. Le regard de Dumont d'Urville ne vacilla pas. Avec une main, il indiqua les armes et pointa l'autre d'un air menaçant dans leur direction, puis dans la direction des pirogues. Ils se retirèrent rapidement, se précipitèrent dans leurs pirogues et s'éloignèrent.

Une vague de murmures approbateurs traversa le pont en réponse au succès de Dumont d'Urville. Le commandant se détourna ; il avait froid et sa peau était moite, pas seulement à cause de la fièvre. Il était heureux que les hommes ne se rendent pas compte à quel point leur situation avait été dangereuse. La vue d'un pistolet avait beau faire fuir vingt sauvages, se disait Dumont d'Urville, ils pourraient tout aussi bien se jeter comme des animaux féroces sur un détachement entier en train de leur tirer dessus. Les bateaux devaient quitter cet endroit le plus tôt possible[9].

L'Astrolabe déploya toutes ses voiles pour fuir cette pitoyable prison, mais Vanikoro ne relâchait pas ses victimes facilement. Dès qu'ils se trouvèrent dans le chenal étroit qui traversait le récif, la pluie se mit à tomber, une pluie torrentielle comme elle ne pouvait l'être qu'à Vanikoro. Un mur d'eau les encerclait. Ils étaient aveuglés et désarmés. Un faux mouvement pouvait les conduire à leur perte. Dumont d'Urville s'efforçait de repérer où se trouvait le blanc des brisants bordant le chenal mais sa fièvre empira brusquement, lui brouillant la vue et le frappant de vertiges qui lui donnaient la nausée.

Il s'agrippa de nouveau au bastingage.

« M. Gressien, lança-t-il fermement comme si de rien n'était, vous guiderez le bateau vers la mer libre. »

L'officier acquiesça de la tête, acceptant l'ordre avec calme à l'instar de son commandant. Posément, avec sang-froid, il suivit ses instructions. Après quelques minutes angoissantes, ils se trouvèrent enfin au-delà des récifs périlleux. Une acclamation s'éleva du pont inférieur et des sourires de soulagement intense éclairèrent les visages des officiers. Leur mission était accomplie, ils pouvaient enfin penser à leur retour au pays, à six mille lieues de là.

Dumont d'Urville glissa, inconscient, sur le pont, finalement vaincu par la fièvre.

ÉLISABETH-PAUL-ÉDOUARD DE ROSSEL

MINISTÈRE DE LA MARINE, PARIS
14 MAI 1829

Le contre-amiral de Rossel s'arrêta pour reprendre haleine sur les marches du ministère de la Marine. La douleur aiguë qui serrait son flan gauche lui rappelait qu'il n'était plus tout jeune. S'adossant à un des piliers de l'entrée, il tourna la tête et regarda la place, attendant que le spasme se dissipe.

La statue de terracotta représentant la Liberté restait impassible et contemplait la place octogonale, indifférente à l'agitation des gens pris par leurs activités quotidiennes, comme elle l'avait été aux milliers d'exécutions à la guillotine dont elle avait été témoin. Tant de sang avait coulé sur cette place au cours de sa courte histoire. On disait qu'un troupeau de bovins avait refusé de la traverser pendant la Révolution : ils étaient pétrifiés par l'odeur de sang qui avait pénétré chaque pierre, chaque fissure.

C'était une époque révolue, bien sûr. La place ne s'appelait plus place de la Révolution, ni même place de la Concorde. Lors de la Restauration des Bourbons sur le trône français, elle avait repris brièvement son nom original, place Louis-XV. Maintenant, cette place, rebaptisée place Louis-XVI, rendait honneur au roi dont elle avait vu l'exécution. Il avait même été question de remplacer la statue de la Liberté par un monument à Louis XVI qui rappellerait peut-être la grande effigie de son grand-père, détruite pendant la Révolution.

En dépit de ses difficultés politiques, Louis XVI avait eu une énorme influence au ministère de la Marine, ainsi que son conseiller, le comte de Fleurieu. Tous deux avaient lancé l'expédition de Lapérouse qui avait disparu, tant d'années auparavant, dans des circonstances inconnues. C'était grâce à l'expédition lancée à la recherche de Lapérouse que la carrière de de Rossel dans la marine avait prospéré : il avait été lieutenant dans l'expédition de d'Entrecasteaux. Il n'aurait guère pu imaginer, la première fois qu'il embarqua sur *La Recherche*, qu'il arriverait si loin. Après la mort de tant d'officiers supérieurs, c'était lui qui avait dû ramener au pays ce qui restait de l'expédition. Sa tâche avait été rendue plus difficile par la Révolution française et les conflits en mer. Après avoir été emprisonné par les Hollandais à Java, il avait réussi à rentrer en Europe et à rapporter intacts les précieux documents et collections de l'expédition, pour être ensuite capturé par les Anglais dans l'océan Atlantique.

Il fallait leur rendre justice : les Anglais l'avaient bien traité et lui avaient donné accès à ses cartes et à ses documents hydrographiques. Ses sept années d'emprisonnement n'avaient pas été désagréables et le travail qu'il avait fait avait été bien accueilli, quand il était finalement rentré en France en 1802, après la paix d'Amiens. C'était seulement à cause de ce délai que le botaniste Labillardière avait pu publier son travail avant le récit officiel du voyage auquel de Rossel s'était consacré après son retour. La duplicité du botaniste aurait contrarié d'Entrecasteaux : il l'avait longtemps soupçonné de vouloir publier son propre travail avant le récit officiel.

Pendant de nombreuses années, de Rossel avait continué d'écrire des manuels de navigation pour plusieurs secteurs côtiers, clairs et bien documentés, ainsi que des guides de signalisation d'accès facile et compréhensible pour quiconque avait besoin de ce genre d'information. La navigation moderne était devenue une science, ce n'était plus un art ésotérique, et la connaissance nécessaire à une pratique sûre devait être aisément accessible.

Son travail minutieux avait été bien récompensé. À l'âge de soixante-quatre ans, il était un membre respecté de l'Académie des sciences et du Bureau des longitudes. Il avait été promu au rang de contre-amiral et dirigeait le Service hydrographique. Le jeune homme gauche et maladroit qui voulait tant impressionner ses supérieurs lors de l'expédition de d'Entrecasteaux avait fait du chemin !

Son seul regret concernant cette époque était qu'ils n'avaient pas réussi à découvrir ce qui était arrivé à Lapérouse. Mais même ce mystère était maintenant éclairci depuis le retour de Vanikoro de l'expédition de Dumont d'Urville.

> Qu'il me soit permis d'exprimer les regrets que doivent éprouver les personnes qui ont fait partie de l'expédition à la recherche de La Pérouse, et que je ressens aussi vivement qu'aucun autre. Le 19 mai 1793, les frégates *La Recherche* et *L'Espérance* ont eu connaissance du sommet de l'île de Vanikoro, elle était alors à quinze lieues au vent. Le nom de La Recherche lui fut imposé, et cette île fut alors confondue dans notre opinion avec la multitude d'autres îles que nous avions vues, et qu'il nous avait été impossible de visiter en détail. Nous étions loin de penser que c'étaient là que se trouvaient le but et le terme de nos recherches et de tous nos vœux.
>
> Les renseignements obtenus et transmis par M. d'Urville doivent faire supposer, s'ils ne donnent pas une entière certitude, que le contre-amiral d'Entrecasteaux serait encore arrivé trop tard pour sauver la vie à quelques-uns des malheureux naufragés, puisque deux ans après la perte des bâtimens il n'en restait plus un seul sur l'île[1].

Il savait maintenant que les survivants du naufrage avaient probablement construit un petit bateau qui leur avait permis de partir pour les Moluques ou peut-être de retourner en Nouvelle-Hollande. Leur sort demeurait un mystère, peut-être avaient-ils échoué sur un récif inconnu, dans une mer inconnue. Ils n'auraient rien pu faire pour eux à ce moment-là. Dumont d'Urville était certain qu'il n'y avait eu aucun survivant sur l'île quand *La Recherche* et *L'Espérance* étaient passées. Pourtant il y avait eu des rumeurs, des soupçons. Un ou deux hommes étaient peut-être restés. Si seulement ils s'étaient arrêtés, si seulement ils avaient vérifié, si seulement il pouvait être sûr ...

Dumont d'Urville n'était pas en proie à de tels doutes. Après avoir déchargé son navire à Marseille, envoyé ses collections impressionnantes au Muséum, rendu visite à sa famille, il avait fait une arrivée remarquée à Paris. Déjà, l'effet inquiétant de sa présence s'était fait sentir dans tout le ministère de la Marine. Il n'y avait aucun doute : cette expédition, comme tant d'autres avant elle, avait subi de grandes épreuves. La maladie et la fièvre avaient fait beaucoup de victimes. Cette expédition avait été, sans doute, une réussite, mais il y avait bien longtemps que les capitaines ne pouvaient plus accorder de promotions à leurs propres officiers. Dumont d'Urville avait beau prétendre appartenir à la lignée des grands explorateurs du passé (comme Bougainville, Lapérouse, d'Entrecasteaux ou même Baudin), les jours de gloire de l'exploration française étaient bel et bien révolus, et il n'était pas facile de récompenser ces hommes à la mesure des risques qu'ils avaient courus dans leur recherche de science et de savoir.

De Rossel avait fait de son mieux pour mettre en valeur les résultats de l'expédition au ministère et à l'Institut, mais il avait été mal accueilli par certains. Dumont d'Urville présentait ses arguments avec la passion et l'arrogance de quelqu'un qui était sûr d'avoir raison. Il écartait ceux qui n'étaient pas d'accord avec lui, dédaignait ceux qu'il pensait indignes de son attention, malmenait ceux qui auraient pu être persuadés de l'aider et irritait presque tous ses supérieurs. Il possédait des talents exceptionnels dans un grand nombre de disciplines – la navigation, le commandement, l'histoire naturelle, le stoïcisme, l'anthropologie, la détermination – mais les aptitudes les plus élémentaires de diplomatie, de tact et d'humilité lui manquaient. Il prenait chaque retard, chaque négligence pour une insulte personnelle. Il importait peu à Dumont d'Urville que beaucoup, au ministère, fussent préoccupés par le climat politique difficile dans lequel ils se trouvaient. Le trône de Charles X avait beau être en train de vaciller au bord de l'abîme, Dumont d'Urville, lui, exigeait l'attention entière de ses supérieurs.

De Rossel inspira profondément. La douleur dans sa poitrine avait de nouveau disparu et il pouvait respirer un peu plus facilement maintenant. La place avait l'air si sereine à présent, si paisible. Il était difficile d'imaginer que la France pourrait être de nouveau en proie à de tels troubles politiques. Il se retourna et prit la direction du ministère. Malgré les faiblesses personnelles de Dumont d'Urville, ses exploits méritaient d'être reconnus et de Rossel ferait de son mieux pour le soutenir. Après tout, ce n'étaient pas les efforts des bureaucrates, des hommes politiques et des courtisans qui apporteraient la gloire à la France, mais seulement ceux de ces grands hommes courageux qu'étaient les explorateurs[2].

CHARLES DARWIN

MONTAGNES BLEUES, NOUVELLE-GALLES DU SUD

18 JANVIER 1835

Charles Robert Darwin *naquit à Shrewsbury en 1809. Il étudia la médecine puis il se consacra à la science, ce que sa fortune personnelle lui permettait. Il fut nommé naturaliste sur le* Beagle *(1831–1836), à la satisfaction de son père qui pensait, dédaigneux, que cela donnerait un sens à sa vie. À son retour, il devint secrétaire de la Geological Society et membre associé de la Royal Society. Il épousa sa cousine Emma Wedgwood qui lui donna dix enfants. Darwin, de santé précaire, était souvent obligé de rester couché ; il souffrait par ailleurs de doutes qui le paralysaient, combinés à une conviction absolue en ce qui concernait son travail. Comme c'était le cas pour Geoffroy Saint-Hilaire et Lamarck, sa plus grande qualité était sa capacité à voir les choses dans leur ensemble. Son travail sur les récifs de corail en 1842 établit sa réputation scientifique. Darwin travailla sur sa théorie de la mutabilité des espèces pendant vingt ans avant d'être contraint de la publier, à cause de la proposition par Alfred Wallace d'un système presque identique à la fin de 1858. En 1859, Darwin publia son livre le plus fameux,* L'Origine des espèces par le moyen de la sélection naturelle, *suivi de* La Filiation de l'homme *en 1871. Darwin mourut en 1882, après de nombreuses années de mauvaise santé et d'angoisse causée par les implications théologiques de son travail.*

Des éclats de grès rouge s'envolaient sous les sabots de la jument qui galopait allègrement le long de la crête. Darwin la fit accélérer sur une pente raide qui montait vers un plateau rocheux. Il pouvait apercevoir le ciel entre les arbres clairsemés, comme s'il était au sommet du monde. Ici, les eucalyptus étaient plus rares qu'en bas. Il devinait que la vue de Govett's Leap serait aussi belle qu'on le lui avait dit.

Le large chemin s'arrêtait brutalement à un petit cours d'eau et Darwin fit stopper sa monture. La jument s'ébroua et secoua la tête tandis qu'il mettait pied à terre ; il la laissa se rafraîchir dans l'eau pendant qu'il empruntait la petite vallée qui longeait le bord du ruisseau.

Sans aucun doute, pendant les périodes humides, le ruisseau avait été plein mais, en ce moment, la sécheresse sévissait dans le pays et il ne restait plus qu'un filet d'eau. Depuis leur arrivée à Sydney, des vents secs et chargés de poussière les avaient secoués sur le *Beagle*, mais rien n'indiquait que la saison avait été dure dans la ville grouillante. Sydney était un magnifique témoignage de la puissance de la nation anglaise. Darwin avait écrit avec fierté dans son journal :

> Ici, dans un pays moins prometteur, on a accompli beaucoup plus en quelques dizaines d'années qu'en Amérique du Sud en quelques dizaines de siècles. Mon premier sentiment a été de me féliciter d'être né anglais ... Les rues sont régulières, larges, propres et bien tenues ; les maisons sont de bonne taille et les magasins bien achalandés. On peut la comparer en toute fidélité aux banlieues qui s'étendent autour de Londres et de quelques autres grandes cités d'Angleterre[1].

Comme il semblait étrange de trouver une ville à l'air si anglais au milieu d'un environnement on ne peut moins anglais ... Plus il s'éloignait de Sydney, moins le paysage lui semblait familier. Les forêts claires qui dominaient la Nouvelle-Galles du Sud étaient composées d'arbres qui, presque tous, appartenaient à la même famille : leurs rares feuilles vert clair pendaient à la verticale et offraient peu d'ombre sous le soleil torride ... En dessous, l'herbe était sèche et clairsemée, sans le moindre brin vert. Il semblait que l'uniformité de la végétation persistait toute l'année et qu'aucun éclat vert tendre ne marquait le printemps de sa magnificence. Le paysage n'aurait pu être plus différent des forêts tropicales éclatantes qu'il venait de visiter récemment en Amérique du Sud[2].

La veille au soir, ils avaient rencontré une vingtaine d'Aborigènes qui portaient des brassées de lances ainsi que d'autres armes. En échange d'un shilling, ils s'arrêtèrent et firent une démonstration de leurs talents. Darwin ne pensait pas qu'ils étaient si dégénérés qu'on voulait bien le dire. C'étaient des grands chasseurs et des traqueurs excellents, certains de leurs commentaires révélaient un esprit pénétrant. Ils étaient plus plaisants que les sauvages de Nouvelle-Zélande avec leurs guerres, leurs esclaves et leur saleté. Darwin ne pouvait s'empêcher de plaindre ces hommes amicaux et inoffensifs qui avaient si bien accueilli sur leurs terres les hommes blancs qui seraient la cause de leur destruction. L'alcool, la maladie et la perte de leurs moyens de subsistance avaient déjà entraîné une diminution dramatique de la population.

Le chemin fit un coude soudain et, à la grande surprise de Darwin, un vide immense s'ouvrit devant lui, un précipice d'environ mille cinq cents pieds, comme s'il se trouvait sur une falaise donnant sur un vaste océan de forêts bleutées. L'escarpement de grès sur lequel il se tenait s'étendait horizontalement de chaque côté, marqué de quelques promontoires.

Darwin ramassa une pierre, la lança dans le vide et la regarda plonger tout droit dans les arbres, loin au-dessous. La vue était spectaculaire, magnifique : Darwin n'avait jamais rien vu de tel.

La correspondance entre les strates verticales de chaque côté de la vallée et le grand amphithéâtre qui les séparait donnait l'impression que la vallée avait été creusée par l'action de l'eau. Mais, en réfléchissant, Darwin se rendit compte qu'une telle quantité de roche n'aurait pas pu être emportée par une rivière à travers les gorges étroites et les gouffres qu'elle aurait rencontrés avant d'atteindre la mer. Peut-être s'agissait-il de subsidence de la croûte terrestre ? Mais cela n'expliquerait pas la configuration irrégulière des vallées et des promontoires en saillie. Il en restait à sa première impression : ce panorama ne ressemblait à rien tant qu'à un bord de mer. Il ferma à moitié les yeux et le bleu pâle de la forêt se transforma en eau. La ressemblance avec Port Jackson était frappante : les mêmes promontoires de grès, les accès étroits, les vastes criques. La géologie exacte restait un mystère mais les variations du niveau de la mer avaient sûrement joué un rôle clé, tout comme elles l'avaient fait dans la plupart des grands mystères qu'il avait observés lors du voyage du *Beagle*.

Darwin était géologue par vocation, bien qu'il s'intéressât aussi aux scarabées. Ce voyage avait été l'occasion, pour lui, de changer sa vie de manière décisive, de dépasser les hésitations et l'indécision qui l'avaient hanté et de s'engager dans une carrière honorable, comme son père. Celui-ci, cependant, n'était pas vraiment convaincu qu'un voyage autour du monde le calmerait. « Vous ne vous intéressez à rien d'autre qu'à la chasse, aux chiens et aux rats, cela vous déshonorera et déshonorera votre famille », avait-il crié à son fils dans un accès de colère. Pourtant il s'était laissé persuader par l'oncle Josiah que le voyage ne serait pas une perte de temps et que Charles pourrait en tirer profit, bien que de nombreux hommes eussent refusé cette proposition avant qu'elle ne fût offerte à Darwin. Comme un de ses professeurs l'avait expliqué gravement, il avait été choisi non pas parce qu'il était « un naturaliste à part entière » mais parce qu'il était « largement qualifié pour collecter, observer et noter tout ce qui mérite d'être noté en histoire naturelle[3] ».

Et de fait, son amour de la géologie et sa curiosité pour la nature étaient devenus des passions pendant le voyage. Il avait été fasciné par les signes de déplacement majeur dans les grandes formations rocheuses d'Amérique du Sud, qui avaient été manifestement affectées par un soulèvement ou une subsidence. Ces étranges îles océaniques, entièrement faites de minuscules animaux marins, l'avaient laissé perplexe et inspiré. Tandis qu'ils naviguaient à travers le Pacifique, il s'était demandé avec étonnement comment ces fragiles envahisseurs coralliens avaient pu défier les vagues incessantes et toutes-puissantes du grand océan Pacifique. Alors que son professeur ne voyait peut-être en lui qu'un tireur émérite et doué pour l'observation, ce voyage avait révélé un talent caché que même le plus généreux de ses professeurs n'avait pas imaginé, un talent pour comprendre.

Il avait été obsédé par le problème posé par les récifs de corail. On pensait jadis que les organismes qui construisaient ces structures le faisaient en forme de cercle de façon à se protéger de l'action des océans sur la partie extérieure. Et de fait, les coraux les plus grands et les plus forts se trouvaient du côté extérieur. Les naturalistes français Quoy et Gaimard avaient fait l'étude détaillée d'un grand nombre d'espèces qui composaient les récifs de corail et avaient remarqué que la plupart des espèces qui construisaient les récifs ne semblaient pas capables de résister au battement des vagues. Et pourtant, quelles étaient les conditions les plus favorables à la formation des coraux ? Quoy et Gaimard avaient trouvé que le côté intérieur, là où les eaux sont tranquilles, était caractérisé par une plus grande diversité d'espèces. Ces hommes qui avaient visité tant d'îles du Pacifique étaient les mieux qualifiés pour produire une théorie de la formation des récifs de corail et, pourtant, leurs discussions concernaient exclusivement les récifs frangeants[4].

Cette déficience avait intrigué Darwin jusqu'à ce qu'il examine les étapes de leur voyage et s'aperçoive que chacune des îles qu'ils avaient visitées était caractérisée par un récif frangeant. On avait besoin d'une théorie qui pût expliquer le développement de tous les types de récifs : ceux qui entourent les îles, ceux qui longent les masses continentales, ceux qui forment les atolls de corail et ces îles étranges, composées entièrement de corail mort. La réponse, il en était sûr, impliquerait une subsidence ou un soulèvement graduel, ou des changements tout aussi graduels du niveau de la mer. Au souvenir des excellents dessins produits par les naturalistes français pendant l'expédition de Freycinet, Darwin regretta amèrement son manque d'aptitudes linguistiques, qui le forçait à lire les travaux français et allemands en traduction et le faisait peiner même sur les textes qu'il admirait le plus.

Heureusement, son ami et conseiller, Charles Lyell, connaissait fort bien la science française. Il avait entrepris de réfuter le catastrophisme défendu par Cuvier et de soutenir l'uniformitarisme caractérisé par des subsidences et des soulèvements plus graduels, accompagnés d'élévation et de baisse du niveau de la mer. Devant cette vue spectaculaire, Darwin s'émerveillait de ce que les forces combinées de l'océan et du temps pouvaient accomplir. Il rebroussa chemin. Cette marche avait été utile mais ils avaient encore un long voyage à faire ce jour-là. Il voulait arriver à la ferme de Walerawang avant la nuit car le gérant lui avait promis qu'il l'emmènerait à la chasse au kangourou.

20 JANVIER 1836

La forêt clairsemée était agréable à traverser. Les grands arbres, bien espacés sur un tapis d'herbe verte, étaient aussi jolis que ceux d'un parc, en dépit des marques d'incendie récent. Ce paysage de collines herbeuses et doucement vallonnées était très pittoresque même pour quelqu'un qui ne pensait qu'à l'Angleterre. Darwin était descendu du plateau de grès la veille au soir en passant par le col du Mont-Victoria. Il avait fallu sans doute enlever une énorme quantité de roches pour faire cette route qui avait été bien conçue et bien construite. L'importance du travail des prisonniers y était on ne peut plus apparente, et Darwin se sentait mal à l'aise à l'idée de voir des hommes réduits en esclavage, ayant même perdu le droit à la compassion.

Les lévriers poursuivirent un petit rat-kangourou jusque dans un arbre creux mais la chasse ne fut pas bonne. Ils ne virent aucun kangourou, pas même un chien sauvage, et ils rentrèrent bientôt à la ferme. Après le déjeuner, Darwin s'allongea sur l'herbe au bord de la rivière et se livra à la contemplation de l'étrange faune australienne. Chaque espèce semblait unique, différente et ne ressemblait à aucune forme dans le reste du monde : on était presque tenté de penser qu'elles étaient issues de deux Créateurs complètement différents. Comment un seul Dieu aurait-il pu créer à la fois le kangourou et l'antilope, le possum et l'écureuil, l'échidné et le porc-épic ? Voilà qui suffirait à rendre athée...

Appuyé sur un coude, Darwin fouillait dans la terre sablonneuse avec un brin d'herbe jaunissante et observait les minuscules jets de sable qui sortaient d'un trou conique dans le sol. En se rapprochant, il s'aperçut qu'il s'agissait d'un piège de fourmilion. Une mouche y était tombée et se faisait rapidement dévorer par les larves affamées qui attendaient au fond.

Pendant qu'il regardait, une fourmi sans méfiance commença à glisser dans le trou et déclencha des luttes violentes en essayant de s'échapper. Le fourmilion envoya des jets de sable pour tenter de la déloger de la pente instable, mais la fourmi s'obstina et réussit à s'enfuir. Le côté sceptique de Darwin battit en retraite. Comment deux Créateurs auraient-ils pu séparément inventer quelque chose d'aussi beau, d'aussi simple et pourtant de si artificiel qu'un fourmilion, genre qui contient à la fois une forme européenne et une espèce australienne plus petite ?

Non, la solution au problème de la diversité n'avait rien à voir avec l'existence de plusieurs Créateurs ou même avec un acte de Création unique. La solution avait à voir avec le temps lui-même, avec la nature graduelle et progressive des changements. Avec le temps, les événements ordinaires de chaque jour pouvaient produire de grandes merveilles. Govett's Leap en était un exemple parfait. Darwin était stupéfait de voir comment un changement de point de vue sur l'histoire géologique de la Terre pouvait transformer le point de vue sur l'histoire de la vie sur la Terre. Dans le cadre d'un modèle caractérisé par des révolutions soudaines et des cataclysmes, il était naturel de supposer que l'histoire de la Terre avait été relativement courte et que la vie avait été marquée par de grandes extinctions massives qui, bien sûr, nécessitaient des créations pour remplacer rapidement les espèces perdues. Par contraste, un point de vue uniformitariste sur la géologie postulait une histoire longue et graduelle, s'étendant indéfiniment. La durée rendait possibles les changements progressifs. Dans le registre fossile, ce qui ressemblait à un cataclysme soudain se transformait en une longue période de changements et de remplacements progressifs d'une espèce par une autre, une période de transition entre une ère et une autre, entre une espèce et une autre. Avec le temps, de grands changements pouvaient s'accomplir sur la Terre sans avoir besoin de faire intervenir des événements plus dramatiques que ceux qui se déroulaient actuellement. Peut-être, avec le temps, de grands changements pourraient-ils même modifier la nature même de la vie.

Tout comme Cuvier soutenait qu'une histoire géologique courte excluait la modification des espèces, il semblait à Darwin que la description convaincante par Lyell d'une longue histoire géologique favorisait naturellement un point de vue transformiste des espèces. Mais Lyell ne voulait pas en entendre parler. Il condamnait brutalement les théories de Lamarck. Il soutenait que les espèces étaient des éléments qui restaient stables avec le temps, ce qui leur permettait d'être des indicateurs géologiques permanents. L'idée de Lamarck que les espèces étaient variables, qu'elles pouvaient changer de l'une à l'autre, lui était insupportable. Pour Lyell, il y avait bien un minimum de changement dans l'espace et dans le temps, mais seulement entre certaines limites reconnaissables.

Cependant, Darwin était réconforté de voir qu'au moins un bon observateur des espèces ne croyait pas en leur permanence. Les théories transformistes de Lamarck avaient beau être vagues et absurdes par certains côtés, personne ne pouvait dénier la qualité de son travail de description des espèces elles-mêmes. S'il pouvait observer des variations et des interconnexions entre les espèces fossiles et les espèces vivantes qu'il étudiait, il valait peut-être la peine d'approfondir la question de l'origine des espèces. À certains moments, Darwin doutait de son aptitude à résoudre cette question alors que tant d'autres n'y étaient pas arrivés. Heureusement, il avait une connaissance approfondie de certaines espèces disséminées parmi les différentes branches de l'histoire naturelle et, surtout, il alliait une connaissance indispensable de la géologie à celle de ce que Lamarck avait appelé « biologie[5] ».

À la tombée du jour, Darwin alla se promener le long d'une

chaîne d'étangs qui aurait pu être une rivière par temps pluvieux. Il n'était pas allé loin lorsqu'un petit « plouf » au milieu d'une mare attira son attention. Il tira sur la manche de son compagnon pour l'alerter, ils s'abaissèrent derrière un rocher et s'approchèrent furtivement de la mare de façon à ne pas en déranger l'occupant. Peu après, l'eau se rida, un nouveau signe d'activité, mais l'animal, quel qu'il fût, se tenait bien caché sous la surface. Il était à peu près de la taille d'un rat d'eau, avec un corps et une queue plus grands. Juste à ce moment-là, une tête perça la surface et un autre animal émergea derrière et attaqua le premier dans un simulacre de bataille. Dans la mêlée qui suivit, on ne pouvait manquer d'apercevoir le bec large de l'ornithorynque ; Darwin était ravi d'avoir la chance de voir des animaux si rares dans leur état sauvage.

Ils observèrent les animaux encore un moment, puis le compagnon de Darwin, M. Browne, leva son fusil, visa soigneusement et en abattit un dans l'eau peu profonde de la mare. Darwin lui-même était bon tireur (il s'était entraîné avec une toque pendant qu'il était à Cambridge) mais M. Browne était meilleur. Quelle chance il avait de pouvoir assister à la mort d'un animal si étonnant, se disait Darwin tout excité. Il récupéra le petit cadavre et étendit ses larges pieds palmés en s'émerveillant de ses caractères d'oiseau, de sa fourrure de mammifère et des affinités reptiliennes de son squelette qu'il connaissait. Il avait vu un spécimen séché en Angleterre mais il ne montrait pas du tout l'animal à son avantage. Il écarta le bec caoutchouteux pour examiner les plaques broyeuses à l'intérieur. Il n'était pas du tout dur comme un bec de canard, mais souple et sensible. Il tâta la fourrure épaisse et douce et remarqua qu'il ne semblait pas y avoir de glandes mammaires. Elles étaient extrêmement difficiles à voir, il le savait, mais elles étaient là, un parfait exemple d'organes naissants qui, même dans leur forme la plus primitive (comparée aux mamelles perfectionnées et spécialisées de la vache), n'en étaient pas moins utiles et adaptées à leur but[6].

C'était une anomalie, il n'y avait aucun doute. Mais c'était en cherchant à trouver la place de ces anomalies dans les tendances générales de la vie qu'on pourrait trouver la réponse à la question de l'origine des espèces. Un jour, il découvrirait la réponse à cette question. Il en était sûr.

JULES DUMONT D'URVILLE

ANTARCTIQUE

20 JANVIER 1840

Il était quatre heures du matin, le soleil perçait à travers l'air brumeux et réchauffait légèrement le dos du commandant. Il fit rouler ses épaules pour soulager la tension accumulée par la position debout et l'immobilité. Alors que la plupart des membres de l'équipage se déplaçaient avec difficulté, encombrés par les manteaux et les gants qui les protégeaient du froid, Dumont d'Urville ne portait rien d'autre qu'un pantalon de coutil déchiré et un manteau de serge déboutonné[1]. Seule son allure dénotait l'autorité. Bien des officiers anglais à la présentation impeccable avaient été trompés par l'apparence négligée de Dumont d'Urville ; mais un seul regard de ces yeux normands farouches, une seule parole dédaigneuse exerçant tout le poids de l'ancien héritage maternel de la famille de Croisilles, suffisaient à dissiper les doutes : ils avaient affaire à un officier.

Dumont d'Urville plissa les yeux et scruta l'horizon. D'immenses icebergs (soixante-douze au dernier compte) dérivaient sur les eaux calmes et sombres, tournant lentement sur eux-mêmes et se désintégrant sous ses propres yeux. Le soleil se reflétait sur leurs murs cristallins, créant un univers étincelant et magique. Les deux bateaux semblaient suspendus dans l'air immobile au-dessus de leurs propres réflexions et l'uniforme masse enneigée qu'on pouvait voir à l'avant miroitait et fascinait à la fois. Pas de trace de noir, ni de sommet de montagne, mais l'équipage et les officiers ne se laissaient pas décourager et le pont résonnait de rumeurs disant qu'il y avait une terre à l'avant et pas seulement de la glace.

Au-dessus de leurs têtes retentit un cri aigu qui fit sursauter le commandant :

« Jules ! »

Le son se perdit dans l'air lointain. Ce n'était qu'un cri de mouette mais, pendant un moment, Dumont d'Urville aurait juré qu'il avait entendu la voix de sa femme. Il avait été si longtemps sans voir Adèle, sa belle chevelure brune et son visage plein de vie, qu'il avait presque oublié le son de sa voix, jusqu'à ce que la qualité et l'intonation de la complainte d'un oiseau de mer le lui rappellent[2]. Maintenant, ce cri faisait revivre les mots tachés de larmes qu'il avait tant essayé d'oublier :

> D'Urville, mon mari, pourquoi n'êtes-vous pas à mes côtés ... seule, isolée, sans aucun recours dans mon désespoir ... Je me force à survivre pour le seul enfant qui nous reste et pour vous, pour qui je donnerais ma vie s'il le fallait. Chaque fois que j'y pense, je me retrouve écrasée par le chagrin ... J'entends encore les cris déchirants de mon bébé mais je ne le reverrai plus jamais ... un destin si tragique, une punition si cruelle.
>
> Mon petit Émile, si bon, si affectueux, qui avait guéri mes blessures ... Pourquoi m'a-t-il été enlevé ... pourquoi Dieu m'a-t-il donné des enfants que j'adore seulement pour me les arracher si cruellement ... Je suis maudite ...
>
> Vous allez recevoir deux lettres. Dans la première, je vous disais comme j'étais heureuse ... à ce moment-là, j'avais sauvé mon fils ... il était revenu à la vie et moi au bonheur ; il allait si bien que j'avais payé le docteur ... et puis, au milieu de la nuit, le choléra l'a frappé ... son visage était défiguré, il y eut des vomissements et de la

diarrhée qui se sont terminés par une fièvre cérébrale terrible ... ses cris étaient déchirants ... pendant les convulsions, sa langue était rétractée, ses yeux étaient fixes, son regard perdu, il se déchirait et se blessait la tête. Ce docteur imbécile ne m'écoutait pas ... il ne prenait même pas le temps de s'asseoir ... le dernier jour, au dernier moment, sa petite tête était couverte de cloques. J'étais à genoux près de son berceau ... pendant douze jours, j'ai oscillé entre l'espoir et le désespoir, je me suis accrochée à un espoir trompeur jusqu'à la fin, j'en ai appelé à ce Dieu qui me punissait ... j'ai souffert comme une damnée ... cette prédiction cruelle de votre mère : « Quand vous serez vieille, vous n'aurez plus d'enfant ... je vous le dis ... »

J'ai la tête en feu et j'ai toujours froid. Comme les journées sont longues qui, jadis, passaient si vite. J'attends Jules, il ne pense qu'à ses leçons ... plus de tendresse enfantine, plus de caresses ... D'Urville, mon cher, reviens vite ... Que va-t-il arriver à l'enfant qui reste ... Je suis seule toute la journée et, la nuit, je ne peux pas dormir. Je dois écrire au sujet de la tombe ... c'était un si bel enfant ... ils ne me l'ont laissé que vingt heures, et puis ils me l'ont enlevé ... ses petites mains si belles.

Quand vous recevrez cette lettre, vous aurez terminé votre travail dans les glaces et vous pourrez rentrer à la maison, n'est-ce pas ? C'est mon seul souhait ... gloire, honneur, richesse, je vous maudis ... cela me coûte trop.

Ce voyage est ma faute ... j'ai aussi causé la mort de mon fils. Pourquoi suis-je en vie, je suis si malheureuse ... Comme il était beau mon petit Émile ... Revenez à la maison, je vous en supplie par l'intermédiaire des prières de nos enfants qui sont au ciel ... Moi, je ne prie plus, Dieu m'a maudite[3] ...

Mais il n'était pas rentré. Plus de deux ans s'étaient écoulés depuis qu'Adèle avait écrit ces mots terribles, il était encore sur la glace, il voulait y passer une saison de plus et s'attaquer une fois encore à cette forteresse. Les larmes avaient eu beau couler sur ses joues sans qu'il l'eût voulu, ni même remarqué, sa détermination était restée inébranlable[4]. Le continent austral lui dévoilerait ses secrets. Il ne rentrerait pas en France les mains vides.

Jules prendrait soin de sa mère. À onze ans, il serait l'homme de la maison en son absence. Ce garçon était intelligent, studieux, sérieux et stoïque, tout comme lui. Il serait le soutien de sa mère même si, comme son père, il n'était pas toujours facile à vivre. Son écriture soignée suivait la lettre désespérée de sa mère : il décrivait à son tour le déclin de sa mère, lui disait qui leur avait rendu visite et qui les avait aidés (le bon docteur Quoy, ami des voyages antérieurs, était venu souvent, quelques autres, assez rarement) et ses succès à l'école. Dumont d'Urville sourit de la fierté naïve de son fils mais se rappelait avec douleur la réprimande qu'il lui avait adressée : « Pourquoi avez-vous fait ce voyage ? Nous aurions encore ce pauvre bébé et nous serions tous ensemble ; depuis que vous êtes parti, tout est ruiné[5]. »

Jules était trop jeune pour comprendre. Un jour, quand il serait grand, il serait fier des exploits de son père et lui pardonnerait. Adèle comprenait mais elle ne pouvait pas lui pardonner, pas maintenant alors que la perte d'un autre enfant venait de lui briser le cœur. Elle connaissait les rêves qui l'avaient tourmenté, la fatalité des trois voyages de circumnavigation de Cook[6]. Plus il se consacrait à ses devoirs paternels, au charme du nouveau bébé, au plaisir de la compagnie d'Adèle, à l'écriture de son roman, plus les rêves devenaient violents et effrayants. Dans ses rêves, le bateau s'approchait toujours de plus en plus près du pôle, irrépressible, incontrôlable, le forçant à s'engager dans des chenaux de plus en plus étroits, des ravins rocailleux et jusque sur la terre ferme – même là, il se voyait à la barre, maudissant les cieux, poussant le bateau en avant, toujours en avant, vers son destin.

Adèle avait pleuré quand il lui avait parlé de cette dernière expédition polaire. Cook avait fait trois voyages de circumnavigation – elle savait que son mari ne pouvait pas faire moins. Mais Cook était mort lors de son dernier voyage fatidique, rejoignant les rangs de tant d'autres commandants qui n'étaient pas rentrés – du Fresne, Saint-Allouarn, d'Entrecasteaux, Baudin. Mais sa décision était prise. Les rêves agités de Dumont d'Urville cessèrent de troubler son sommeil. Adèle s'attaqua aux préparatifs de son départ avec une bravoure, un enthousiasme et un dévouement dont il lui serait toujours reconnaissant. Mais ses yeux exprimaient ce que ses lèvres refusaient de dire : « À quoi bon la gloire quand elle doit se payer d'une si longue séparation ? »

Le prix avait maintenant été payé et Dumont d'Urville ne pouvait pas rentrer sans la gloire qui justifierait ce sacrifice. Peu importait que le bateau fût affaibli et pourri, que leurs provisions fussent contaminées et les hommes diminués par l'épidémie de dysenterie dont ils avaient souffert depuis leur départ de Lampung Bay. Cet inutile docteur se plaignait sans cesse des conditions à bord comme si ce n'était pas son travail de s'occuper des mourants. Si seulement il avait pu persuader M. Quoy, si compétent, ou M. Gaimard, si facile à vivre, de se joindre de nouveau à lui dans ce voyage ... Mais ces hommes sûrs en avaient eu assez des aventures australes[7].

Le continent austral avait enchanté les Français depuis le livre de Charles de Brosses, dans lequel il parlait de la nécessité de partir à sa découverte. Les îles de Kerguelen, que l'on avait pompeusement prétendu être l'extrémité d'un continent luxuriant et riche, s'étaient avérées n'être que des rochers battus par les vents, mais même cela n'avait pas diminué l'enthousiasme des Français pour la découverte de la grande terre australe. Cook, avec la détermination et la témérité qui le caractérisaient, avait navigué plus au sud que tout autre avant lui : il avait cartographié la Géorgie du Sud et les îles Sandwich du Sud. Depuis lors, les chasseurs de phoques et de baleines étaient souvent revenus avec des histoires, souvent peu sérieuses, concernant ces nouvelles terres. En 1820, les Anglais, les Russes et les Américains prétendirent tous y avoir vu des terres.

Mais le grand continent austral gardait ses secrets prisonniers dans les glaces. Certains croyaient qu'il n'y avait pas de terre au pôle Sud, seulement un océan gelé. Mais Dumont d'Urville savait qu'il devait y avoir une terre : la glace était une glace d'eau douce et non d'eau de mer. La glace se forme toujours autour des terres, jamais au large où le mouvement incessant de l'eau l'en empêche. Même dans le Sud gelé, il ne faisait pas assez froid pour geler l'eau de mer. Il y aurait une terre, tout comme Buffon l'avait prédit, tant d'années auparavant.

> Cependant la découverte de ces terres australes serait un grand objet de curiosité, et pourrait être utile ; on n'a reconnu de ce côté-là que quelques côtes, et il est fâcheux que les navigateurs qui ont voulu tenter cette découverte en différents temps aient presque toujours été arrêtés par des glaces qui les ont empêchés de prendre terre. La brume, qui est fort considérable dans ces parages, est encore un obstacle : cependant malgré ces inconvénients, il est à croire qu'en partant

du cap de Bonne-Espérance en différentes saisons, on pourrait enfin reconnaître une partie de ces terres, lesquelles jusqu'ici sont un monde à part[8].

Les chasseurs de phoques affirmaient qu'ils avaient mis pied sur le continent, mais il en doutait, comme il doutait des affirmations de l'Anglais, Weddell, dont les exploits présumés avaient finalement poussé le roi Louis-Philippe à accéder à son projet d'expédition. Dumont d'Urville avait suivi la même route que Weddell à partir de l'extrémité du Chili, mais il avait rencontré des conditions si difficiles, une glace si impénétrable, qu'il aurait fallu un temps exceptionnellement doux pour pouvoir pénétrer aussi loin que Weddell prétendait l'avoir fait. Dumont d'Urville avait continué en dépit des conditions. Comme on avait promis cent francs-or à chaque homme qui atteindrait le soixante-quinzième parallèle, et vingt francs de plus pour chaque degré de plus vers le sud, l'équipage l'aurait suivi jusqu'en enfer. Et pendant cinq jours de travail frénétique, ils avaient eu l'impression d'y être : leurs mains gelées et armées de pics, de tenailles et de pioches avaient tenté de libérer le bateau emprisonné tandis que la glace craquait et refermait le chenal derrière eux. Finalement, ce fut seulement la faiblesse de ses hommes atteints de scorbut qui les avait forcés à rentrer.

Cette saison-ci, Dumont d'Urville avait lancé sa campagne à partir de la ville de Hobart, un point de ravitaillement plutôt agréable depuis lequel commencer sa dernière saison, sa dernière chance de se mesurer aux icebergs effroyables, aux brouillards et aux tempêtes épouvantables et de conquérir l'Antarctique. Il mettrait le pied sur le grand continent austral et prouverait qu'il existait. De cela, il ne doutait pas.

Des applaudissements en provenance du pont inférieur attirèrent l'attention de Dumont d'Urville et il sourit avec bienveillance à la vue du père Antarctique qui faisait une apparition précoce sur le pont pour se préparer à fêter le passage du soixantième parallèle. Les hommes avaient répété pendant des jours et adapté la coutume équatoriale bien connue à des climats plus froids. À la place du baptême tropical, ils proposèrent une communion au vin. Il n'était guère étonnant que leur humeur fût si enjouée et leur santé si florissante. De tels amusements populaires étaient bons pour l'équipage, sur un bateau où les distractions étaient peu nombreuses.

Cet étrange personnage, le père Antarctique, fit un signe au capitaine qui, au milieu d'applaudissements et de cris toujours plus forts, descendit sur le pont inférieur, recevant au passage une pluie de riz et de haricots sur la tête et les épaules. Un messager, à califourchon sur un phoque, s'approcha et livra au souverain d'un petit royaume flottant un message de bienvenue de la part du souverain d'un bien plus grand royaume. Dumont d'Urville espérait seulement que l'Antarctique se montrerait aussi accueillant que son messager autoproclamé. Il accepta le don avec un salut courtois et, après les acclamations, la fête continua avec des défilés, un sermon et un festin. Dumont d'Urville se retira dans sa cabine pour travailler à son journal et à ses papiers. Il en avait assez de la compagnie des hommes. Ils chanteraient et danseraient d'autant plus gaiement en son absence.

Alors que le soleil disparaissait à la fin de cette longue journée, ses rayons accentuaient les contours de la terre qui se montrait. Dans ce demi-crépuscule, les masses de glace semblaient plus grandes et plus sinistres. La nuit elle-même ne durait qu'une demi-heure et, même en son milieu, la lumière était encore suffisante pour lire sur le pont.

Le matin suivant, une brise légère en provenance du sud-sud-est s'était levée de bonne heure et aidait les bateaux à se frayer un passage au milieu d'icebergs de plus en plus grands.

Leurs parois surplombantes se refermaient d'un air menaçant au-dessus des petites corvettes tandis qu'à la base des falaises de glace, les eaux sombres formaient des remous puissants qui risquaient d'emporter à leur mort ceux qui n'étaient pas vigilants. Les bateaux se glissaient dans ces passages étroits faits pour des géants, et la voix des eaux agitées rugissait et grondait dans les cavernes qui s'étaient sculptées par-dessous. Les voix perçantes des officiers se répercutaient étrangement de chaque côté du passage étroit mais les matelots étaient silencieux, très conscients du danger.

Dumont d'Urville jeta un coup d'œil derrière lui pour voir où en était *La Zélée*, qui les suivait de près, et en eut le souffle coupé. Elle avait l'air si petite, son gréement si frêle au milieu des parois perpendiculaires et menaçantes qui se dressaient autour d'elle, qu'il eut du mal à surmonter sa terreur momentanée. La glace verticale s'étendait à perte de vue et les empêchait d'apercevoir la terre, elle penchait vers eux et les serrait de plus en plus près. Ce paysage rappelait les mots du poète anglais :

> Écoute, étranger ! Le brouillard, la neige,
> Un froid qui nous émerveille
> La glace dérive, haute comme les mâts,
> Verte comme l'émeraude
>
> Et dans les glaces, la triste lueur
> Des falaises enneigées ;
> Ni hommes ni bêtes ne voyons
> La glace est partout.
>
> La glace est ici, la glace est là
> La glace nous entoure
> Elle craque, elle gronde, elle rugit, elle hurle
> Écoute-la défaillir[9] !

Une brèche apparut soudain dans la glace, vers l'avant, et bientôt les bateaux pénétrèrent dans un bassin découvert, bordé par la neige d'un côté et les géants flottants de l'autre. Une vague de soulagement envahit l'équipage et Dumont d'Urville fut soulagé d'un poids. Cependant, en contemplant les ondulations régulières qui se montraient vers l'avant, il se sentit assailli de doutes, ce qui ne lui ressemblait pas. Il n'y avait aucun signe de roches, de terres, de sol, il n'y avait qu'une masse de neige et de glace qui formait des escarpements sur les côtés. Pourrait-ce n'être qu'un autre mur d'icebergs comme ceux qu'ils venaient de traverser avec tant de difficulté ?

Un cri de l'officier de garde attira leur attention sur une tache sombre sur la neige, mais elle disparut rapidement quand les bateaux se déplacèrent. Il était tard mais un soleil éclatant illuminait ce monde blanc d'un éclat aveuglant. La voilà ! La tache sombre sur la neige ! Dumont d'Urville commanda au cotre de se rendre à terre sans perdre de temps. Il devait obtenir une preuve qu'il y avait terre.

Il passa le temps en essayant de faire des sondages à partir du bateau mais la plus longue de ses lignes, de cent brasses de long, ne suffisait pas. Il n'en était pas surpris. Vu la vitesse à laquelle ils se déplaçaient, il était clair que même les plus gros icebergs flottaient bien au-dessus du fond de l'océan. Dumont d'Urville attendit le retour du cotre avec impatience.

Il avait presque perdu espoir pour cette expédition. Quand le roi Charles X avait été déchu, il avait été heureux d'offrir son soutien au nouveau régime plus libéral de Louis-Philippe. Les opinions modernes et les sympathies populaires de Louis-Philippe s'étendraient sûrement à l'avancement de la science et de la découverte. Mais on ne pouvait, semblait-il, se fier aux apparences avec les monarques. Dumont d'Urville avait été heureux de conduire le roi déchu, Charles X, en Angleterre, à la demande du nouveau régime. Et il ne s'était pas privé de faire savoir à son ancien roi qu'il avait causé sa propre chute avec son approche inutilement conservatrice. Charles avait pris ce commentaire avec flegme. À la surprise de Dumont d'Urville, il s'était avéré être un homme simple et sans manières qui avait pris grand plaisir à écouter les récits de Dumont d'Urville sur ses expéditions. À son retour en France, Dumont d'Urville avait été désagréablement surpris de découvrir que les flatteries et les invitations à dîner ne semblaient pas se matérialiser en offres plus concrètes. Comment un système de gouvernement pouvait-il dépendre des faiblesses d'un individu ? La monarchie était sûrement dépassée.

Même lorsque l'expédition avait été annoncée, Dumont d'Urville avait craint qu'elle n'échouât à cause des calomnies sans scrupule de François Arago, le secrétaire de l'Académie des sciences, que Dumont d'Urville soupçonnait de s'être opposé à sa candidature. Dumont d'Urville avait écrit une lettre cinglante s'attaquant au « Sultan de l'Observatoire » ; Arago avait répondu avec une finesse méprisante : « Les marins disent que M. d'Urville est botaniste mais les botanistes assurent qu'il est marin[10]. » Dumont d'Urville s'était rapidement retiré du débat – il n'avait pas de temps à consacrer à ces adroites reparties de salon. Il était un homme d'action. Il prouverait qu'ils avaient tous tort.

Il leva sa longue-vue vers le rivage. Les naturalistes étaient sur terre depuis des heures. Enfin ! Les voilà ! Les membres de l'équipage ramaient avec autant d'enthousiasme que s'ils étaient en route pour les bordels de Hobart. Les joues des naturalistes étaient roses d'excitation à la vue des trésors mal équarris qu'ils se passaient de main en main. C'étaient des fragments de roche qui avaient été taillés sur un continent dont on ne pouvait plus douter. Dumont d'Urville palpait les morceaux brillants de gneiss granitique, il tenait dans ses mains la preuve qu'ils avaient eu tant de mal à obtenir mais il n'entendait pas le récit bavard de leur découverte : il aurait besoin plus tard des journaux de M. Dubouzet pour revivre ce moment historique.

> Il était près de neuf heures lorsque, à notre grande joie, nous prîmes terre sur la partie ouest de l'îlot le plus occidental et le plus élevé ... Nous sautâmes aussitôt sur le continent, armés de pioches et de marteaux. Le ressac rendait cette opération difficile. Je fus forcé de laisser dans le canot plusieurs hommes pour le maintenir. J'envoyai aussitôt un de nos matelots déployer un drapeau tricolore sur ces terres qu'aucune créature humaine n'avait vues ni foulées avant nous. Suivant l'ancienne coutume que les Anglais ont conservée précieusement, nous en prîmes possession au nom de la France, ainsi que de la côte voisine que la glace nous empêchait d'aborder. Notre enthousiasme et notre joie étaient tels alors qu'il nous semblait que nous venions d'ajouter une province au territoire français par cette conquête toute pacifique. Si l'abus que l'on a fait de ces prises de possession les a fait regarder souvent comme une chose ridicule et sans valeur, dans ce cas-ci, au moins, nous nous croyions assez fondés en droit pour maintenir l'ancien usage en faveur de notre pays. Car nous ne dépossédions personne, et nos titres étaient incontestables. Nous nous regardâmes donc de suite comme étant en territoire français[II].

L'équipage applaudit à l'arrivée du vin qu'on avait distribué pour fêter l'événement. Dumont d'Urville avala une gorgée du verre qui lui avait été offert ; il en sentit la chaleur se répandre à l'intérieur de son corps, en dépit du froid glacial. Jamais vin de Bordeaux ne fut appelé à jouer un rôle plus digne ; jamais bouteille ne fut vidée plus à propos. Il ne pouvait plus y avoir aucun doute. Ils avaient enfin découvert le grand continent austral[12].

« Je nomme ce pays terre Adélie », proclama-t-il en levant son verre.

« Vive le roi ! Vive le roi ! »

NOTES

Prologue

1 · « *l'un des plus beaux [...] à recevoir une colonie européenne* ». Voir Péron, 1807, vol. I, p. 326-327.
2 · « *extrapolation du présent vers le passé* », Jacob (1970), p. 18.
3 · « *La trame de sens [...] Elle fait du passé notre pantin.* », traduit de Dening, 1998, p. 208-211.
4 · « *En biologie, rien n'a de sens sans l'évolution* », traduit de Dobzhansky, 1973, p. 125.
5 · Un grand nombre d'instructions officielles et de projets d'expédition insistent sur les avantages potentiels d'ordre politique, colonial et commercial, tout comme, de nos jours, un grand nombre de demandes de subvention dans le domaine des sciences visent à guérir une maladie, redresser les inégalités sociales ou protéger l'environnement. Les succès et les échecs de ces expéditions doivent être jugés en fonction des buts que les participants eux-mêmes s'étaient fixés et non pas en fonction des déclarations habituelles concernant l'intérêt national qui justifiaient leurs activités. L'expédition de Hyacinthe de Bougainville avait été lancée comme démonstration de force envers la Chine et aussi pour des raisons diplomatiques. Cependant, le journal de Bougainville nous montre qu'il était poussé par le désir de suivre les traces de son père, Louis de Bougainville, dont l'expédition de 1766 à 1769 dans le Pacifique avait été l'inspiration principale pour de nombreuses expéditions ultérieures (voir Rivière, 1999 et Dunmore, 1969, vol. II, p. 156-177).

Louis XVI

1 · Voir Hardman (1993) pour une biographie plus détaillée de Louis XVI.
2 · Louis XVI avait été emprisonné avec sa famille à la tour du Temple après l'attaque des Tuileries ; il fut ensuite transporté en voiture jusqu'à la place de la Concorde où il fut exécuté : le voyage prit deux heures. Les récits concernant Lapérouse racontent souvent que Louis XVI demanda de ses nouvelles juste avant son exécution, mais les comptes rendus de la dernière journée de Louis XVI n'en parlent pas (voir le récit de Henry Essex Edgeworth de Firmont, le prêtre anglais qui accompagna Louis XVI, dans le livre de Hanet-Cléry [1910] ; voir

aussi J.E. Milligan dans l'ouvrage de Thompson [1938, p. 226–231], ainsi que Hardman, 1993). Cependant, Louis XVI portait un grand intérêt personnel à l'expédition de Lapérouse. On trouvera des renseignements plus détaillés sur la renommée et la réputation de Lapérouse dans les ouvrages de Shelton (1987) et Scott (1912). « *Sachez qu'un ennemi [...] devient un ami* » (Scott, 1912, p. 26).

3 · « *fixés sur le rivage [...] les rendre à la France, à leurs amis* », Archives parlementaires, Assemblée nationale, 9 février 1791, p. 78.

4 · « *Parmi les souverains [...] au monde austral* » (Brosses, 1756, vol. I, p. 5 et 8) ; « *l'entreprise la plus grande [...] la découverte des Terres australes* » (Brosses, 1756, vol. I, p. 4) ; « *La gloire est la passion [...] de leurs sujets et de leurs voisins* » (Brosses, 1756, vol. I, p. 5).

5 · Le récit de Gonneville (1504) fut publié pour la première fois en 1658 et republié dans l'ouvrage de Brosses (1756). Voir aussi Cannon (1987), Marchant (1982) et Dunmore (1969, vol. I, p. 753). En ce qui concerne le rôle de Buffon dans l'exploration des mers du Sud, voir Roger (1997) ; quant aux activités françaises antérieures dans le Pacifique, voir Dunmore (1969, vol. I, p. 7–53).

6 · Pour plus de renseignements sur la vie et l'expédition de Bougainville, voir les ouvrages de Dunmore (1969, vol. I, p. 7–53, 2005). Le naturaliste qui accompagnait l'expédition de Bougainville s'appelait Philibert Commerson, célèbre plus tard pour avoir emmené Jeanne Baret avec lui (elle s'était fait passer pour son valet de chambre et secrétaire particulier). D'après Schiebinger (2003), elle serait la première femme à avoir fait le tour du monde. Commerson a nommé de nombreuses espèces de plantes nouvelles, y compris ce coco-de-mer si coquin (*Lodoicea*). C'est son récit sur Tahiti, plutôt que celui de Bougainville, qui enflamma l'imagination des Français par ses descriptions d'une « société à l'état de nature ». Voir Williams et Frost (1988, p. 1–37) en ce qui concerne la place du continent austral dans l'imaginaire français.

7 · Voir Dunmore (1969, vol. I, p. 114–165 et p. 166–195) pour plus de détails sur les expéditions de Surville et de Marion-Dufresne.

8 · Voir Williams (2004) pour les additions récentes à la volumineuse littérature concernant James Cook. La renommée de Cook est presque légendaire, surtout en Australie où elle a donné naissance à de nombreux débats concernant ses exploits et ses échecs. Mais les explorateurs français de l'époque n'avaient qu'éloge et admiration pour Cook. La France joua un rôle important, en encourageant et en aidant l'entreprise de Cook (en lui accordant un laissez-passer). Voir par exemple les lettres de Banks soutenant les scientifiques français citées par Chambers (2000) et Gascoigne (1994).

9 · Voir Dunmore (1969, vol. I, p. 196–294) pour plus d'informations sur la

vie de Kerguelen et Saint-Allouarn.

10 · En ce qui concerne l'état des connaissances sur les continents de l'hémisphère Sud, voir Williams et Frost (1988, p. 1–37).

11 · Louis XVI se passionnait pour la géographie et l'horlogerie mais n'était pas vraiment fait pour la royauté (Hardman, 1993). Ses discussions avec Fleurieu et Lapérouse à propos de l'expédition ont été immortalisées dans un tableau de 1785 par Nicolas Monsiau qui se trouve au palais royal de Versailles.

12 · Voir Milet Mureau (1797, vol. I) en ce qui concerne les instructions (p. 13204) et l'itinéraire (p. 14–29).

13 · « *la religion [...] cupidité* », Milet-Mureau (1797, vol. II, p. 124). Cette réflexion de Lapérouse avait sans doute été influencée par l'antipathie que les Français ressentaient envers les conquêtes espagnoles du passé, ainsi que les idéaux rousseauistes modernes. Les idées du siècle des Lumières avaient commencé à se diffuser en Grande-Bretagne, particulièrement en ce qui concerne l'émancipation des esclaves et la lutte contre l'esclavage et, plus tard, les effets de la colonisation sur les Aborigènes d'Australie.

14 · « *Le Sieur De La Pérouse [...] cours de son voyage* » et « *Il prescrira [...] et les égards* », Milet-Mureau (1797, vol. I, p. 5354).

15 · Voir Crosland (1992) en ce qui concerne l'Académie royale des sciences. Les savants étaient des chercheurs scientifiques, des empiristes dont le travail était fondé sur l'observation et l'expérience tandis que les philosophes étaient des penseurs littéraires. Cependant, certains savants, comme Buffon, embrassaient les deux traditions.

16 · Les instructions de l'Académie à Lapérouse (Milet-Mureau, 1797, vol. I, p. 157–196) ressemblent au programme de recherches, à la fois utile et grotesque, conçu par le savant français Maupertuis pour Frédéric II de Prusse. Voltaire en avait fait la satire.

17 · Voir Milet-Mureau (1997, vol. I, p. 246–255) en ce qui concerne l'équipement et les livres de l'expédition. Sobel (1995) a raconté, dans un ouvrage de vulgarisation, l'histoire de la mesure de la longitude. De nombreux navigateurs français avaient grand respect pour les innovations anglaises dans ce domaine. Les détails concernant Buffon et le miroir ardent se trouvent dans le livre de Roger (1997) ; cependant l'utilisation prévue pour le miroir ardent dans cette expédition n'est pas très claire. Roger (1997) examine aussi les différends entre Buffon et Linné, deux grands naturalistes de leur époque. « *Pour l'usage des officiers et des savans* », Milet-Mureau (1797, vol. I, p. 250).

18 · On raconte que Napoléon avait été un des candidats malchanceux aux postes d'enseignes de vaisseau de l'expédition (voir Duyker, 2003, p. 310n).

19 · Ces détails sur l'expédition de Lapérouse viennent de l'ouvrage de Milet-Mureau (1797) : perte des hommes en Amérique (vol. II, p. 161-184) ; d'Entrecasteaux en Chine (lettre de Lapérouse à Fleurieu, Manille, 7 avril 1787, vol. IV, p. 184-189) ; description de Maouna (îles Samoa, vol. III, chap. XXIV).

20 · Marion-Dufresne fut tué en Nouvelle-Zélande par des Maoris d'apparence amicale, probablement après avoir transgressé, sans s'en apercevoir, une loi du pays ou offensé un chef. Cook eut un destin similaire à Hawaï. Lapérouse remarqua que « ces insulaires étaient très turbulents, et fort peu subordonnés à leur chef », d'après Milet-Mureau (1797, vol. III, p. 192). Le manque de respect pour la culture et les lois locales était une source majeure de violence entre les premiers explorateurs et les autochtones.

21 · « de n'avoir accordé [...] éprouvées », voir Milet-Mureau, 1797, vol. III, p. 192. Le massacre à Samoa est décrit dans le livre de Milet-Mureau (1797, vol. III, p. 198-202). La plupart des explorateurs s'attendaient à trouver l'« état de nature » idéalisé par les philosophes mais ils revinrent souvent déçus de leurs expéditions.

22 · « Je suis cependant [...] les sauvages eux-mêmes », dernière lettre de Lapérouse à Fleurieu, Botany Bay, 7 février 1788, Milet-Mureau 1797, vol. IV, p. 239.

23 · L'enthousiasme des Français pour les Anglais à Botany Bay est noté dans le livre de Williams et Frost (1988, p. 161-207) ; la réaction des Anglais de Botany Bay est décrite par Milet-Mureau (1797, vol. III, p. 264).

24 · « Des Européens [...] de leur pays » Milet-Mureau, 1797, vol. III, p. 264.

25 · « nous n'eûmes, par la suite [...] beaucoup d'ennuis et d'embarras » (Milet-Mureau, 1796, vol. III, p. 266).

26 · D'après Arthur Phillip, le manque de compétences en botanique et en horticulture à bord de la 1re flotte a causé quelques problèmes pendant les débuts de la colonie. Au contraire, les expéditions françaises avaient embarqué des jardiniers et des botanistes (Tiley, 2000). Le rôle de Joseph Banks pendant la première expédition de Cook a été documenté par O'Brian (1989).

27 · « Adresse au peuple français », 23 janvier 1793 (voir Buchez, P.B.J. et Roux, P.C., 1834-1838, vol. XXIII, p. 349-350).

Jacques-Julien Labillardière

1 · Voir Duyker (2003) pour une biographie détaillée de Labillardière.

2 · La Déclaration des droits de l'homme et du citoyen a été promulguée le 27 août 1789 (voir Blum, 1902, p. 3-8).

3 · Ces détails sur la vie de Labillardière à cette époque sont tirés de l'ouvrage de Duyker (2003, chap. V-VI).

4 · Labillardière a noté dans une lettre datée du 26 juin que le calme qui régnait à Paris était dû à la présence de la garde nationale. Le problème du serment des prêtres intéressait beaucoup de monde mais il touchait tout particulièrement Labillardière dont le frère Michel avait rapidement consenti aux demandes des révolutionnaires et s'était attiré ainsi l'hostilité de la majorité de ses paroissiens de campagne qui défendaient des valeurs traditionnelles (Duyker, 2003, p. 10). Marat avait éveillé l'intérêt des savants non seulement en raison de son activité politique, mais aussi à cause de sa formation scientifique et médicale. Marat devait plus tard abolir l'Académie royale et la remplacer par l'Institut national.

5 · Les débuts de la carrière de botaniste de Labillardière sont décrits dans l'ouvrage de Duyker (2003, chap. III-IV), ainsi que sa candidature à l'Académie et son amitié avec L'Héritier (p. 62).

6 · En ce qui concerne l'histoire des arbres du Jardin des Plantes (qui s'appelait jadis le Jardin du roi), voir Van Praet (1991).

7 · Voir Roger (1997) pour une biographie de Buffon et une analyse de son influence sur le Jardin des Plantes et la biologie française. Cet intérêt pour la nature et les collections était un produit du siècle des Lumières et avait facilité l'influence de Buffon sur les scientifiques européens et le grand public, ainsi que le succès de ses livres (voir Burkhardt, 1977, p. 1013). Par exemple, Jean-Jacques Rousseau incitait ses lecteurs à « herboriser » et à s'intéresser à la botanique. Daubenton, l'assistant de Buffon, a remarqué que « Dans le siècle présent la science de l'Histoire naturelle est plus cultivée qu'elle ne l'a jamais été ; non seulement la plupart des gens de lettres en font un objet d'étude ou de délassement, mais il y a de plus un goût pour cette science qui est répandu dans le public, & qui devient chaque jour plus vif & plus général » (voir Daubenton, 1755, p. 228).

8 · La professionnalisation de la science s'était opérée en France plus tôt qu'en Angleterre, en partie grâce aux pressions des savants du Jardin des Plantes, et en partie du fait des idées révolutionnaires (voir Crosland, 1992, 1995). Roger (1997) fait allusion au paiement des académiciens.

9 · Voir Buffon (1777, p. 11). Ces mots lui étaient souvent renvoyés par ceux qui le critiquaient. Les aspects controversés de l'approche de Buffon sont traités dans l'ouvrage de Roger (1997).

10 · Depuis XVIIe siècle, la façon dont on concevait la nature de la vie avait extraordinairement changé. La notion d'une qualité essentielle qui caractérisait la vie venait d'Aristote, mais elle avait pénétré le folklore et l'opinion commune d'après lesquels les bernaches nonnettes poussaient dans les vieux arbres, où elles trouvaient refuge en hiver, et

les agneaux de Tartarie pourraient bien être des plantes mobiles couvertes de laine comme les agneaux. Les systèmes de classification du XVIIIe siècle soutenaient que les plantes, les animaux et les minéraux étaient distincts, ce qui a permis au concept d'espèce de se développer. Les systèmes de classification français étaient très méthodiques et précis, tandis que le système de Carolus Linnæus (dont le nom devint plus tard Carl von Linné) était très simple et s'était avéré très populaire auprès des botanistes anglais et des amateurs (Fara, 2003). Buffon était opposé à Linné (voir Roger, 1997, p. 32). Quant à Linné, il n'appréciait pas les mœurs françaises, un peu trop libres à son goût. Buffon estimait que la taxinomie ne marchait pas pour les animaux. Les exemples cités dans le texte se trouvent dans *La Mangouste* (Buffon, 1749-1789, vol. XIII, p. 154). Finalement, la taxinomie intégra à la fois le système de Linné et le système « naturel » français ; mais Linné a laissé son nom à de nombreuses sociétés linnéennes formées pour promouvoir son système de nomenclature binomiale qui attachait son prestige à un grand nombre d'espèces connues auparavant.

11 · « *se formera une idée générale de la matière animée [...] grande division, Animal, Végétal et Minéral* », Buffon (1749-1804, p. 32), cité par Roger (1989, p. 126).

12 · La mort de Buffon est décrite dans le livre de Roger (1997, p. 559-571). La réaction de Cuvier à la mort de Buffon se trouve dans une lettre écrite à Pfaff en juin 1788 (Cuvier, 1858, p. 49).

13 · Le 20 juillet 1790, quatre-vingt-douze naturalistes avaient signé une pétition pour qu'une statue de Linné soit installée au Jardin des Plantes. Le buste de plâtre fut inauguré le 23 août 1790, devant une grande foule (Gillispie, 2004, p. 170-171). Labillardière fait soigneusement référence au travail de Buffon dans ses propres écrits, tout en faisant quelquefois référence à Linné. Son adhésion à la Société de Linné suggère cependant qu'il respectait le système de Linné. Certains collègues de Buffon (comme Lamarck ou Daubenton) n'hésitaient pas à utiliser ou à recommander la systématique linnéenne quand cela leur convenait.

14 · « *Nous avons [...] s'est régénérée* », lettre de Labillardière à James Edward Smith, 29 juillet 1791, fonds Smith, Société linnéenne de Londres, folio 185, cité par Duyker (2003, p. 63).

15 · Pour plus de détails sur la carrière de Lamarck, voir Burkhardt (1977) et Corsi (1997). L'admiration de Labillardière pour Lamarck est exprimée dans une lettre à James Edward Smith (4 août 1785, fonds Smith, Société linnéenne de Londres, vol. VI, folio 183, citée par Duyker [2003, p. 31]).

16 · André Thouin, dans sa *Note manuscrite proposant le nom de Musaeum* –

à la place de Jardin des Plantes (1790, Paris, Archives nationales, J 15/502, citée par Young Lee, 1997), fait allusion aux pressions politiques exercées sur le Jardin des Plantes pendant la Révolution, à un moment où les autres sociétés savantes avaient été dissoutes.

17 · « Messieurs [...] embrassant cette terre libre », Lermina et al. (1791).

18 · Labillardière (1800) a décrit ses voyages en mer (voir p. xi, 20).

Antoine-Raymond-Joseph Bruni d'Entrecasteaux

1 · Pour plus d'informations sur la vie de d'Entrecasteaux, voir Plomley et Piard-Bernier (1993).

2 · La plupart des commandants étaient nommés dans les livres de bord des officiers. D'Entrecasteaux était souvent appelé « le général » (voir Plomley et Piard-Bernier, 1993, p. vi). Duyker et Duyker (2001, p. xvii-xxvi) discutent de la nomination de d'Entrecasteaux. Ses fonctions antérieures de directeur assistant des ports et arsenaux, puis de gouverneur de l'île de France (Maurice), suggèrent qu'il était un administrateur de talent.

3 · D'Auribeau a raconté à la date du 20 mars 1792 comment ils avaient repris contact avec L'Espérance, à cinq heures quarante de l'après-midi, après l'avoir perdue de vue pendant près de deux heures. Voir Plomley et Piard-Bernier, 1993, p. 58 (à la date du 21 avril 1792). La tempête violente, durant laquelle d'Entrecasteaux a été blessé, est décrite par Plomley et Piard-Bernier (1993, p. 56), ainsi que dans le journal de Ventenat (1792), cité par Plomley et Piard-Bernier (1993, p. 346). Voir Duyker et Duyker (2001, p. 24–26) pour la description de la traversée jusqu'à la terre de Van Diemen, et en particulier l'orage, le phosphore et le feu sur l'île Amsterdam.

4 · Ces informations biographiques sur Huon de Kermadec et d'Auribeau sont tirées de l'ouvrage de Plomley et Piard-Bernier (1993, p. 12–14).

5 · Cette scène est adaptée de la treizième lettre de La Motte du Portail à Zélie (1er avril 1792), écrite lorsqu'ils arrivèrent en vue de Saint-Paul, dans laquelle il raconte comment chacun, rivalisant d'ardeur, se précipitait sur le pont et dessinait l'île et les autres terres en vue. Voir Plomley et Piard-Bernier (1993, p. 327).

6 · L'arrivée en Tasmanie et la décision de d'Entrecasteaux de jeter l'ancre dans Recherche Bay sont décrites dans le journal de d'Auribeau (cité par Plomley et Piard-Bernier, 1993, p. 58) et celui de Ventenat (Plomley et Piard-Bernier, 1993, p. 346–348). Ventenat dit que le général était resté dans sa cabine pendant l'arrivée en Tasmanie ; cependant, il n'aurait pu décider de l'endroit où ils se trouvaient et de leur mouillage qu'en observant la côte directement.

7 · « Je tenterais vainement [...] d'être toujours ancienne et toujours nouvelle »,

voir Rossel (1808, vol. I, p. 54–55).

8 · D'Entrecasteaux était très strict sur l'hygiène à bord : voir Plomley et Piard-Bernier (1993, p. 11, 34). Le journal de d'Auribeau, à la date du 3 mai 1792, décrit le calfatage du côté bâbord de la frégate (voir Plomley et Piard-Bernier, 1993, p. 70).

9 · Les officiers qui n'étaient pas d'origine noble, comme Lapérouse et d'Entrecasteaux, souffraient du manque de postes en temps de paix. La décision d'abolir la différence entre les officiers bleus et les officiers rouges fut en partie influencée par le procès de Kerguelen. Voir Dunmore (1969, vol. I).

10 · « *chacun, concourant [...] à l'accroissement des connoissances humaines* » et « *aucun doute [...] auront à remplir* », lettre de Fleurieu à d'Entrecasteaux (13 septembre 1791), voir Rossel (1808, p. xlv).

11 · En ce qui concerne le débat entre le médecin de bord, Joannet, et les naturalistes, voir Duyker (2003, p. 90–91). L'encouragement à la science de la part de d'Entrecasteaux est documenté par Plomley et Piard-Bernier (1993, p. 10) et par Duyker (2003, p. 91). Ce dernier cite d'Entrecasteaux à ce propos : la science « ce me semble, ainsi que l'air que l'on respire, appartient à tout le monde » (lettre de d'Entrecasteaux au ministre de la Marine, cap de Bonne-Espérance, 13 février 1792).

12 · Ventenat se plaint dans son journal du manque de serviteurs (voir Plomley et Piard-Bernier, 1993, p. 352). Le manque d'empressement de d'Entrecasteaux à leur accorder un bateau était compréhensible – les naturalistes s'étaient déjà attardés ou perdus à plusieurs reprises.

13 · Cet incident n'est pas relaté par Labillardière ou d'Entrecasteaux, mais il est décrit en détail par Ventenat (voir Plomley et Piard-Bernier, 1993, p. 352).

14 · Cette description des naturalistes est fondée sur celle de M. Riche (de *L'Espérance*) qui se trouve dans la quatorzième lettre de La Motte du Portail à Zélie (24 avril 1792), citée par Plomley et Piard-Bernier (1993, p. 331).

15 · Les descriptions de forêts, d'habitations locales et d'espèces animales et végétales sont inspirées des ouvrages de Duyker (2001, chap. IV et 2003, chap. VIII).

16 · La nature « hybride » de la faune australienne avait été notée par John Hunter lors de son voyage en Nouvelle-Galles du Sud en 1786 (Hunter, 1793, p. 68). Hunter remarqua que l'exemple des poissons cité ici s'appliquait aussi aux oiseaux et aux quadrupèdes et pourrait résulter de « promiscuité sexuelle », une idée reprise par Erasmus Darwin (Gruber, 1991, p. 53). L'idée d'hybridation interspécifique était peut-être venue à Hunter en 1798 lorsqu'il avait envoyé en Angleterre le premier spécimen de cet animal amphibie qui ressemblait à une taupe,

l'ornithorynque.

17 · « *J'ai perdu dans cette [...] et je n'ai jamais été aussi vivement affecté.* » : lettre de Lapérouse à Fleurieu, ministre de la Marine, Monterey, 19 septembre 1786. Voir Milet-Mureau (1797, vol. IV, p. 157).

18 · D'Entrecasteaux avait présenté sa démission de la marine quand son neveu avait tué sa femme (voir la quinzième lettre de La Motte du Portail à Zélie (6 mai 1792), citée par Plomley et Piard-Bernier, 1993, p. 333). Il se sentait responsable de cette tragédie mais ses supérieurs ne devaient pas partager cette opinion comme le montrent ses postes ultérieurs (voir Duyker, 2003, p. 277, note 3).

19 · En ce qui concerne les itinéraires de navigation, voir Cornell (1987).

Élisabeth-Paul-Édouard de Rossel

1 · Voir Plomley et Piard-Bernier (1993) pour plus d'informations sur la vie de Rossel.

2 · Dans sa préface au compte rendu de l'expédition de Dumont d'Urville (1830-35, p. xcii-xciii) durant laquelle les restes de l'expédition de Lapérouse furent retrouvés à Vanikoro, Rossel écrit que Vanikoro est la même île que celle qui avait été nommée Recherche par l'expédition de d'Entrecasteaux (voir chap. XVI). Ce sont donc les souvenirs de Rossel qui ont inspiré cette reconstruction. L'expédition de d'Entrecasteaux était aussi passée près de cette île l'année précédente. Bien que l'expédition de d'Entrecasteaux « eût atteint la latitude de l'île Pitt la nuit du 7 juillet [1792], nous ne la vîmes pas » et « nous savons maintenant que l'île Pitt et l'île de Vanikoro ne sont qu'une » (*op. cit.*, p. xxvii). Il semble que l'île Pitt (nommée par le capitaine Edwards du *Pandora*) et l'île de la Recherche (nommée par d'Entrecasteaux) ne font qu'une avec l'île de Vanikoro.

3 · Les canoës du Pacifique utilisent un gréement latin caractéristique de chaque région. Aux îles Salomon (appelées îles Santa Cruz par les Français), les deux espars de la voile triangulaire sont verticaux, de sorte que le guindant de la voile se trouve à son sommet plutôt qu'à l'arrière, ce qui la fait ressembler à une corne. Les descriptions des îles Santa Cruz et des îles de l'Amirauté sont inspirées du journal de d'Entrecasteaux, publié sous la direction de Rossel et traduit par Duyker et Duyker (2001, p. 220227 et p. 84-85). À l'époque de l'expédition de d'Entrecasteaux, un certain nombre de commandants avaient péri aux mains des indigènes dans l'océan Pacifique, souvent de façon inattendue, pour avoir transgressé des lois locales (par exemple Cook à Hawaï, de Langle, qui faisait partie de l'expédition de Lapérouse, à Samoa et Marion Dufresne en Nouvelle-Zélande).

4 · De nombreux membres de l'équipage ont noté leurs observations des Aborigènes de Tasmanie : celles-ci ont été résumées par Plomley (1966)

et par Plomley et Piard-Bernier (1993, en particulier chap. XI concernant la recherche ethnographique en Tasmanie, p. 261-311).

5 · Les marins du XVIIIe siècle avaient la particularité de faire ce qui était le « travail des femmes », comme la lessive, la cuisine et la couture. Le contraste devait être encore plus frappant pour les cultures indigènes caractérisées par une division stricte du travail selon le sexe (Carol Harrison, comm. pers.). Masefield (1937) a décrit les habitudes vestimentaires des marins à la fin du XVIIIe siècle et remarqué que la natte ou la queue tressée était d'origine française et que les marins avaient besoin d'une heure pour « s'habiller » – rasage quotidien et tressage mutuel (p. 141).

6 · Le garçon de cabine s'appelait Louise Girardin, elle était veuve et s'était déguisée en homme pour échapper à la honte familiale, grâce à l'aide d'un ami qui avait des relations avec de Kermadec. Lui et d'Entrecasteaux devaient être au courant, les officiers et l'équipage devaient s'en douter, mais nul ne le reconnut ouvertement avant sa mort en mer (Plomley et Piard-Bernier, 1993).

7 · Le livre de bord de Rossel révèle qu'il était un mathématicien méticuleux et minutieux et raconte les disputes de publication. Manuscrits de M. de Rossel, Archives nationales 2. JJ 2-3 et 11-14, reproduit sur les bobines de microfilm n° 1-9, Papers of the d'Entrecasteaux Expedition, National Library of Australia.

8 · L'état de santé de l'expédition est documenté par Plomley et Piard-Bernier (1993). Les réactions à la mort de d'Entrecasteaux témoignent de l'importance de sa direction, ainsi que de l'affection qu'on lui vouait (voir Plomley et Piard-Bernier, 1993). Pierre-Guillaume Destouches a écrit qu'il était aimé de tous, comme un père plutôt qu'un capitaine. Voir le *Journal* de Gicquel, Archives nationales, Marine 5 JJ 14, cité par Duyker et Duyker (2001, p. 263).

Un Marin Inconnu

1 · D'après Dumont d'Urville, Vanikoro avait la réputation, parmi les habitants des îles environnantes, d'être un lieu où sévissaient les fièvres, en particulier le paludisme. Il est possible qu'il y eût encore des survivants de l'expédition de Lapérouse à Vanikoro quand celle de d'Entrecasteaux s'est approchée de l'île. Une description des derniers jours de l'expédition de Lapérouse se trouve dans l'ouvrage de Shelton (1987), et aussi dans le récit de Dumont d'Urville, traduit et cité par Rosenman (1987, vol. I, chap. XVIII). Voir aussi Horner (1995, p. 259-265) qui raconte l'histoire de la découverte de ce qui était arrivé à l'expédition de Lapérouse.

2 · « *Seul, seul, si seul [...] et moi aussi* », traduit de Coleridge, 1798.

Joseph Banks

1 · En ce qui concerne la vie de Banks, voir Lyte (1980) et O'Brian (1989).

2 · L'Académie française fut abolie en 1793 et remplacée par l'Institut de France (voir Crossland, 1992). Le personnel du Jardin des Plantes avait obtenu la création du Muséum d'histoire naturelle, ce qui avait consolidé leurs propres postes à l'intérieur du nouveau régime (voir Gillispie, 2004).

3 · « *J'ai parlé [...] font progresser la science* », lettre de Banks à La Billardière, 9 juin 1796, citée par Chambers (2000, p. 171).

4 · Le bureau et la résidence de Banks à Soho Square sont décrits par Lyte (1980) ; ses habitudes de travail dans sa propriété de Reversby où il avait un bureau très pratique (et portable) sont décrites par Arthur Young (cité par Lyte, *op. cit.*, p. 181).

5 · Les réactions anglaises à la Révolution française sont documentées dans l'ouvrage de Burke (1790) et dans les lettres de Banks lui-même (voir Chambers, 2000). Les opinions exprimées dans cette section sont fondées sur les lettres de Banks concernant les événements en France. Banks croyait que la prospérité générale en Angleterre empêcherait les classes inférieures de se révolter. En fait, il se trompait. Quelques années plus tard, il aurait à défendre sa maison de Soho contre une invasion populaire pendant les Corn Riots (émeutes du blé) : voir Lyte (1980).

6 · La conviction de Banks sur le grand respect que les Français avaient pour la science n'a jamais faibli (voir De Beer, 1960, dans l'ouvrage duquel est aussi décrit le rôle de Banks dans la restitution des spécimens de Labillardière).

7 · Les aventures amoureuses de Banks dans le Pacifique (en particulier à Tahiti) eurent beaucoup de publicité à son retour en Angleterre (voir Fara, 2003). Le coco-de-mer des Seychelles ressemble fortement à un bassin de femme. Le naturaliste Philibert Commerson qui avait accompagné l'expédition de Louis de Bougainville l'avait nommé *Lodoicea*. D'après Emboden (1974), le nom serait dérivé de Laodicé, la plus belle fille du roi Priam (p. 112) ; cependant, Duyker (2003) affirme que c'est une latinisation du nom de Louis XVI. Labillardière a formalisé le nom de Commerson, *Lodoicea sechellarum* (Labillardière, 1801) ; ce nom fut modifié plus tard pour devenir *Lodoicea maldivicum*. Banks fait allusion à son admiration pour la collection de Labillardière dans une lettre à ce dernier, datée du 15 juillet 1797 et citée par Chambers (2000, p. 194). L'ouvrage de Banks sur la flore australienne, son *Florilegium*, projeté depuis longtemps, ne fut pas terminé de son vivant et sera finalement publié en 1983.

8 · La rencontre de Banks avec Lord Grenville, le 4 août 1796, est docu-

mentée dans les archives des Jardins botaniques royaux de Kew. Voir la correspondance de Banks, vol. II, folio 146. Voir aussi De Beer (1960, p. 61). Les citations de Banks – « *Monsieur de la Billardière [...] par les dirigeants populaires* », « *Il aura la possibilité [...] pas faite dans ce cas* », « *J'ai peur que [...] une satisfaction si raisonnable* » – ont été traduites de l'anglais ; elles proviennent d'une lettre à Lord Grenville (20 juillet 1796), citée par Chambers (2000, p. 173-174). La citation « *Ce serait un honneur pour moi [...] collection de curiosités* » est extraite d'une lettre au major William Price (4 août 1796), citée par Chambers (2000, p. 175).

Joséphine Bonaparte

1 · Voir Gulland (2000) pour plus de détails sur la vie et la carrière de Joséphine Bonaparte.
2 · Au début du Consulat, la Malmaison célébrait régulièrement le retour de Bonaparte lors du dixième jour de chaque décade (Constant, 1907, vol. I, chap. III). Le 31 mars était la décade qui suivait l'approbation donnée à l'expédition de Baudin. Bonaparte était présent à la Malmaison à la fin de mars 1800 (Constant, 1907, vol. I, chap. III). La description de la Malmaison est tirée de l'ouvrage de Hamilton (1999, p. 118-121).
3 · Buffon avait calculé l'âge de la Terre (au moins 75 000 ans) d'après la durée de refroidissement de sphères métalliques (Buffon, 1778). Il pensait que la Nouvelle-Hollande était récente parce que les rivières et les montagnes manquaient et que ses peuples étaient simples et primitifs (Buffon, 1749-1789, vol. I, p. 219). Buffon, comme beaucoup d'autres savants, interprétait librement les « jours » de la Genèse et la religion en général (voir Barthélemy-Madaule, 1982, p. 10).
4 · Les relations de Napoléon Bonaparte avec les savants sont décrites dans les mémoires de la fille de Joséphine, Hortense (*Napoléon*, 1820). Talleyrand a remarqué l'amour de Bonaparte pour le travail au grand air (voir Hamilton, 1999, p. 118).
5 · Le rôle de Thouin dans la campagne d'Italie est documenté par Blumer (1934) où on trouvera la citation « une grande et sublime vérité » (p. 238). Une description détaillée du rôle de Labillardière et des autres savants du Jardin en Italie se trouve dans le livre de Duyker (2003, p. 212-222). « *Les vraies conquêtes [...] contribuer à l'extension des idées humaines* », de Bonaparte à Camus, président de la classe des sciences et des arts de l'Institut national à laquelle Bonaparte fut élu en 1797, cité par Gusdorf (1978, p. 317).
6 · « *riche en madrépores [...] d'oiseaux et de quadrupèdes* », lettre de Jussieu au Directoire, 8 messidor IV (26 juin 1796) Mar BB4 995 (4), cité par Horner (2006, p. 48).
7 · « *Jamais il n'avait été rapporté [...] qu'elles remplissent entièrement* »,

Jussieu, 2 thermidor VI (20 juillet 1798), Mus AJ15569, cité par Horner (2006, p. 57).

8 · Le chimiste Lavoisier a découvert le rôle de l'oxygène dans la respiration des plantes en 1789.

9 · Hortense a raconté dans ses mémoires (*Beauharnais*, 1927) comment Bonaparte l'avait emmenée, ainsi que Joséphine, rendre visite à Daubenton, alors très âgé. Cette visite a dû avoir lieu entre 1799 (date de la prise de pouvoir de Bonaparte) et 1800 (date de la mort de Daubenton). La collection de Baudin a été accueillie par le Muséum en 1798 et il est probable que Joséphine soit allée la voir. Il y a un exemplaire de la correspondance de Joséphine dans les procès-verbaux de l'Académie des sciences (Institut de France, 1979, vol. III, p. 77). *Boronia pinnata* était probablement l'une des nombreuses plantes australiennes du jardin de Joséphine en 1800. Un grand nombre de ces plantes, y compris ce boronia, étaient cultivées en Angleterre avant 1800 (voir Cavanagh, 1990).

10 · « Il y a dans cette oiseuse occupation [...] la vie heureuse et douce » et « Une rêverie douce et profonde [...] à m'identifier avec la nature entière », Rousseau, *Septième Promenade*, 1782.

11 · « Ici toutes les sciences [...] de nouvelle découvertes », Baudin aux membres de l'Institut national, datée *a posteriori* 6 floréal an VIII (26 avril 1800), MAR BB4 995(5), cité par Horner (2006, p. 61).

12 · L'intérêt de Bonaparte pour l'expédition en Nouvelle-Hollande est documenté dans la note signée par Farfait, 8 floréal an VIII (28 avril 1800) Mar BB4 995(1), citée par Horner (1987, p. 42). Le condisciple de Bonaparte, Alexandre-Jean des Mazis, a rappelé que Bonaparte avait voulu joindre l'expédition de Lapérouse comme enseigne de vaisseau (voir Dunmore, 1985, p. 203-204) mais l'authenticité de ces mémoires a été mise en doute (voir Duyker, 2003, p. 310n). Le regret de Bonaparte de ne pas avoir suivi une carrière scientifique avait été exprimé dans une conversation qu'il avait eue en Égypte avec Geoffroy Saint-Hilaire (voir chap. 9). Celle-ci est mentionnée dans ses *Études progressives d'un naturaliste pendant les années 1834 et 1835* (Geoffroy Saint-Hilaire, 1835), appendice de *Mémoires et annales du Muséum d'histoire naturelle* (42 vol.), cité par Le Guyader (2004, p. 256n). L'intérêt de Bonaparte pour la science et le soutien qu'il lui a accordé sont bien connus (voir Gillispie, 2004, p. 310 et Fox, 1992). Charles Blagden a noté le désir de Bonaparte d'obtenir un ornithorynque dans une lettre à Banks citée par Hamilton (1999, p. 9). Banks aurait envoyé un spécimen d'ornithorynque à Bonaparte en 1802 (Moyal, 2000, p. 42). Le premier spécimen connu était arrivé en Angleterre en 1797, où il fut décrit en 1799 ; la connaissance de cette espèce se répandit en Europe continentale après la description de Blumenbach en 1800 (voir Dugan, 1980).

13 · Joséphine avait une collection impressionnante de plantes australiennes avant même le retour de l'expédition Baudin en 1804 (voir Ventenat, 1803) et, probablement, avant son départ en 1800. Beaucoup venaient d'Angleterre. D'après les listes de Ventenat (1803) et de Cavanagh (1990), parmi les plantes australiennes présentes au jardin de Malmaison avant le départ de Baudin, il y avait probablement *Boronia pinnata* (de Port Jackson), beaucoup de *Melaleuca* comme *Melaleuca ericifolia, M. hypericifolia, M. nodosa, M. styphelioides, M. thymifolia* et *M. armillaris*, ainsi que des acacias (qu'on appelait alors mimosas) comme *Acacia decurrens, A. longifolia, A. pubescens* et *A. verticillata*. Il est possible que Joséphine ait eu aussi cette plante grimpante si facile à cultiver : la salsepareille australienne, *Hardenbergia violacea* (que l'on connaissait à l'époque sous le nom de *Kennedia monophylla*).

Nicolas Baudin

1 · Voir Cornell (1965), Horner (2006) et Toft (2002) pour plus de détails sur la vie de Baudin.
2 · Les observations faites par Baudin au sujet du *Cumberland* et des conditions de mouillage sont tirées de son récit de voyage (Baudin, 2004, 10 décembre 1802, p. 443 et 13 décembre 1802, p. 445).
3 · Voir la note de Baudin à Hamelin : « *Moyens qui pourraient contribuer à la conservation des Quadrupèdes, oiseaux et plantes vivantes embarqués à bord du* Naturaliste », bobine n° 1, Fonds Baudin, Microfilm, National Library of Australia (copie en provenance des Archives nationales, Marine BB4 995).
4 · En ce qui concerne les réflexions de Baudin à propos de Hamelin et de ses officiers, voir Baudin (2004, p. 441).
5 · « *Au chef de l'expédition [...] gouverneur King* ». Lettre de King à Baudin citée en anglais par Bladen (1896, vol. IV, p. 1007).
6 · Baudin exprima son opinion sur le gouverneur King dans une lettre à l'administrateur général de l'île de France (actuellement île Maurice) et de l'île de la Réunion (que l'on connaissait aussi sous le nom d'île Bonaparte ou île Bourbon), 2 novembre 1802, citée par Bladen (1896, vol. IV, p. 969). Certaines des difficultés que Baudin avait eues avec les officiers et les savants civils résultaient de leur trop grand nombre. Baudin avait demandé sept savants et pas d'enseignes de vaisseau. Il était parti avec vingt-deux savants et quinze enseignes (Tiley, 2002, p. 112). Les enseignes de vaisseau étaient des officiers stagiaires sans expérience pratique, souvent issus de familles riches ou haut placées, tel Hyacinthe de Bougainville. Plusieurs disputes s'étaient déroulées à Port Jackson et avaient entraîné, pour le gouverneur, une correspondance officielle considérable ; il y avait eu une dispute entre le lieutenant Milius et Baudin (voir les lettres de Milius à King et de King

à Milius, 9 juillet 1802, citées par Bladen [1896, vol. IV, p. 949-953]) ; une autre concernait un déploiement de drapeaux sur le navire français (voir les lettres échangées par Baudin, King et leurs officiers, 23 au 23 septembre 1802, citées par Bladen [1896, vol. IV, p. 956-966]) ; il y en avait eu une troisième à propos du rhum vendu clandestinement dans la colonie (Henri de Freycinet était accusé).

7 · Il y a différents comptes rendus de la rencontre de Baudin et de Flinders (voir Baudin, 2004, p. 380 et Flinders, 1814). Ces comptes rendus sont comparés par Toft (2002, p. 139-146) et Brown (2000). En ce qui concerne leurs expéditions, Baudin et Flinders avaient des points de vue et des intérêts différents. La carrière de Baudin s'était fondée sur la collection de spécimens (surtout vivants) tandis que Flinders ne s'intéressait pas du tout à l'histoire naturelle (voir, par exemple, la lettre du botaniste Brown citée par Toft, 2002, p. 173).

8 · King était lieutenant dans la 1re flotte et fut l'un des derniers à dîner avec Lapérouse avant sa disparition (Tiley, 2002, p. 138). Après son départ de Port Jackson, Flinders mit cap au nord avec l'intention explicite de rechercher les traces de l'expédition de Lapérouse sur la côte du Queensland : « *Après avoir dépassé le cap Capricorne, chaque fois que j'allais à terre, ma première action était d'examiner les débris rejetés par la mer [...] mais il n'y avait aucun signe de naufrage* » (Flinders, cité par Toft, 2002, p. 186).

9 · La remarque de Henri de Freycinet à Flinders : « *Capitaine [...] ramasser des coquillages* » est extraite du livre de Flinders (1814, vol. I, chap. 8).

10 · Baudin a décrit Henri de Freycinet comme « trop jeune pour son rang » (Baudin, 2004, p. 28). En ce qui concerne les soucis que lui causait le tempérament violent de Freycinet, voir Baudin (2004, p. 36). Les inquiétudes causées par la conduite de Louis de Freycinet sont aussi exprimées dans le journal de Baudin (2004, p. 490-491). La lecture du journal de Baudin révèle qu'il se voyait comme un marin, plutôt que comme un officier : il était prêt à faire tout ce qui était nécessaire pour la marche du bateau tandis que les officiers ne faisaient rien qui pût être perçu comme indigne d'eux. Cela reflète peut-être les différences entre la marine marchande, où Baudin avait commencé sa carrière, et la marine française, où les officiers de l'aristocratie dominaient encore. Baudin était très conscient du manque de respect de ses officiers pour son commandement (voir Baudin, 2004, p. 409).

11 · En ce qui concerne le mécontentement de Baudin à propos de la conduite de Bougainville, voir Baudin (2004, p. 217, 394, 408).

12 · Baudin ne spécifia pas le nom du commandant et du navire et en laissa le soin à King, selon les besoins. « *Le gouverneur King [...] vous recommander particulièrement M.***, commandant du **** », cité en français

par Bladen (1896, vol. IV, p. 968).

13 · Baudin avait été détenu à l'île de France (île Maurice) alors qu'il était en route vers la Nouvelle-Hollande : le gouverneur refusa d'approvisionner l'expédition. Les rumeurs qui couraient sur l'échec de celle-ci conduisirent à de nombreuses désertions. Baudin sauva l'expédition en menaçant de retenir trente esclaves de l'île pour remplacer les déserteurs. Lors du retour en France, l'expédition se heurta à des difficultés similaires : le général Decaen menaça d'empêcher leur départ afin d'utiliser leurs navires pour des entreprises navales. Ils ne purent partir qu'après une campagne concertée des officiers supérieurs. Péron pourrait avoir eu un rôle dans cette affaire : peut-être avait-il persuadé Decaen qu'il avait des informations militaires sur Port Jackson et les Anglais à révéler au gouvernement français. Les commentaires de Péron ont peut-être attisé les soupçons de Decaen à propos de l'expédition de Flinders qui fut obligée de mouiller à l'île de France. Flinders n'avait pas emporté la lettre de Baudin et son laissez-passer avait été établi pour l'*Investigator* qu'il avait laissé à Port Jackson. Il retournait en Angleterre sur le *Cumberland* et fut détenu à l'île de France pendant sept ans.

14 · Le mépris de Baudin pour Péron, teinté parfois d'amusement, parfois de contrariété, est exprimé plusieurs fois dans son journal (voir Baudin, 2004, p. 46, 215, 490). Baudin pensait manifestement que les savants qu'il avait choisis étaient plus utiles que ceux qui avaient été envoyés par le Muséum (voir Baudin, 2004, p. 442, 490). La tendance de Péron à se perdre et les soucis que cela causait à Baudin se retrouvent dans son journal (voir Baudin, 2004, p. 181, 208, 215, 509).

15 · Même les biographies hagiographiques, comme celle de Wallace (1984, p. 6–7), soulignent la rapidité avec laquelle Péron a abandonné sa famille pour rejoindre les bataillons de volontaires au début de la Révolution. Il semble que Péron ait regretté sa décision mais sa demande de congé fut refusée. Le terme « girouette » était utilisé pendant la Révolution pour désigner ceux dont les opinions politiques changeaient avec les courants politiques.

16 · « *C'est pour vous avoir été trop attaché [...] en récompense du sacrifice que je vous ai fait* », 21 février 1802, Baudin (1913, vol. I, p. 361).

17 · À propos de Mary Beckwith, Baudin a écrit : « Je l'avais connue pendant mon séjour à Port Jackson [...]. Je lui avais promis de m'intéresser à elle et effectivement j'en parlai au gouverneur [...] il me dit que si elle voulait partir on ne ferait aucune perquisition à son sujet. Elle fut donc embarquée à bord du *Naturaliste* la veille du départ », 17 novembre 1802, Baudin (1913, v. II, p. 502). L'artiste Lesueur a raconté dans son journal personnel que son commandant avait fait monter une jeune femme à Port Jackson qui, pendant le voyage, a eu des

liaisons avec plusieurs membres de l'équipage et contribué à l'aggravation de l'état de santé de Baudin (Lesueur, mai-juin 1803, collection Lesueur, Muséum d'histoire naturelle, Le Havre, n° 17076–1, p. 62 ; voir Brown, 1998, p. 28). Henri de Freycinet a écrit : « M. B. Le Cen Comdt. embarque avec lui une fille publique pour son usage particulier », cité en français par Brown (1998, p. 28) qui raconte l'histoire de Mary Beckwith.

18 · La cérémonie durant laquelle le drapeau anglais fut hissé est décrite en détail dans le journal de Baudin, 14 décembre 1802 (Baudin, 2004, p. 446). Péron, aussi, a décrit ces événements, 18 novembre–27 décembre 1802 (voir Péron et Freycinet, 1824, republié en 2003, vol. II, p. 7). Péron a aussi remarqué que l'Angleterre « s'arrogea cet immense espace de terre et de mer » (Péron et Freycinet, 1824, vol. III, p. 6) et que, bien que la cérémonie du drapeau « pourra paraître frivole aux yeux des personnes qui connoissent peu la politique anglaise [...]. À la faveur de ces déclarations publiques et répétées, l'Angleterre semble chaque jour fortifier ses prétentions, établir ses droits d'une manière plus positive et se ménage ainsi des prétextes pour repousser, même par la force des armes, tous les peuples qui voudroient former quelques établissements dans ces contrées » (Péron et Freycinet, 1824, vol. III, p. 1213).

19 · « *L'arrivée du* Cumberland *[...] sans vous en faire un secret* », Baudin à King, 23 décembre 1802, cité en français par Bladen (1896, vol. IV, p. 1008–1009). « *Je vous écris [...] n'étaient pas connus* », Baudin à King, 23 décembre 1802, cité en français par Bladen (1897, vol. V, p. 826–830).

20 · « *Je n'ai jamais fait de voyage aussi pénible* » et « *mes peines seraient oubliées* », lettre de Baudin à Jussieu, île King, citée par Scott (1910, p. 239). Cette lettre a été imprimée dans Le Moniteur, 22 fructidor an XI (9 septembre 1803).

Étienne Geoffroy Saint-Hilaire

1 · Voir Le Guyader (2004) pour plus d'informations sur la vie de Geoffroy Saint-Hilaire. Sa façon indistincte et incertaine de parler a été souvent opposée à l'éloquence et à la force de persuasion de Cuvier pendant ses cours. En dépit de ce que Cuvier (et d'autres) percevait comme un manque de logique et de rigueur dans ses arguments, Geoffroy Saint-Hilaire restait résolument fidèle aux opinions qu'il avait formées (bien que souvent soutenu plus par l'émotion que par la raison : Dugan [1980] examine le débat sur l'ornithorynque entre Geoffroy Saint-Hilaire et Owen ; Geoffroy Saint-Hilaire n'eut pas le dessus dans ce débat mais il s'est avéré qu'il avait partiellement raison).

2 · Le tatouage était devenu populaire parmi les marins après l'expédition de Cook dans le Pacifique : les vétérans s'identifiaient ainsi avec les habitants des îles qu'ils avaient visitées. Bien que Louis de Freycinet

ait remarqué que les officiers étaient étrangement déprimés à leur retour, il est peu probable que l'équipage ait ressenti la même chose. Dans une lettre au ministre de la Marine (citée par Horner, 2006, p. 349), Milius a décrit le froid et les pluies diluviennes au large de la côte française, à la suite desquels ils avaient perdu des animaux.

3 · Le rapport de Hamelin sur sa détention (Le Havre, 7 juin 1803) est documenté dans Mar BB4 995 (5), ainsi que dans le livre de Faivre (1962, p. 52–53) ; la lettre concernant l'intervention de Banks, envoyée du Havre par Hamelin au préfet maritime, est documentée dans Mar BB4 995 (5) ; ces deux documents sont cités par Horner (2006, p. 349.)

4 · « *À l'espoir de me retrouver [...] avec les mêmes hommes* », Baudin, voir *Magasin encyclopédique* 1800, vol. III, p. 259–262 ; aussi cité par Horner (2006, p. 101).

5 · Horner (1987, p. 119–136) a décrit les difficultés rencontrées par l'expédition Baudin à l'île de France (île Maurice), ainsi que le départ d'un certain nombre de savants, d'officiers et de marins. Les récriminations de ces hommes ont contribué à ternir la réputation de Baudin et de son expédition bien avant le retour en France.

6 · Deux jours après leur arrivée, Péron était allé à Paris demander l'autorisation de décharger les collections qu'il avait confiées aux soins de Lesueur. Voir les lettres du préfet du quatrième arrondissement maritime au ministre de la Marine : « Entrée et désarmement de la flûte *Le Géographe*, capitaine Milius à Lorient », 23 mars-5 septembre 1804, Archives nationales, Marine BB 4 996(3), reproduites sur la bobine n° 2 du Fonds Baudin, National Library of Australia.

7 · Flinders fut obligé de mouiller à l'île de France comme Baudin l'avait craint. La réception qu'il y a reçue a peut-être été influencée par la description que Péron fit au général Decaen de la nature stratégique plutôt que scientifique de l'expédition de Flinders. Le général Decaen était irascible de nature et Flinders peu diplomate. Flinders fut donc emprisonné à l'île de France pendant sept ans (voir Toft, 2002 et Brown, 2000 pour plus de détails). Horner (2006, p. 363–365) examine le commentaire présumé de Bonaparte : « Baudin a bien fait de mourir ... »

8 · Geoffroy Saint-Hilaire avait fondé la ménagerie du Jardin des Plantes et, depuis longtemps, avait fait des reproches à Cuvier à propos de certains prélèvements dans les collections. *Le Géographe* est arrivé à Lorient le 25 mars 1804. Lefevre, l'oiseleur de Joséphine, est arrivé le 6 avril et Geoffroy Saint-Hilaire deux jours plus tard (voir les lettres du préfet du quatrième arrondissement maritime au ministre de la Marine : « Entrée et désarmement de la flûte *Le Géographe*, capitaine Milius à Lorient », 23 mars-5 septembre 1804, Archives nationales, Marine

BB 4 996(3), reproduites sur la bobine n° 2 du Fonds Baudin, National Library of Australia). Hamilton (1999, p. 181-185) cite plusieurs lettres envoyées par des ministres du gouvernement au directeur du Muséum d'histoire naturelle après l'arrivée du *Naturaliste* et du *Géographe* qui soulignent l'importance de donner à l'impératrice les spécimens qu'elle avait demandés et de « partager » équitablement les spécimens entre le Jardin et la Malmaison.

9 · Voir Gillispie (2004, p. 173-183) en ce qui concerne la transformation du Jardin des Plantes en Muséum d'histoire naturelle.

10 · Le chacal de Milbert s'échappa pendant le voyage vers Paris, à la consternation des résidents ; il fut calmement capturé par Lesueur (voir Horner, 2006, p. 353).

11 · Il y a de nombreuses versions de la liste d'animaux vivants débarqués du *Naturaliste* : elles sont légèrement différentes en ce qui concerne les noms et le nombre des animaux. J'ai utilisé la liste zoologique de Péron qui comprend soixante-dix-neuf animaux en tout (« Tableau général de tous les Animaux Vivans se trouvant à bord du *Géographe* le 1er germinal an XII de la République française »), reproduite sur la bobine n° 2 du Fonds Baudin, National Library of Australia. La description des voitures est tirée des *Annales du Muséum d'histoire naturelle*, Paris 1804, vol. I, p. 171 et citée par Horner (2006, p. 353). Il y a une liste des animaux débarqués par Hamelin dans le livre de Horner (2006, p. 383n).

12 · « *Le métier des armes [...] un Newton* », « *Vous ne connoissez donc pas [...] monde à découvrir* », « *Il n'y a rien d'exact [...] flatté de découvrir* », « *D'y penser [...] me fait mal à l'âme* », voir Geoffroy Saint-Hilaire (1835), « Études progressives d'un naturaliste pendant les années 1834 et 1835 », Appendice, *Mémoires et annales du Muséum d'histoire naturelle*, p. 183 ; cité par Le Guyader (2004, p. 256n).

13 · Le récit officiel des expéditions était habituellement écrit par le commandant ou, en cas de décès, par un des officiers supérieurs. Ni Milius ni Hamelin, les seuls officiers supérieurs survivants, ne s'en chargèrent, peut-être parce qu'aucun des deux n'avait été présent pendant toute l'expédition ou parce que tous deux avaient des fonctions militaires à l'époque. Il était rare qu'on confiât cette tâche à un savant comme Péron (avec l'assistance de Louis de Freycinet pour les aspects navals) : il y avait dû y avoir des pressions du Muséum.

14 · « *Indépendamment d'une foule [...] ou tout à fait nouvelles* », voir Péron et Freycinet (18071817, p. 313).

15 · Voir Dugan (1980, p. 191-201) en ce qui concerne les débats à propos de l'ornithorynque jusqu'à ce moment-là.

16 · Les observations de Cook sur les kangourous sont tirées du journal

de bord de l'*Endeavour* (James Cook, 24 juin 1770) et citées par Parkin (1997, p. 337). Voir Appel (1987) et Le Guyader (2004) en ce qui concerne le développement des idées de Geoffroy Saint-Hilaire sur l'unité de plan.

17 · « *La science doit [...] en dépit des systèmes !* » Voir Cuvier (1858, p. 160) ; cité par Le Guyader (2004, p. 11). Goethe a écrit que Cuvier était « retranché dans les travaux de l'anatomiste, est continuellement occupé à séparer et distinguer, se gardant soigneusement d'assimiler un fait qu'il a découvert à un autre qu'il a précédemment connu [...]. Il est doué au plus haut degré du talent d'observer, de comparer, de classer les innombrables détails de l'histoire naturelle [...]. Geoffroy Saint-Hilaire se rapproche de la grande et abstraite unité que Buffon n'avait que pressentie ; il ne s'en effraie pas, et la posant au contraire comme un fait nécessaire, il explique ainsi toutes les dérivations d'une seule forme principale », J.W. Goethe, in Tort (1983, p. 46), cité par Le Guyader (2004, p. 267).

François Péron

1 · Après la mort de Péron, un certain nombre de biographies élogieuses ont été écrites, alors que la réputation de Baudin est restée ternie jusqu'à ce que les sources manuscrites soient étudiées pendant les années 1970. Le livre de Wallace (1984) est un exemple récent de cette tendance à évaluer la vie et l'œuvre de Péron sans exercer de sens critique. Bien que ce livre ne soit pas à recommander comme document historique fiable, je m'en suis inspirée pour ce chapitre (surtout p. 147-164) car il donne une idée de la façon dont Péron aurait aimé qu'on se souvienne de lui.

2 · Joséphine soutenait que son jardin était le plus beau à la fin d'avril. Pourtant, bien des plantes australiennes fleurissent à la fin de l'hiver ; on pourrait donc s'attendre à ce qu'elles fleurissent en serre vers le mois de mars, surtout *Kennedia monophylla* (qui s'appelle maintenant *Hardenbergia violacea*), *Diosma serratifolia* (maintenant *Barosma serratifolia*) et les acacias à floraison précoce comme *Mimosa decurrens* (*Acacia decurrens*, le mimosa vert précoce), *M. longifolia* (*A. longifolia*, le mimosa chenille) et *M. verticillata* (*A. verticillata* ou Prickly Moses) (voir Ventenat, 1803). Hamilton (1999) a remarqué que les dames de compagnie de Joséphine se plaignaient que ses cours sur les plantes les ennuyaient. Les relations entre Péron et Joséphine sont documentées dans le livre de Wallace (1984).

3 · Voir Wallace (1984, p. 145) pour plus de détails sur la procession du sacre de Napoléon.

4 · Péron n'appréciait pas le sens de l'humour de Baudin (voir Baudin, 2004, p. 277). Les commentaires de Baudin sur les actions de Péron

avaient mis ce dernier en colère (voir les notes de Péron sur le manuscrit de Baudin : par exemple, Baudin, 2004, p. 478).

5 · « *Resté seul de tous ses collègues [...] de zèle et de dévouement* », Cuvier, « Rapport de l'Institut de France » in Péron et Freycinet, 1824., vol. I, p. 2. « *Tout ce qu'il était physiquement possible de conserver [...] acquis par M. Péron à ses propres frais* », Cuvier, « Rapport de l'Institut de France » in Péron et Freycinet, 1824, vol. I, p. 7-8.

6 · Toutes les descriptions de plantes proviennent de Ventenat (1803). Les arbres à thé de Malmaison comprenaient le *Leptospermum triloculare* (qui s'appelle maintenant *L. arachnoides*) et *L. juniperinum*. Les immortelles jaunes (*Xeranthemum bracteatum*, maintenant *Bracteata bracteatum*) étaient parmi les premières fleurs australiennes cultivées à la Malmaison en 1800 (Hamilton, 1999, p. 165) ; elles fleurissent à la fin du printemps. D'après Ventenat (1803), le joli platylobier (*Platylobium formosum*) fleurit à la fin du printemps mais, dans son habitat naturel, c'est une des premières fleurs du printemps. Le chorizema (*Chorizema ilicifolium*) fleurit d'une façon spectaculaire vers la fin de l'hiver et au début du printemps, comme le fait le wonga wonga (*Bignonia pandorana*, maintenant *Pandorea pandorana*). Les *Melaleuca* à peau parcheminée documentés par Ventenat comprennent *M. ericaefolia* (maintenant *M. ericifolia*), *M. gnidiaefolia* (maintenant *M. thymifolia*), *M. hypericifolia*, *M. nodosa* et *M. myrtifolia* (maintenant *M. squarrosa*). La salsepareille australienne (*Kennedea monophylla* qu'on appelle maintenant *Hardenbergia violacea*) fleurit aussi en abondance à la fin de l'hiver et au début du printemps. Les plantes du jardin de la Malmaison que Ventenat (1803) a répertoriées comme étant venues de Nouvelle-Hollande par l'intermédiaire du capitaine Hamelin (sur *Le Naturaliste*) comprennent *Josephina imperatricis* (aussi connue sous le nom de *Josephina grandiflora*), *Apium prostratum* (ou persil de mer) et *Hibiscus heterophyllus*. Ventenat (1803) a répertorié les plantes suivantes comme étant venues de Nouvelle-Hollande par l'intermédiaire du capitaine Baudin : *Conchium dactyloides* (maintenant *Hakea dactyloides*), *C. aciculare* (maintenant *Hakea aciculare*) et *Callistachys lanceolata* (maintenant *Chorizema lanceolata*). Il faut remarquer qu'au contraire de nombreuses sources qui considèrent que ces spécimens, tout au moins ceux du *Géographe*, proviennent de Péron, Ventenat, un contemporain, attribue correctement les plantes au capitaine de chaque vaisseau, bien que Baudin ne fût pas rentré avec ses spécimens. Le *Mimosa decurrens* à fleurs précoces (*Acacia decurrens* ou mimosa vert précoce) et *M. longifolia* (*A. longifolia* ou mimosa chenille) ont de longues branches souples et d'abondantes fleurs très parfumées.

7 · Cette description de Baudin sur son lit de mort est inspirée d'un récit de Milius en île de France (île Maurice), cité par Baldwin (1964, p. 57).

Jean-Baptiste Lamarck

1 · Pour plus d'informations sur la biographie de Lamarck, voir les livres de Barthélemy-Madaule (1982) et Burkhardt (1977).
2 · Lamarck est devenu aveugle en 1818. La cause de sa cécité n'est pas connue mais j'ai imaginé qu'il souffrait de myopie dégénérative qui s'accompagne quelquefois d'une meilleure vision de près. Les descriptions du bureau de Lamarck et de ses habitudes de travail sont fondées sur celles de beaucoup de conservateurs de musée et de chercheurs, ainsi que sur une remarque d'un des collègues de Lamarck après sa mort. Celui-ci disait qu'il occupait si peu de place qu'on ne savait guère où il habitait (voir Barthélemy-Madaule, 1982, p. 13).
3 · Les descriptions de trigonies sont inspirées d'un article de Lamarck (1804, p. 553-554). Guillaume Bruguière (17491798) était un zoologiste français, spécialiste des mollusques et des invertébrés ; il avait pris part au premier voyage de Kerguelen. Son *Tableau encyclopédique et méthodique des trois Règnes de la Nature : vers, coquilles, mollusques et polypes divers* fut publié par Lamarck en 1827 à titre posthume. Les trigonies fossiles sont renommées pour leurs sculptures discordantes (voir Darragh, 1986).
4 · Péron est mort de tuberculose le 14 décembre 1810. Le martyrologe des savants est mentionné par Burkhardt (1977, p. 15). On ne sait pas si Péron avait compris l'importance de la trigonie quand il l'a trouvée pour la première fois. Plus tard, il a décrit sa première trouvaille sur l'île Maria : « Une valve de trigonie [*Trigonia antarctica*, N.], genre de coquille qu'on n'avait point connue vivante jusqu'alors, et qui dans nos climats forme des bancs de pétrification très étendus. » Mais cela a été écrit cinq ans après que Lamarck eut nommé cette espèce et souligné son importance. On ne sait pas si Péron a donné un nouveau nom à l'espèce qui avait été décrite et nommée par Lamarck, *Trigonia margaritacea*.
5 · Les recherches de Buffon dans le domaine de l'histoire de la Terre sont exposées dans son ouvrage *Époques de la nature* in *Histoire naturelle, générale et particulière*. Les naturalistes français Jean Étienne Guettard et Nicolas Desmarest avaient démontré, à partir de 1752, l'existence de vastes étendues de laves basaltiques, ce qui avait encouragé le développement des idées de Cuvier concernant l'histoire « catastrophique » de la Terre. Les idées de Cuvier ont été d'abord présentées dans le *Discours sur les révolutions de la surface du globe* ...(1825). Son œuvre maîtresse sur l'extinction, les quatre volumes de *Recherches sur les ossemens fossiles de quadrupèdes*, a été publiée en 1812. Cuvier avait cependant commencé ses recherches sur l'extinction en 1796, dans son étude sur le paresseux géant *Megatherium*, et les a continuées dans ses études sur l'anatomie comparée des éléphants vivants et fossiles. Le ton biblique

de Cuvier dans le *Discours* a été accentué dans les premières traductions en anglais (voir Young, 1992, p. 65-79).
6 · La théorie du transformisme de Lamarck a fait sa première apparition dans l'introduction au *Système des animaux sans vertèbres* (1801). Il a aussi développé son idée d'adaptation résultant de circonstances locales dans la *Philosophie zoologique* (1809). Il y a un compte rendu complet de sa théorie dans l'*Histoire naturelle des animaux sans vertèbres* (1815) (voir Young, 1992, p. 79-84).

Rose de Freycinet

1 · Voir Bassett (1962) et Rivière (1996) pour plus d'informations sur la vie de Rose de Freycinet.
2 · Les observations de Rose concernant leur navigation toutes voiles dehors le 1er octobre 1819 et la tranquillité du Pacifique, ainsi que la légère irritation causée par ce changement de route au nom de la science, sont tirées du livre de Bassett (1962, p. 173-174).
3 · Dans une lettre à sa mère, Rose de Freycinet a parlé du fait qu'elle n'avait pas d'enfants, ainsi que des nombreuses peurs qui l'agitaient au moment de l'embarquement (voir Bassett, 1962, p. 5). Les journaux français avaient parlé de sa présence à bord quelques semaines seulement après son départ de France. Cela n'a pas inquiété le roi qui aurait dit qu'il ne demanderait aucune punition puisqu'un tel dévouement ne risquait pas de se répandre parmi les autres épouses (Bassett, 1962, p. 14). Le ministre de la Marine, lui, ne s'était pas laissé impressionner mais il ne pouvait rien faire avant le retour du navire. Bien qu'à son retour, Louis eût été traduit en cour martiale (et acquitté honorablement) pour la perte de son bateau, on ne fit pas mention de la présence de Rose au tribunal. À ce moment-là, on connaissait bien son histoire et beaucoup la considéraient comme une héroïne (Bassett, 1962, p. 249).
4 · Cette description de Rose est de Jacques Arago, l'artiste de l'expédition (citée par Bassett, 1962, p. 149). À leur retour, Arago écrivit un récit vivant du voyage qui parlait à peine de la présence de Rose, mais il a aussi fait des commentaires sur Rose qui ont été publiés plus tard. Les événements qui se déroulèrent en île de France (île Maurice) en février 1818 sont décrits par Rose (voir Rivière, 1996, p. 35). Rose a parlé de son rêve de maison de campagne à la date du 1er octobre 1819 (traduit et cité par Rivière, 1996, p. 109).
5 · Les commentaires de Rose sur la nourriture datent du 31 octobre 1817 (voir Bassett, 1962, p. 175). La description de ses activités quotidiennes date du 14 octobre 1817 (Bassett, 1962, p. 16) ; quant à la passion de Louis pour sa propre voix, elle est citée par Bassett (1962, p. 83).
6 · Le 13 avril 1819, Rose parlait de son journal comme d'une « causerie » : « Lorsque je goûtais hier la douceur de vous causer tranquillement »

(voir Freycinet, 1927, p. 82). À son retour en 1820, le journal fut donné à l'amie de Rose, Caroline de Nanteuil. Il est resté dans les archives de la famille de Nanteuil jusqu'en 1910 ; la petite-fille de Caroline le donna alors à Henri de Freycinet, le petit-neveu de Rose. En 1923, Charles Duplomb demanda la permission de le publier, ce qui lui fut accordé après quelques corrections par le baron de Freycinet et son oncle. Le journal ne couvre pas la période qui correspond au voyage de Timor à Port Jackson pour laquelle les lettres de Rose à sa mère, Rose Pinon, ont été utilisées.

7 · La lettre dans laquelle Rose décrit Shark Bay a été traduite et citée par Bassett (1962, p. 92). Cet objet qu'il valait mieux ne pas mentionner était en fait un caleçon de coton blanc. L'admiration de Rose pour les huîtres de Shark Bay est documentée par Bassett (1962, p. 89).

8 · M. Quoy partit le 12 septembre 1818 et rentra le 14. La rencontre de Rose et des indigènes se déroula le 15 (le jour de son déjeuner d'huîtres). Cependant, la description de ses activités à terre (tortues et ramassage de coquillages) s'appuie sur sa visite du 18 au 21 septembre durant laquelle elle campa à terre avec Louis pendant quelques jours. Voir Rivière (1996, p. 49–53) et Bassett (1962, p. 92).

9 · Lors de la première visite de Louis de Freycinet à Shark Bay, Hamelin décida que l'assiette devait être laissée sur place et qu'on y ajouterait une autre assiette décrivant la visite du *Naturaliste*. Freycinet pensait que l'assiette était trop importante historiquement pour qu'on la laissât exposée aux éléments naturels. Il déposa l'assiette à l'Académie royale des inscriptions et belles-lettres où elle fut aussitôt perdue. Elle le resta pendant plus d'un siècle malgré les nombreuses demandes australiennes. François Renié la retrouva en 1940 dans une boîte qui se trouvait au sous-sol de la bibliothèque de l'Académie. L'assiette fut donnée par la suite au Musée maritime de l'Australie-Occidentale. L'assiette originale de Dirk Hartog a été rapportée en Hollande par William Vlamingh et se trouve toujours aux Pays-Bas (Playford, 1998, p. 57–58).

10 · L'escapade de M. Gaimard est décrite par Bassett (1962, p. 92).

11 · « *À six heures du soir [...] se briserait en mille pièces ...* », Rose de Freycinet (1927, p. 55).

12 · « *Sans doute il seroit difficile [...] destinés à changer un jour la face de ces régions* », Louis de Freycinet (1824, vol. II, p. 796). Louis de Freycinet a observé que le mal du pays touchait non seulement les Provençaux mais tous les Français.

13 · Rose n'a rien écrit à propos de Matthew ou d'Ann Flinders. Cependant, en raison des difficultés auxquelles Louis a fait face lors des accusations de plagiat concernant Flinders, elle avait dû en entendre

parler et peut-être fut-elle frappée par les ressemblances entre le destin d'Ann et le sien. De même, Rose n'a laissé aucun commentaire sur Péron, mais elle avait été cinglante au sujet d'autres naturalistes que Louis connaissait. Il est peu probable que Rose ait montré plus d'indulgence envers Péron, vu les difficultés auxquelles Louis a dû faire face plus tard.

14 · « *Les officiers anglais et les habitants respectables de Port Jackson [...] rien à craindre de leur décision* », Matthew Flinders (1814, vol. I, chap. VIII).

15 · « *Péron et Flinders sont morts [...] j'attendrai avec tranquillité et confiance le jugement d'un public impartial* », Péron et Freycinet (1824, vol. I, p. 23).

16 · La mort de Flinders est décrite dans le livre de Toft (2002, p. 323).

17 · « *Quelle belle matinée ! [...] et cela me fait un très grand plaisir* », 19 novembre 1819, traduit de Bassett (1962, p. 176).

18 · « *C'est un spectacle curieux et imposant à la fois [...] combien de siècles ont passé sur cette colonie* », « *Je ne veux pas te faire une description de la ville [...] tout cela à quatre mille lieues de l'Europe ?* », Jacques Arago, 1822, p. 258, 265.

René Lesson

1 · Les descriptions de la rivière Fish et des environs sont inspirées par le récit du voyage de Lesson publié par Duperrey (1826-1830), puis traduit en anglais par Mackaness (1950, p. 143-165).

2 · Les détails concernant la gomme arabique et *Acacia decurrens* se trouvent dans le livre de Cribb et Cribb (1981, p. 53).

3 · Lesson raconte comment, le lendemain matin, il fut réveillé par « une grande quantité de petites perruches vertes, à tête rouge, et de la grosseur d'un moineau », Lesson (1825, p. 12), cité par Mackaness (1950, p. 159). Il s'agissait probablement de loris à masque rouge (*Glossopsitta pusilla*).

4 · « La médecine et la chirurgie ne pourraient avoir des effets salutaires et réguliers », procès-verbaux des délibérations du Collège de pharmacie de Paris : adresse présentée à l'Assemblée nationale, traduit de Cowen (1984, p. 460).

5 · « [...] M. d'Urville, qui à bord d'ailleurs, s'est toujours piqué d'une rudesse (pour me servir d'un mot poli) trop prolongée pour ne pas être inhérente à son organisation », Lesson, 1838, vol. I, p. 302 (cité par Dunmore, 1969, vol. II, p. 128).

6 · Dunmore (1969, vol. II, p. 110) remarque que Duperrey avait formulé son plan « en accord avec d'Urville », d'après Duperrey (1826-1830, vol. I, p. 5).

7 · Pour plus de détails sur les débuts de carrière de Dumont d'Urville et Duperrey, voir les livres de Dunmore (1969, p. 110-115) et de Rosenman

(1987, p. xliv-xlviii). On trouvera plus de détails sur l'histoire de la *Vénus de Milo* dans l'ouvrage de Curtis (2003).

8 · Les observations de Lesson concernant Dumont d'Urville sont tirées du livre de Lesson (1846), traduites et citées par Rosenman (1987, p. xlvi-xlvii).

9 · Dumont d'Urville s'était trouvé « indisposé » les 5 et 6 février (voir Mackaness, 1950, p. 160, 163).

10 · « C'est dans le mont York qu'habite principalement l'Échidné épineux (*Echidna histrix*, Cuv.), que les Anglais élèvent en domesticité pour les vendre fort cher aux naturalistes. Cet animal, dont l'habitude du corps se rapproche du hérisson, est par cela nommé vulgairement *hedge-hog* par les colons de la Nouvelle-Galles [...]. Un échidné que j'avais fait chercher et que mon collègue Carnot essaya d'apporter en Europe lui donna l'occasion de publier une note intéressante sur les mœurs de cet animal dans l'état de captivité (voy. *Ann. des Sc. Nat*, décembre 1825) », Lesson (1925, p. 7), cité par Mackaness (1950, p. 155). Il s'agissait de la tortue Macquarie, *Emydura macquarii*, qui fut collectée par Lesson puis décrite par Gray (1830). La jolie grenouille dorée était probablement une grenouille-cloche de couleur vert et doré (*Litoria aurea*), une des rares grenouilles diurnes, que Lesson avait décrite sous le nom de *Rana aurea* en 1829. Mackaness écrit que Lesson collecta deux « peignes de rivière » (Mackaness, 1950, p. 58), cependant, il est plus probable que les coquillages que Lesson trouva flottant sur la rivière étaient des escargots d'eau douce, *Glyptophysa*, qu'il décrivit à cet endroit sous le nom de *Physa novaehollandiae* (Lesson, 1831, chap. XI, p. 239-471). D'autres spécimens ont été trouvés à Bathurst après l'arrêt à Fish River.

11 · Selon Mackaness (1950), parmi les oiseaux vus ou collectés par Lesson pendant son excursion dans les Montagnes bleues, il y a « des cacatoès à huppe jaune [...] des corbeaux [...] des "Blue mountain parrots" », Lesson (1925, p. 4), cité par Mackaness (1950, p. 151), (le cacatoès à huppe jaune, *Cacatua galerita* ; quelques espèces de corbeau, *Corvus* ; le loriquet arc-enciel, *Trichoglossus haematodus* que l'on aurait appelé perroquet des Montagnes bleues, bien qu'il n'y fût pas très commun). Lesson écrit que dans la région il y avait beaucoup de « Philedons tachetés », une espèce de méliphage (Lesson, 1925, p. 8), cité par Mackaness (1950, p. 157). Le « *Marops* [sic] *manachus*, Latham, à la tête nue et noire et au chant doux et mélodieux », Mackaness (1950, p. 157), n'est pas un guêpier (*Merops*) comme le suggère Mackaness, mais aussi un méliphage, le polochion criard (*Philemon corniculatus*) et, bien qu'il soit caractérisé par une tête nue, son chant n'est ni doux ni mélodieux. Ce que Lesson appelle les « cacatoès de Banks », Lesson (1925, p. 20), cité par Mackaness (1950, p. 157), sont effectivement des cacatoès de

Banks (*Calyptorhynchus banksii*) tandis que sa « multitude de magnifiques perroquets bleus », Mackaness (1950, p. 163) sont des perruches turquoisines (*Neophema pulchella*). Il espérait aussi voir « le maenure dont la queue, remarquable par sa rare beauté, est l'image fidèle, dans les solitudes australes, de la lyre harmonieuse des Grecs » (Lesson, [1925, p. 20], cité par Mackaness [1950, p. 150]), qui s'appelle maintenant *Menura novaehollandiae*. Les « gros martinschasseurs (*Dacelo fulvus*) qui produisaient un bruit assourdissant, accru encore par les échos » (Lesson [1925, p. 10], cité par Mackaness [1950, p. 163]) sont des kookaburras (*Dacelo novaeguineae*). L'identification des espèces et leur histoire taxinomique ont été facilitées par l'Australian Faunal Directory (http://www.environment.gov.au/biodiversity/abrs/online-resources/fauna/afd/home).

Georges Cuvier

1 · Pour plus d'informations sur la vie de Cuvier, voir la thèse de Negrin (1977) et les livres d'Outram (1984), Appel (1987) et Rudwick (1997).

2 · Il y a une description de Cuvier portant son uniforme d'académicien dans le livre de Le Guyader (2004, p. 12). Negrin (1977) a décrit en détail la jeunesse et la personnalité de Cuvier.

3 · « *L'expédition Baudin [...] tous ces précieux recueils sont devenus* », Cuvier et Latreille, rapport sur l'expédition Duperrey, 18 juillet 1825, cité par Bonnemains (1986, p. 3). Péron laissa tous ses papiers à Lesueur. Ils ne furent rendus au Muséum du Havre qu'entre 1874 et 1884.

4 · « *Il serait nécessaire de [...] de retenir toute propriété nationale* », Labillardière à Thouin, 4 avril 1796, manuscrit supplémentaire 8099, folio 75, accompagnant la lettre de Labillardière à Banks, 5 mars 1800, British Library, citée par Duyker (2003, p. 207).

5 · Voir Duyker (2003, p. 226) pour plus de détails sur le succès des ouvrages de Labillardière. En ce qui concerne *Novae Hollandiae plantarum specimen*, Labillardière lui-même a remarqué, dans une lettre à Aylmer Bourke Lambert, qu'il avait tout négligé à part la composition des fascicules. Voir la lettre de Labillardière à Aylmer Bourke Lambert, 13 février 1805, British Library, manuscrit supplémentaire 28 545, folio 28 recto et verso, cité par Duyker (2003, p. 230).

6 · La brièveté des descriptions de Labillardière a aussi été critiquée par d'autres (voir Duyker, 2003, p. 234). On trouvera plus de détails sur la dernière partie de la vie de Labillardière dans le livre de Duyker (2003) qui rapporte aussi sa misanthropie maussade (p. 240). Voir aussi la lettre de Baudin à Labillardière (29 fructidor an VIII) concernant la restitution de livres en provenance de l'expédition d'Entrecasteaux (bobine n° 2, Fonds Baudin, National Library of Australia).

7 · Pour plus de détails sur l'école créée pour les naturalistes, voir

Burkhardt (2001).

8 · « *Ainsi ceux-là sont dans une grande erreur [...] quand on sera arrivé à son cabinet* », Cuvier (voir Humboldt et al., 1825, p. 43-44).

9 · L'idée de Lamarck selon laquelle la transformation animale résultait d'un besoin a créé beaucoup de confusion (peut-être entretenue par Cuvier) car beaucoup pensaient qu'il s'agissait de la volonté individuelle de l'animal. Dans le contexte de la théorie moderne de l'évolution par sélection naturelle, cette idée semble tout à fait raisonnable.

10 · « L'ornithorynque [...] dont les pieds ressemblent à ceux d'un phoque et le museau au bec d'un canard », Cuvier (1828, p. 274), cité par Gruber (1991, p. 61). Ce rapport fut présenté en 1808, bien avant la date de publication. En ce qui concerne les débats au sujet de l'ornithorynque, voir Dugan (1980 et 1987) et Gruber (1991). Un violent débat sur la position des monotrèmes par rapport aux mammifères faisait rage. C'était plus une bataille idéologique au sujet de la prolifération de groupes taxinomiques qu'une question de différences quantifiables entre les espèces. Aujourd'hui, les classifications sont encore très influencées par la tradition et la commodité. Par exemple, la classe *Aves* (les oiseaux) est manifestement à un niveau inférieur à la classe *Reptilia*, peut-être même devrait-elle en faire partie, et pourtant elle est restée une classe, pour des raisons historiques plutôt que scientifiques.

11 · « *Ces animaux sont quadrupèdes [...] une classe particulière* », Lamarck, 1809, vol. I, p. 145-146. Il faudrait encore bien des années avant que la reproduction des ornithorynques soit comprise. Les deux camps se trompaient en croyant que la lactation et la viviparité étaient liées. Geoffroy Saint-Hilaire accepta finalement l'idée que l'ornithorynque allaitait ses petits et, donc, qu'il donnait naissance à des petits vivants, ce qui semblait indiquer que les œufs avaient éclos à l'intérieur du corps comme chez certains reptiles. En 1884 (quarante ans après la mort de Geoffroy SaintHilaire), le télégramme du zoologiste anglais W.H. Caldwell, « Monotrèmes ovipares, ovule méroblastique », clarifia la situation. À la même époque, W. Haacke montrait un œuf d'échidné à la Royal Society of South Australia. Après avoir soutenu le contraire pendant toute sa vie, Owen dut se rendre à l'évidence : les monotrèmes pondaient des œufs et la lactation n'était pas incompatible avec la ponte d'œufs.

12 · Les salons hebdomadaires de Cuvier étaient renommés. Cette liste d'invités a ses origines dans une gravure sur bois de l'époque où l'on peut voir l'écrivain Stendhal (Henri Beyle) se tenant sur le côté ; à l'arrière-plan se tient Alfred de Vigny à côté de l'influent diplomate Charles Maurice de Talleyrand, et du romancier Prosper Mérimée. Au centre de l'image, on peut voir Alexander von Humboldt (assis) et le général Étienne Maurice Gérard (debout). Le premier plan est dominé

par Cuvier (assis).

Hyacinthe De Bougainville

1 · Pour plus de détails sur la vie de Bougainville, voir les livres de Rivière (1999) et de Dunmore (2005).
2 · Cette description de Sydney est tirée du récit officiel de Bougainville (1837), traduit et cité par Rivière (1999, p. 178). Il y a une description un peu moins flatteuse dans son journal (voir Rivière, 1999, carnet n° 1, p. 49).
3 · Le récit de la visite de Bougainville avec l'expédition Baudin se trouve dans le livre de Rivière (1999, p. 235240). Les états de service de Bougainville pendant cette période sont inclus dans la bobine n° 30 du fonds « Expédition Baudin », National Library of Australia ; même Hamelin, souvent généreux, le trouvait impérieux et impoli vis-à-vis de Baudin. Il n'y a aucune indication dans les écrits de Bougainville qu'il ait éprouvé de la sympathie pour Baudin comme commandant, à ce moment-là ou par la suite ; cependant, Charles Baudin (aucun lien de parenté avec le commandant), lui aussi enseigne de vaisseau pendant le voyage, a remarqué le problème posé par leur jeunesse et le manque de discipline au départ. Charles Baudin, enseigne de vaisseau, s'est distingué par son obéissance aux ordres de Baudin, même quand les tâches à accomplir étaient perçues par les autres officiers comme indignes d'eux (voir les *Mémoires* de l'amiral Charles Baudin, A.N. Marine (GG 2 11, p. 5456), inclus dans la bobine n° 25 du fonds « Expédition Baudin », National Library of Australia).
4 · « *N'oubliez jamais [...] le fils du célèbre naturaliste* », lettre privée anonyme à Hyacinthe de Bougainville, 1799, traduite de Rivière (1999, p. 3).
5 · Bougainville explique comment il a demandé à des chasseurs de lui rapporter des oiseaux au prix d'un shilling chacun : voir Rivière (1999, p. 113–114).
6 · Bougainville ne parle pas de l'expédition de Duperrey, à l'exception de leur visite au camp de Lapérouse à Botany Bay. Cependant, il devait être au courant des circonstances politiques concernant les expéditions de Duperrey et la sienne, ainsi que de la carrière de Dumont d'Urville jusqu'à ce moment-là. Les détails sur l'expédition de Duperrey sont tirés de Dunmore (1969, vol. II, p. 109–155).
7 · La description du camp de Lapérouse est tirée du livre de Rivière (1999, p. 111–112). « *Près cet arbre [...] mars 1824* », voir www.migrationheritage. nsw.gov.au/exhibition/objectsthroughtime/stump/ ainsi que le livre de Rivière (1999, p. 112).
8 · Les détails concernant la construction du monument sont tirés du livre de Rivière (1999, p. 244–250).

9 · Le départ de Sydney de Bougainville et ses sentiments à cette occasion sont adaptés de son carnet. Voir Rivière (1999, p. 132–133).
10 · « *Sic voluere fata !* », Bougainville, cité par Rivière (1999, p. 161).

Jules Dumont d'Urville

1 · Pour plus de détails sur la vie de Dumont d'Urville, voir le livre de Rosenman (1987, vol. I).
2 · Cette description de l'expédition à Vanikoro et des soucis de Dumont d'Urville datent des 15 et 17 mars 1828 : voir Rosenman (1988, vol. I, p. 233). « Un devoir sacré m'appelait sur ces lieux », Dumont d'Urville, 15 février 1828, voir Dumont d'Urville (1830–1835, vol. V, p. 131). « *Explorer quelques-uns des principaux archipels [...] dans les années 1822, 1823 et 1824* », voir la lettre du ministre de la Marine à M. Dumont pour lui servir d'instruction relativement au voyage de découverte qu'il va entreprendre in Dumont d'Urville (1830–1835, vol. I, p. XLIX).
3 · « *Je me voyais déjà sur le théâtre d'une grande infortune, et appelé à donner aux mânes de nos malheureux compatriotes les derniers témoignages des regrets de la France entière* », Dumont d'Urville, 24 décembre 1828, voir Dumont d'Urville (1830–1835, vol. V, p. 22). « *Vanikoro n'était éloigné [...] en pirogue sous le vent* », voir Dumont d'Urville (1830–1835, vol. V, p. 11). La description de Dumont d'Urville concernant le départ de Hobart et la santé de son équipage date du 21 février 1828 et est tirée du livre de Rosenman (1988, vol. I, p. 209).
4 · « *À cet aspect nos cœurs [...] quel allait être le résultat de nos efforts ?* », Dumont d'Urville, 12 février 1828, voir Dumont d'Urville (1830–1835, vol. V, p. 124).
5 · La description par Dumont d'Urville des plantes et des animaux de Vanikoro date du 22 février 1828 (voir Rosenman, 1987, vol. I, p. 210).
6 · La frustration de Dumont d'Urville, causée par ses difficultés à obtenir des renseignements des indigènes, est documentée par Rosenman (1987, vol. I, p. 237). En ce qui concerne la découverte de l'épave, voir Rosenman (1987, vol. I, p. 217).
7 · « *Nous serait-il possible seulement de payer notre tribut de larmes à la mémoire de nos malheureux compatriotes ? Telles étaient les tristes réflexions qui nous laissèrent plongés dans une morne rêverie* », Dumont d'Urville, 12 février 1828, voir Dumont d'Urville (1830–1835, vol. V, p. 125).
8 · Cette scène est inspirée du récit de Dumont d'Urville (1830–1835, vol. V, p. 202–203).
9 · « La vue seule d'un pistolet pourra mettre en fuite vingt sauvages, tandis qu'ils seraient capables de se ruer comme des bêtes féroces sur un détachement entier qui viendrait de faire feu sur eux », Dumont d'Urville, 17 mars 1828, voir Dumont d'Urville (1830–1835, vol. V, p. 208).

Élisabeth-Paul-Édouard de Rossel

1 · « *Qu'il me soit permis [...] sur l'île* », Rossel, voir l'avant-propos de l'ouvrage de Dumont d'Urville (1830-1835, p. xci-xcii).

2 · Rossel est mort soudainement en 1829, probablement peu de temps après avoir écrit son rapport sur l'expédition de Dumont d'Urville qui fut utilisé comme avant-propos dans le récit du voyage. Vu son âge, sa forte corpulence et le caractère soudain et inattendu de son décès, il est possible qu'il ait succombé à une crise cardiaque. Je n'en ai cependant aucune preuve. Pour les sources concernant l'aide et le soutien apportés à Dumont d'Urville ainsi que sa mort, voir l'épilogue (vol. V) de Dumont d'Urville (1830-1835), traduit par Rosenman (1987, p. 271-278). Pour les détails concernant la personnalité de Dumont d'Urville et son accueil à Paris, voir la notice biographique dans le livre de Rosenman (1987, p. xli-liii).

Charles Darwin

1 · « *Ici, dans un pays plus difficile [...] quelques autres grandes cités d'Angleterre* », Darwin, 12 janvier 1836, traduit de Darwin (1845, p. 408).

2 · Les scènes décrites ici sont tirées du livre de Darwin (1845, p. 408-418).

3 · « *Vous ne vous intéressez [...] et déshonorera votre famille* », Robert Darwin à Charles, cité par Olby (1967, p. 8). L'oncle Josiah Wedgwood était un cousin et ami du grand-père de Darwin, Erasmus Darwin (voir Olby, 1967, p. 11-12, en ce qui concerne la décision de Charles d'embarquer sur le *Beagle*). « *Un naturaliste à part entière* », « *largement qualifié [...] en histoire naturelle* », voir Moyal (2000, p. 104).

4 · La réputation scientifique de Darwin était fondée sur le succès de sa théorie sur les récifs de corail. C'est grâce à elle qu'il gagna l'amitié et le respect du géologue Charles Lyell (entre autres), dont le travail et le soutien eurent une grande influence sur la théorie de Darwin concernant la sélection naturelle. Darwin s'était intéressé aux récifs de corail pendant une bonne partie de son séjour en Amérique du Sud où les subsidences et les soulèvements géologiques sont assez marqués. Quand il étudia les récifs de corail au large de Tahiti (voir son journal à la date du 17 novembre 1835), il avait déjà formulé la théorie qu'il consigna par écrit entre le 3 et le 21 décembre 1835. Elle est décrite dans son journal à la date du 12 avril 1836 et elle fut finalement publiée dans son *Journal of Researches* (Darwin, 1845 ; traduit en français : Darwin, 2006) et *The Structure and Distribution of Coral Reefs* (Darwin, 1842 ; traduit en français : Darwin, 1878). Voir aussi Stoddart (1962). Darwin fait référence au travail de Quoy et Gaimard sur les polypes du corail pendant leur voyage avec Freycinet dans son manuscrit de 1835 (Stoddart, 1962). Il est probable qu'il y avait une copie du récit de Louis de Freycinet sur le bateau ; de toute façon, Darwin aurait entendu parler de leur travail

en lisant le résumé dans le livre de Beche (1831). Plusieurs années plus tard, Darwin a aussi utilisé le travail que Quoy et Gaimard avaient fait pendant l'expédition de Dumont d'Urville (Darwin, 1842) et a reproduit et examiné leurs données en provenance de Vanikoro. Cependant, au moment du voyage du *Beagle*, Darwin n'aurait pas pu voir cette publication qui n'est sortie qu'en 1834. Darwin parle de sa surprise à voir Quoy et Gaimard n'examiner que les récifs frangeants dans son livre sur les récifs de corail (Darwin, 1842, p. 131).

5 · Les remarques de Darwin concernant ses efforts pour expliquer l'origine et la diversité des espèces (et le réconfort que lui procuraient ceux de Lamarck) sont extraites d'une lettre à Hooker, 10 septembre 1845, citée par Burkhardt (1998, p. 89-90). Lamarck avait appelé « biologie » l'étude de tous les organismes et de leurs caractères communs, pour la différencier de celle de royaumes particuliers comme la botanique et la zoologie. Voir Young (1992, p. 82).

6 · « Il me semble que c'est un grand exploit de pouvoir assister à la mort d'un animal si étonnant », Darwin à Philip King, 23 janvier 1836, cité par Moyal (2000, p. 105). Les réflexions de Darwin sur l'ornithorynque et la sélection naturelle de ses glandes mammaires se trouvent dans des lettres à Lyell citées par Moyal (2000, p. 109).

Jules Dumont d'Urville

1 · Les détails concernant les journées du 20 et du 21 janvier 1840 sont tirés du récit publié par Dumont d'Urville et traduit en anglais par Rosenman (1987, vol. II, p. 470-478). On y trouvera aussi les comptes rendus des autres officiers.

2 · Adèle-Dorothée Pépin épousa Jules Sébastien César Dumont d'Urville en 1816. Son père était horloger à Toulon ; elle était cultivée et instruite mais n'avait ni fortune ni relations. On disait qu'elle était pleine de vitalité, généreuse et gaie. La mère de Dumont d'Urville, de caractère autoritaire, s'était opposée au mariage et refusait de recevoir sa belle-fille ou ses petits-enfants. Adèle et Jules eurent quatre enfants, un fils (1817-1822/1824 ?), Jules (1826-1842), Sophie (1833-1835) et Émile (1836-1837). Jules, le seul survivant, était un enfant prodige. On trouvera une biographie sommaire de Dumont d'Urville et de sa famille dans le livre de Rosenman (1987, vol. I, p. xli-lii). Adèle a soutenu son mari dans son travail, comme en témoigne la transcription attentive de son roman sur la Nouvelle-Zélande qui a été récemment traduit par Carol Legge (voir Dumont d'Urville, 1992).

3 · « *D'Urville, mon mari, [...] Dieu m'a maudite* », lettre d'Adèle Dumont d'Urville à son mari, 10 septembre 1837, traduite de Rosenman (1987, vol. II, p. 566-567).

4 · Dumoulin, hydrographe de l'expédition, a décrit la douleur de Du-

mont d'Urville à la lecture des lettres lui annonçant la mort de son plus jeune fils et le désespoir de sa mère (voir Rosenman, 1987, vol. I, p. li).

5 · « *Pourquoi avez-vous fait ce voyage ? [...] tout est tombé en morceaux* », lettre de Jules Dumont d'Urville à son père, 20 septembre 1837, traduite de Rosenman (1987, vol. II, p. 567).

6 · Dumont d'Urville a décrit ses rêves concernant le pôle Sud et les trois voyages de Cook dans l'introduction au récit de son expédition (voir Rosenman, 1987, vol. II, p. 323) ; il y exprime aussi sa gratitude à sa femme pour son soutien.

7 · « *Docteur, vous ne devez pas vous effrayer pour rien [...] cela fait partie de votre travail.* » Paroles attribuées à Dumont d'Urville par M. Leguillou qui fit un rapport sur l'épidémie de dysenterie à son retour en France. Dumont d'Urville était sans aucun doute un commandant exigeant. Voir aussi le testament de Dumont d'Urville, daté du 1er novembre 1839, Archives nationales (marine), carton GC 2 30, Fonds Dumont d'Urville (documents divers), traduit et cité par Rosenman (1987, vol. II, p. 574–575). En ce qui concerne la vie de MM. Quoy et Gaimard, voir Rosenman (1987, vol. I, p. 282). Alors que M. Quoy s'occupait d'Adèle à Toulon, M. Gaimard poursuivait sa carrière médicale dans les glaces boréales avec l'expédition de *La Recherche*.

8 · « *Cependant la découverte de ces terres australes [...] lesquelles jusqu'ici sont un monde à part* », Buffon (1749–1804, vol. I, p. 212213). Les réflexions précédentes sur l'Antarctique et la formation de la glace dans les latitudes australes sont inspirées de Buffon (*ibid.*, p. 215).

9 · « *Écoute, étranger ! [...] Écoute-la défaillir* », traduit de Coleridge (1798).

10 · « *Les marins disent que [...] qu'il est marin* », voir le *Journal des débats politiques et littéraires*, 12 juillet 1837.

11 · « *Il était près de neuf heures [...] comme étant en territoire français* », journal de M. Dubouzet, voir Dumont d'Urville (1841–1854, vol. VIII, p. 149–150) et Rosenman (1987, vol. II, p. 474).

12 · « *Jamais vin de Bordeaux [...] vidée plus à propos* », journal de M. Dubouzet, voir Dumont d'Urville (1841–1854, vol. VIII, p. 150–151) et Rosenman (1987, vol. II, p. 474).

BIBLIOGRAPHIE

Sources inédites

Baudin, N., *Journal de bord du Commandant Baudin,* Transcription Hélouis, State Library of Victoria, 2 vol., 1913.

Dugan, K.G., *Marsupials and Monotremes in Pre-Darwinian Australia*, PhD, University of Kansas, 1980.

Lermina et al., 'Pétition de la société d'histoire naturelle de Paris lue dans la Séance du 22 janvier 1791', Procès-verbal Assemblée Nationale, No 539, Chez Baudouin, Paris. Document électronique BNF.

Negrin, H.E., *Georges Cuvier: Administrator and educator*, PhD, New York University, 1977.

Fonds Julien Houtou de Labillardière, 1791, 3 feuilles, NLA MS 7394.

Fonds d'archives concernant le voyage de d'Entrecasteaux, 1791–93, Archives Nationales Service Photographique: Paris, 15 bobines de microfilm, NLA Mfm G 24786–24800.

Fonds d'archives concernant l'expédition Baudin, 1800–04, Archives Nationales, Société Française du Microfilm: Paris, 33 bobines de microfilm, NLA Mfm G 2155–2188.

Sources publiées

Appel, T.A., *The Cuvier–Geoffroy Debate: French biology in the decades before Darwin*, Oxford University Press, New York, 1987.

Arago, J., Promenade autour du monde pendant les années 1817, 1818, 1819 et 1820, sur les corvettes du roi l'Uranie et la Physicienne, Leblanc, Paris, 1822.

Arago, J., *Narrative of a Voyage Around the World in the* Uranie *and* Physicienne *Corvettes*, Truettel & Wurtz, London, 1823, nouvelle édition 1971.

Atran, S., *Cognitive Foundations of Natural History*, Cambridge University Press, Cambridge, 1990.

Baldwin, B.S., 'Flinders and the French', *Proceedings of the Royal Geographic Society of Australasia*, SA Branch, vol. 65, 1964.

Barthélemy-Madaule, M., *Lamarck ou le mythe du précurseur*, Paris: Seuil, 1979.

Barthélemy-Madaule, M., *Lamarck: The Mythical Precursor*, trad. M.H. Shank, MIT Press, Cambridge, Mass., 1982.

Bassett, M., *The Governor's Lady: Mrs Philip Gidley King*, Oxford University Press, London, 1940.

Bassett, M., *Realms and Islands: The World Voyage of Rose de Freycinet in the Corvette* Uranie, *1817–1820*, Oxford University Press, London, 1962.

Baudin, N., *The Journal of Post Captain Nicolas Baudin*, trad. Christine Cornell, Friends of the State Library of South Australia, Adelaide, 2004.

Beauharnais, H. de, *Mémoires de la Reine Hortense publiés par le Prince Napoléon*, Plon, 1927.

Beche, H.T. de la, *A Geological Manual*, Treuttel & Würtz, London, 1831.

Bladen, F.M. (éd.), *Historical Records of New South Wales, Vol IV – Hunter and King 1800, 1801, 1802*, Charles Potter, Sydney, 1896.

Bladen, F.M. (éd.), *Historical Records of New South Wales, Vol V – King 1803, 1804, 1805*, William Applegate Gullick, Sydney, 1897.

Blainville, H.D. de, 'Sur les mamelles de l'Ornithorhynque femelle, et sur l'ergot du male.', *Société Philomathique de Paris, Nouveau Bulletin*, 1826, pp 138–140.

Blum, E., *La Déclaration des Droits de l'Homme et du Citoyen*, Paris, 1902.

Blumer, M.-L., 'La commission pour la recherche des objets de sciences et arts en Italie (1796–1797)', *La Révolution Française*, no. 87, 1934, pp. 237–8.

Blunt, W., *Linnaeus: The Compleat naturalist*, Princeton University Press, Princeton, 2001.

Bonnemains, J., 'Origine de la collection "Lesueur" du Muséum d'Histoire Naturelle du Havre', *Annales du Muséum du Havre*, Numéro 38, 1986.

Bourrienne, L.A.F. de, *Memoirs of Napoleon Bonaparte*, Charles Scribner's Sons, New York, 1891.

Brosses, C. de, *Histoire des navigations aux terres Australes. Contenant ce que l'on scait des mœurs & des productions des contrées découvertes jusqu'à ce jour; & où il est traité de l'utilité d'y faire de plus amples découvertes, & des moyens d'y former un établissement*, Chez Durand, Paris, 1756.

Brosses, C. de, *Voyages to Terra Australis*, trad. Callander, J. Hawes, Clark & Collins, Edinburgh, 1766

Brown, A., 'The captain and the convict maid: A chapter in the life of Nicolas Baudin', *South Australian Geographical Journal*, no. 97, 1998, pp. 20–32.

Brown, A., *Ill-starred Captains: Flinders and Baudin*, Crawford House, Adelaide, 2000.

Buchez, P.B.J. & Roux, P.C., *Histoire parlementaire de la Révolution française*, Paris, 40 vol., 1834–1838.

Buffon, G.L., *Histoire naturelle générale et particulière : avec la description du cabinet du Roy*, Paris, Imprimerie Royale, 21 vol., 1749–1789.

Buffon, G.L., *Histoire naturelle, générale et particulière*, Supplément, Tome Quatrième. Paris, Imprimerie Royale, 1777.

Buffon, G.L., *Les Époques de la Nature*, Éditions du Muséum, Paris, 1778, nouvelle édition 1962.

Buffon, G.L., *Natural History, General and Particular* (1749–1804), 44 vols., trad. W. Smellie, T. Cadell & W. Davies, London, 1812.

Buffon, G.L., *Discours sur le style*, Hachette, Paris, 1931.

Burke, E., *Reflections on the Revolution in France*, 1790, nouvelle édition Penguin Books, Londres, 1983.

Burkhardt, F., *Charles Darwin's Letters: A selection 1825–1859*, Cambridge University Press, Cambridge, 1998.

Burkhardt, R.W., *The Spirit of System: Lamarck and Evolutionary Biology*, Harvard University Press, Cambridge, Mass, 1997.

Burkhardt, R.W., 'Naturalists' practices and nature's empire: Paris and the platypus: 1815–1833', *Pacific Science*, vol. 55, no. 4, 2001, pp. 327–41.

Cannon, M., *The Exploration of Australia*, Reader's Digest, Sydney, 1987.

Carr, D.J. & Carr, S.G.M., *People and Plants in Australia*, Academic Press, Sydney, 1981.

Caullery, M.J.G.C., *A History of Biology*, Walker, New York, 1966.

Cavanagh, T., 'Australian plants cultivated in England, 1771–1800', in P.S. Short, (éd.), *History of Systematic Botany in Australasia*, Australian Systematic Botany Society, Melbourne, 1990.

Chambers, N., *The Letters of Sir Joseph Banks, A Selection 1768–1820*, Imperial College Press, London, 2000.

Coleman, W. *Georges Cuvier, Zoologist: A Study in the History of Evolution Theory*, Harvard University Press, Cambridge, Mass., 1964.

Coleridge, S.T., *The Rime of the Ancient Mariner*, 1798, nouvelle édition Bedford, Boston, 1999.

Constant, L. (Wairy), *Memoirs of Constant (also known as the Private Life of Napoleon)*, trad. E.G. Martin, The Century Company, New York, 1907.

Cornell, C., *Questions Relating to Nicolas Baudin's Australian Expedition, 1800–1804*, Libraries Board of South Australia, Adelaide, 1965.

Cornell, J., *World Cruising Routes*, International Marine Publishing Co., Camden, Maine, 1987.

Corsi, P., 'Célébrer Lamarck', in G. Laurent (éd.), *Jean-Baptiste Lamarck*, Éditions du CTHS, Paris, 1994, pp. 51–61.

Cowen, D.L., 'Pharmacy and freedom', *American Journal of Hospital Pharmacy*, no. 41, 1984, pp. 459–67.

Cribb, A.B. & Cribb, J.W., *Wild Medicine in Australia*, Collins, Sydney, 1981.

Crosland, M., *The Society of Arcueil: A Vision of French Science at the Time of Napoleon*, Heinemann, London, 1967.

Crosland, M., '"Nature" and measurement in eighteenth century France', Studies on Voltaire and the Eighteenth Century, no. 87, 1972, pp. 277–309, réimprimé *in* Crosland, M., *Studies in the Culture of Science in France and Britain since the Enlightenment*, Variorum, Aldershot, Hampshire, 1995.

Crosland, M., 'The image of science as a threat: Burke vs Priestley and the "Philosophic Revolution"', *British Journal for the History of Science*, no. 20, 1987, pp. 277–307.

Crosland, M., *Science Under Control: The French Academy of Sciences 1795–1914*, Cambridge University Press, Cambridge, 1992.

Crosland, M., 'Anglo-continental scientific relations, c. 1780–1820, with special reference to the correspondence of Sir Joseph Banks', *in* R.E.R. Banks, B. Elliott, J.G. Harkers et al. (éds), *Sir Joseph Banks: A global perspective*, Royal Botanic Gardens, Kew, 1994, pp. 13–22.

Crosland, M., *Studies in the Culture of Science in France and Britain Since the Enlightenment*, Variorum, Aldershot, Hampshire, 1995.

Crosland, M. & Bugge, T., *Science in France in the Revolutionary Era*, Society for the History of Technology, Cambridge, Mass., 1969.

Curtis, G., *Disarmed: The Story of the Venus de Milo*, Knopf, New York, 2003.

Cuvier, G., 'Mémoire sur les cloportes terrestres', *Journal d'histoire naturelle*, no. 2, 1792, pp. 18–31 (and pl. 36).

Cuvier, G., *Leçons d'anatomie comparée*, Crochard, Fantin, Paris, 1805.

Cuvier, G., *Recherches sur les ossemens fossiles de quadrupèdes, où l'on rétablit les caractères de plusieurs espèces d'animaux que les révolutions du globe paroissent avoir détruites*, Deterville, Paris, 1812.

Cuvier, G., *Rapport historique sur les progrès des sciences naturelles depuis 1789 et sur leur état actuel, présenté au gouvernement, le 6 février 1808*, Paris, Académie des Sciences, 1828.

Cuvier, G., *Essay on the Theory of the Earth*, trad. R. Kerr, T. Cadell, London, 1822.

Cuvier, G., *Discours sur les révolutions de la surface du globe, et sur les changemens qu'elles ont produits dans le règne animal*, G. Dufour & E. d'Ocagne, Paris, 1825.

Cuvier, G., *Researches into the Fossil Bones of Quadrupeds*, G. Dufour & E. d'Ocagne, Paris, 1825.

Cuvier, G., 'Elegy of Lamarck', *Edinburgh New Philosophical Journal*, vol. 20, 1836, pp. 1–22.

Cuvier, G., *Lettres à C.M. Pfaff 1788–92*, Masson, Paris, 1858.

Darragh, T.A., 'The Cainozoic Trigoniidae of Australia', *Alcheringa*, no. 10, 1986, pp. 1–34,.

Darwin, C., *The Structure and Distribution of Coral Reefs*, Smith, Elder & Co, London 1842.

Darwin, C., *Les récifs de corail, leur structure et leur distribution*, Germer-Baillière, 1878.

Darwin, C., *Journal of Researches into the Natural History and Geology of the Countries Visited During the Voyage of HMS* Beagle *Round the World*, Ward, Lock & Co., London, 1845.

Darwin, C., *Voyage d'un naturaliste autour du monde : fait à bord du Navire le Beagle de 1831 à 1836*, Editions La Découverte, 2006.

Daubenton, L.-J.-M., 1755. *Histoire naturelle, Encyclopédie ou Dictionnaire raisonné des sciences, des arts et des métiers*, v. 8, 225–230.

Dawson, J., 'New Zealand Science: the French connection' *in* J. Dunmore (éd.), *New Zealand and the French: Two centuries of Contact*, Heritage Press, Waikanae, 1997, pp. 165–70.

De Beer, G., *The Sciences Were Never at War*, Thomas Nelson & Son, London, 1960.

Dening, G., 'Empowering imaginations', *Readings/Writings*, Melbourne University Press, Melbourne, 1998.

Denison, C.D., *French Master Drawing*, Pierpont Morgan Library, New York, 1993.

Desmond, A., *The Politics of Evolution : Morphology, Medicine and Reform in Radical London*, University of Chicago Press, Chicago, 1989.

Dobzhansky, T., 'Nothing in Biology Makes Sense Except in the Light of Evolution', *American Biology Teacher*, no. 35, 1973, pp. 125–9.

Dugan, K.G., 'The zoological exploration of the Australian region and its impact on biological theory', *in* N. Reingold & M. Rothenberg (éds), *Scientific Colonialism: A cross-cultural comparison*, Smithsonian Institution Press: Washington, DC, 1987.

Dumont d'Urville, J.S.-C., *Voyage de la Corvette* l'Astrolabe, *exécuté par ordre du Roi pendant les années 1826, 1827, 1828, 1829, sous le commandement de M. Jules S-C Dumont d'Urville*, vols 1–13, Tastu et Cie, Paris, 1830–5.

Dumont d'Urville, J.S.-C., *Voyage au pôle Sud et dans l'Océanie, sur les Corvettes* l'Astrolabe *et la Zélée exécuté par ordre du Roi pendant les années 1837, 1838, 1839, 1840 sous le commandement de M. Jules Dumont d'Urville, capitaine de vaisseau*, vols 1–23, Gide et Cie, Paris, 1841–54.

Dumont d'Urville, J.S.-C., *The New Zealanders: A Story of Austral Lands*, trad. C. Legge, Victoria University Press, Wellington, NZ, 1992.

Dunmore, J., *French Explorers in the Pacific* (2 vols), Clarendon Press, Oxford, 1969.

Dunmore, J., *Pacific Explorer: The Life of Jean-François de la Pérouse,1741–1788*, Dunmore Press, Palmerston North, NZ, 1985.

Dunmore, J., 'French navigators in New Zealand 1769–1840' *in* J. Dunmore (éd.), *New Zealand and the French: Two Centuries of Contact*, Heritage Press, Waikanae, 1997, pp. 9–19.

Dunmore, J., 'New Zealand and early French literature' *in* J. Dunmore (éd.), *New Zealand and the French: Two Centuries of Contact*, Heritage Press, Waikanae, 1997, pp. 48–53.

Dunmore, J., *Storms and Dreams: Louis de Bougainville, Soldier, Explorer, Statesman*, ABC Books, Sydney, 2005.

Dunmore, J. & Brossard, M. (éds), *Le voyage de La Pérouse: 1785–1788, récits et documents originaux*, Impr. nationale, Paris, 1985.

Duperrey, I.L., *Voyage autour du monde, exécuté par ordre du Roi, sur la Corvette de sa Majesté, La Coquille, pendant les années 1822–5* (9 vols), Arthus Bertrand, Paris, 1826–30.

Duyker, E., *An Officer of the Blue: Marc-Joseph Marion du Fresne, South Sea Explorer 1724–1772*, Melbourne University Press, Melbourne, 1994.

Duyker, E., *Citizen Labillardière: A Naturalist's Life in Revolution and Exploration (1755–1834)*, Melbourne University Press, Melbourne, 2003.

Duyker, E., *Citoyen Labillardière, naturaliste et explorateur au XVIIIe siècle*. Editions H&D, 2009.

Duyker, E. & Duyker, M. (éds & trad.), *Bruny d'Entrecasteaux, Voyage to Australia and the Pacific 1791–1793*, Melbourne University Press, Melbourne, 2001.

Ehrman, J., *The Younger Pitt*, Constable, London, 1983.

Emboden, W.A., *Bizarre Plants: Magical, Monstrous and Mythical*, Studio Vista, London, 1974.

Erickson, L.O., *Metafact: Essayistic science in eighteenth century France*, North Carolina Studies in the Romance Languages and Literatures, Chapel Hill, North Carolina, 2004.

Faivre, J.-P., *Le Contre-amiral Hamelin et la Marine Française*, Paris1953.

Fara, P., *Sex, Botany and Empire: The story of Carl Linnaeus and Joseph Banks*, Icon, Cambridge, 2003.

Findlen, P., 'Courting Nature' *in* N. Jardine, J.A. Secord & E.C. Spary (éds), *Cultures of Natural History*, Cambridge University Press, Cambridge, 1996.

Flinders, M., *Voyage to Terra Australis*, G. & W. Nicol, London, 1814.

Fornasiero, J., Monteath, P. and West-Sooby, J., *Encountering Terra Australis*, Wakefield Press, Adelaide, 2004.

Fox, R., 'Scientific enterprise and the patronage of research in France 1800–1870' *in* R. Fox (éd.),*The Culture of Science in France 1700–1900*, Variorum, Aldershot, Hampshire, 1992.

Freycinet, L. de, *Reflections on New South Wales*, trad. de *Voyage autour du Monde (Paris, 1824–44)* par T. Cullity, Hordern House Rare Books, Sydney, 2001.

Freycinet, R. de, *Journal de Madame Rose de Saulces de Freycinet d'après le manuscrit original accompagné de notes par Charles Duplomb*, Paris, Société d'Éditions géographiques, maritimes et coloniales, 1927.

Frost, A., 'Australia: The emergence of a continent' *in* G. Williams & A.

Frost (éds), *Terra Australis to Australia*, Oxford University Press, Melbourne, 1988, pp. 209–38.

Gascoigne, J., *Joseph Banks and the English Enlightenment: Useful Knowledge and Polite Culture*, Cambridge University Press, Cambridge, 1994.

Geoffroy Saint-Hilaire, E., 'Sur un appareil glanduleux récemment découvert en Allemagne dans l'Ornithorhynque situé sur les flancs de la région abdominale et faussement considéré comme une glande mammaire', *Annales des Sciences Naturelles*, no. 9, 1826, pp. 458–60.

Geoffroy Saint-Hilaire, *Études progressives d'un naturaliste pendant les années 1834 et 1835*, Roret, Paris, 1835.

Gillispie, C.C., *Science and Polity in France: The Revolutionary and Napoleonic Years*, Princeton University Press, New York, 2004.

Gray, J.E., 'A synopsis of the species of the class Reptilia', *in* E. Griffith, *The Animal Kingdom Arranged in Conformity with its Organization by the Baron Cuvier*, Whittaker, Treacher & Co., London, 1830, pp. 1–110.

Gruber, J.W., 'Does the platypus lay eggs? The History of an Event in Science', *Archives of Natural History*, vol. 18, no. 1, 1991, pp. 51–123.

Gulland, S., *The Joséphine Bonaparte Collection*, vols 1–3, Headline Book Publishing, London, 2000.

Gusdorf, G. *La conscience révolutionnaire. Les idéologues,* Payot, 1978.

Hamilton, J., *Napoléon, the Empress and the Artist*, Kangaroo Press, Sydney, 1999.

Hall, J.H., *A Documentary Survey of the French Revolution*, Macmillan, New York, 1951, pp. 392–3.

Hanet-Cléry, J.B.C., *The Royal Family in the Temple Prison (Journal of the imprisonment) with a supplementary chapter on the Last Hours of Louis XVI by his confessor l'Abbé Edgeworth de Firmont*, trad. E.J. Méras, London, 1910.

Hardman, J., *Louis XVI*, Yale University Press, New Haven, 1993.

Harvey, A.D., *Lord Grenville 1759–1834: A Bibliography*, Meckler, London, 1989.

Horner, F.B., *The French Reconnaissance: Baudin in Australia 1801–1803*, Melbourne University Press, Melbourne, 1987.

Horner, F.B., *Looking for La Pérouse: d'Entrecasteaux in Australia and the South Pacific, 1792–1793*, Melbourne University Press, Melbourne, 1995.

Horner, F.B., *La reconnaissance française : l'expédition Baudin en Australie (1801–1803)*, trad. Martine Marin, Paris, L'Harmattan, 2006.

Hubert, G., *Malmaison*, Éditions de la Réunion des Musées Nationaux, Paris, 1980.

Humboldt, A. de, Cuvier, G., Desfontaines, R., Cordier, P.L., Latreille, P.A., Rossel, E.P.E. de et Arago, J. (1825). *Rapport fait à l'Académie des Sciences sur le Voyage de Découvertes de M. Duperrey, lieutenant de vaisseau*. Paris, Imprimerie de Goetschy.

Hunter, J., *An Historical Journal of the Transactions at Port Jackson and Norfolk Island*, John Stockdale, London, 1793.
Institut de France (1795–1835), *Procès-verbaux de l'Académie des sciences*, Imprimerie Nationale, Paris, nouvelle édition, 1979.
Jacob, F., *La logique du vivant. Une histoire de l'hérédité*, Gallimard, 1970.
Jouanin, C., 'Nicolas Baudin chargé de réunir une collection pour la future impératrice Joséphine', *Australian Journal of French Studies*, vol. 41, no. 2, 2004, pp. 43–53.
Kimborough, M., *Louis-Antoine de Bougainville 1729–1811: A study in French Naval History and Politics*, Edwin Mellen Press, New York, 1990.
King, J. & King, J., *Philip Gidley King: A Biography of the Third Governor of New South Wales*, Methuen, Sydney, 1981.
Labillardière, J.J., *Icones plantarum Syriae rariorum* (5 vols), Paris, 1791–1812, nouvelle édition J. Cramer Lehre, Germany, 1968.
Labillardière, J.J., *Voyage in Search of La Pérouse*, trad. J. Stockdale, 1800, réimprimé N Israel, Amsterdam, 1971.
Labillardière, J.J., 'Sur le cocotier des Maldives', *Annales de Muséum National d'Histoire Naturelle*, no. 6, 1807, pp. 451–6.
Lamarck, J.B., *La Flore Française*, Imprimerie Royale, Paris, 1778.
Lamarck, J.B., *Système des animaux sans vertèbres*, Chez Deterville, Paris, 1801.
Lamarck, J.B., 'Sur une nouvelle espèce de trigonie, et sur une nouvelle espèce d'huître, découvertes dans le voyage du capitaine Baudin', *Annales d'Histoire Naturelle*, Paris, vol. 4, 1804, pp. 351–9.
Lamarck, J.B., *Philosophie Zoologique*, Dentu, Paris, 2 vols, 1809.
Lamarck, J.B., *Zoological Philosophy*, 1809, trad. H. Elliot, Macmillan, London, 1914.
Lamarck, J.B., *Histoire naturelle des animaux sans vertèbres*, 7 vols, Déterville, Paris, 1815–22.
La Pérouse, J.F. de J., *The Journal of Jean-François de Galaup de la Pérouse, 1785–1788*, 2 vols, trad. & éd. J. Dunmore, Hakluyt Society, London, 1994–5.
Larson, J.L., *Interpreting Nature: The Science of Living from Linnaeus to Kant*, John Hopkins University Press, Baltimore, 1994.
Legge, C., 'Dumont d'Urville and the Maori: 1824', *in* J. Dunmore (éd.), *New Zealand and the French: Two Centuries of Contact*, Heritage Press, Waikanae, 1997, pp. 54–61.
Le Guyader, H., *Geoffroy Saint-Hilaire 1772–1844 – Un naturaliste visionnaire*, Éditions Belin, 1998.
Le Guyader, H., *Etienne Geoffroy Saint-Hilaire 1772–1844: A Visionary Naturalist*, University of Chicago Press, Chicago, 2004.
Lesson, R.P., 'Observations générales d'histoire naturelle: faites pendant

un voyage dans les Montagnes-Bleues de la Nouvelle-Galles du Sud', Extrait des *Annales des sciences naturelles*, novembre 1825. Crochard, Paris.

Lesson, R.P., *Voyage autour du monde exécuté par ordre du roi, sur la corvette de sa Majesté, La Coquille, pendant les années 1822, 1823, 1824 et 1825*, Zoologie. 2 vols. Bertrand, Paris, 1831.

Lesson, R.P., *Voyage autour du monde entrepris par ordre du gouvernement sur la corvette* La Coquille, 2 vols, P. Pourrat frères, Paris, 1838.

Lesson, R.P., *Notice historique sur l'Amiral Dumont d'Urville*, Imprimerie de Henry Loustau, Rochefort, 1846.

Lyte, C., *Sir Joseph Banks: 18th Century Explorer, Botanist and Entrepreneur*, David & Charles, London, 1980.

Mackaness, G., *Fourteen Journeys Over the Blue Mountains of New South Wales, 1813–1841*, Ford, Sydney, 1950.

MacLeod, R., *Nature and Empire: Science and the Colonial Enterprise*, University of Chicago Press, Chicago, 2001.

Marchant, L.R., *France australe*, Artlook Books, Perth, 1982.

Masefield, J., *Sea Life in Nelson's Time*, Methuen, London, 1937.

Meckel, J.F., 'Die Säugerthiernatur des Ornithorynchus', *Notizen aus dem Gebiet der Natur- und Heilkunde*, vol. 6, 1824, p. 144.

Meckel, J.F., *Ornithorynchi paradoxi descriptio anatomica*, Gerard Fleischer, Leipzig, 1826.

Milet-Mureau, L.A., *Voyage de La Pérouse autour du monde publié conformément au décret du 22 avril 1791*, 4 vols, Imprimerie de la République, Paris, 1797.

Milet-Mureau, L.A., *A voyage Around the World Performed in the Years 1785, 1786, and 1788 by the Boussole and Astrolabe under the command of J.F.G. de la Pérouse*, Trad. en anglais, vols 1–3, A. Hamilton, London, 1799.

Moyal, A., *A Bright and Savage Land: Scientists in Colonial Australia*, Collins, Sydney, 1986.

Moyal, A., *Platypus*, Allen & Unwin, Sydney, 2000.

Napoléon, Prince (éd.), *Memoirs of Queen Hortense*, 1820, trad. A.K. Griggs & F.M. Robinson, Thornton Butterworth, London, 1928.

O'Brian, P., *Joseph Banks*, Collins Harvill, London, 1989.

Olby, R.C., *Charles Darwin*, Oxford University Press, Oxford, 1967.

Osborne, M.A., *Nature, the Exotic and the Science of French Colonialism*, Indiana University Press, Bloomington, 1994.

Outram, D., *Georges Cuvier: Vocation, Science and Authority in post-revolutionary France*, Manchester University Press, Manchester, 1984.

Packard, A.S., *Lamarck, the Founder of Evolution: His Life and Work with Translations of his Writings on Organic Evolution*, Arno Press, New York, 1980.

Palmer, A., *The Life and Times of George IV*, Weidenfeld & Nicolson, London, 1972.

Parkin, R., *HM Bark* Endeavour: *Her place in Australian History*, Melbourne University Press, Melbourne, 1997.

Péron, F., *Voyage de découvertes aux terres Australes exécuté par ordre de sa Majesté, l'Empereur et Roi, sur les corvettes* Le Géographe, Le Naturaliste *et la goëlettte* le Casuarina *pendant les années 1800, 1801, 1802, 1803 et 1804*, vols 1–3, De l'imprimerie impériale, Paris, 1807–17.

Péron, F., *Voyage of Discovery to the Southern Hemisphere*, vol. 1 (trad. en anglais), Richard Phillips, London, 1809.

Péron, F., *Voyage de découvertes aux terres australes, exécuté sur les corvettes* Le Géographe, Le Naturaliste *et la goëlette* Le Casuarina, *pendant les années 1800, 1801, 1802, 1803 et 1804*, Imprimerie Nationale, Paris, 1815.

Péron, F. et de Freycinet, L. *Voyage de découvertes aux terres australes, exécuté sur les corvettes* Le Géographe, Le Naturaliste *et la goëlette* Le Casuarina, *pendant les années 1800, 1801, 1802, 1803 et 1804: Historique*, Arthus Bertrand, Paris, 2ème éd.,4 tomes + 1 atlas, 1824.

Péron, F. & de Freycinet, L., *Voyage of Discovery to the Southern Lands, 1824, livre IV, comprenant chaps 22–34*, trad. C. Cornell, nouvelle édition The Friends of the State Library of South Australia, Adelaide, 2003.

Playford, P., *Voyage of Discovery to Terra Australis, by William de Vlamingh 1696–97*, Western Australian Museum, Perth, 1998.

Plomley, N.J.B., *French Manuscripts Referring to the Tasmanian Aborigines: A Preliminary Report*, Launceston Museum Committee, Launceston, 1966.

Plomley, B. & Piard-Bernier, J., *The General: The Visits of the Expedition led by Bruny d'Entrecasteaux to Tasmanian Waters in 1792 and 1793*, Queen Victoria Museum, Launceston, 1993.

Riskin, J., *Science in the Age of Sensibility: The Sentimental Empiricists of the French Enlightenment*, Chicago University Press, Chicago, 2002.

Rivière, M.S., *A Woman of Courage*, National Library of Australia, Canberra, 1996.

Rivière, M.S., (trad. & éd.), *The Governor's Noble Guest: Hyacinthe de Bougainville's account of Port Jackson, 1825*, Melbourne University Press, Melbourne, 1999.

Rivière, M.S. & Einam, T.H. (éds), *Any Port in a Storm: From Provence to Australia: Rolland's Journal of the Voyage of* La Coquille *(1822–1825)*, James Cook University, Townsville, 1993.

Roche, D., 'Natural history in the academies', in N. Jardine, J.A. Secord & E.C. Spary (éds), *Cultures of Natural History*, Cambridge University Press, Cambridge, 1996, pp. 127–44.

Roger, J., *Buffon: A Life in Natural History*, Cornell University Press, New York, 1997.

Roger, J., *The Life Sciences in Eighteenth Century French Thought*, Stanford University Press, Stanford, 1997.

Rosenman, H. (trad. & éd.), *An Account in Two Volumes of Two Voyages to the South Seas by Jules Dumont d'Urville*, Melbourne University Press, Melbourne, 1987.

Rossel, E.P.E. de (éd.), *Voyage de D'Entrecasteaux envoyé à la recherche de La Pérouse*, Imprimerie Impériale, Paris, 1808.

Rousseau, J.J., *Les Rêveries du Promeneur Solitaire*, 1782, *The Reveries of the Solitary Walker*, trad. C.E. Butterworth, New York University Press, New York, 1979.

Rousseau, J.J., *Lettres élémentaires sur la botanique*, 1771–73, *Letters on the Elements of Botany, Addressed to a Lady*, trad. T. Martyn, B. White, London, 1785.

Rudwick, M.J.S., *Georges Cuvier, Fossil Bones and Geological Catastrophes: New Translations and Interpretations of the Primary Texts*, Chicago University Press, Chicago, 1997.

Schiebinger, L., 'Jeanne Baret: the first woman to circumnavigate the globe', *Endeavour*, vol. 27, no. 1, 2003, pp. 22–5.

Scott, E., *Terre Napoléon: A History of French explorations and Projects in Australia*, Methuen & Co., London, 1910.

Scott, E., *Lapérouse*, Angus & Robertson, Sydney, 1912.

Shelton, R.C., *From Hudson Bay to Botany Bay: The Lost Frigates of Lapérouse*, NC Press, Toronto, 1987.

Slaughter, M.M., *Universal Language and Scientific Taxonomy in the Seventeenth Century*, Cambridge University Press, Cambridge, 1982.

Sobel, D., *Longitude: The True Story of a Lone Genius who solved the Greatest Scientific Problem of his Time*, Walker, New York, 1995.

Stafleau, F.A., *Linnaeus and the Linnaeans: The Spreading of their Ideas in Systematic Botany, 1735–1789*, Utrecht, Oosthoek, 1971.

Stevens, P.F., *The Development of Biological Systematics: Antoine-Laurent de Jussieu, Nature, and the Natural System*, Columbia University Press, New York, 1994.

Stewart, J.H., *A Documentary Survey of the French Revolution*, Macmillan, New York, 1951.

Stoddart, D.R., 'Coral Islands by Charles Darwin with introduction, maps and remarks', *Atoll Research Bulletin*, no. 88, 1962, pp. 1–20.

Thompson, J.M. (éd.), *English Witnesses of the French Revolution*, Basil Blackwell, Oxford, 1938.

Tiley, R., *Australian Navigators: Picking up shells and catching butterflies in an age of revolution*, Sydney, Kangaroo Press, 2002.

Toft, K., *The Navigators*, Duffy & Snellgrove, Sydney, 2002.

Tort, P., *La querelle des analogues (Cuvier / Geoffroy Saint-Hilaire)*, Éditions d'aujourd'hui, 1983.

Triebel, L.A. & Batt, J.C., *The French Exploration of Australia*, L.G. Shea, Hobart, 1957.

Van-Praet, M., *Stroller's Guide to the Jardin des Plantes*, National Museum of Natural History, Paris, 1991.

Ventenat, E.P., *Jardin de la Malmaison*, Imprimerie de Crapelet, Paris, 1803.

Walker, J.B., 'The French in Van Diemen's Land and the early Settlement of the Derwent River' *in Early Tasmania: Papers read before the Royal Society of Tasmania during the years 1888–1899*, M.C. Reed, Tasmania (édition en fac-similé), 1989.

Wallace, C., *The Lost Australia of François Péron*, Nottingham Court Press, London, 1984.

Wallis, H., 'Java la Grande: The enigma of the Dieppe Maps' *in* G. Williams & A. Frost (éds), *Terra Australis to Australia*, Oxford University Press, Melbourne, 1988, pp. 39–81.

Williams, G., 'New Holland to New South Wales: The English Approaches' *in* G. Williams & A. Frost (éds), *Terra Australis to Australia*, Oxford University Press, Melbourne, 1988, pp. 117–59.

Williams, G., *Captain Cook: Explorations and reassessments*, Boydell Press, Woodbridge, UK, 2004.

Williams, G. & Frost, A., 'Terra Australis: Theory and speculation' *in* G. Williams & A. Frost (éds), *Terra Australis to Australia*, Oxford University Press, Melbourne, 1988, pp. 1–37.

Williams, G. & Frost, A., 'New South Wales: Expectations and reality' *in* G. Williams & A. Frost (eds), *Terra Australis to Australia*, Oxford University Press, Melbourne, 1988, pp. 161–207.

Young, D., *The Discovery of Evolution*, Cambridge University Press, London, 1992.

Young Lee, P., 'The Musaeum of Alexandria and the formation of the "Museum" in eighteenth-century France', *The Art Bulletin*, September 1997.

SOURCES DES ILLUSTRATIONS

Les illustrations de cet ouvrage proviennent de la State Library of Victoria, à moins d'indication du contraire. Les sources originales de ces illustrations ont été fournies quand elles étaient connues ; sinon, les sources secondaires ont été indiquées.

À la recherche de Laperouse
p. 16: Louis XVI par Mondain, gravure, National Library of Australia.

p. 36: Lithographie représentant Labillardière, par Langlumé, d'après un portrait par Alexis Nicolas Noël, Mitchell Library, State Library of New South Wales, voir Duyker (2003).

p. 52 : Gravure représentant d'Entrecasteaux, par Edme Quenedey (c. 1791), voir Duyker (2003).

p. 72, 242 : Rossel, voir Duyker & Duyker (2001).

p. 82 : 'Le marin inconnu', Tête de jeune homme en craie rouge par Jean-Baptiste Greuze, Pierpont Morgan Library, voir Denison (1993).

p. 88: Gravure représentant Banks par Joseph Collier (1789), d'après un pastel de John Russell, National Library of Victoria, voir Duyker (2003).

Ramasser des coquillages et attraper des papillons
p. 104 : Détail de Joséphine Tascher de la Pagerie, Impératrice de France par Antoine-Jean Gros (1808), Musée Masséna, voir Hamilton (1999).

p. 116 : Gravure représentant Baudin par André Joseph Mécou d'après un dessin par Joseph Jauffret, Bibliothèque Nationale, voir Baudin (2004).

p. 134 : Geoffroy Saint-Hilaire (c. 1842), Wellcome Institute Library, London, voir Desmond (1989).

p. 150 : gravure représentant Péron par Choubard d'après un dessin par Charles Lesueur, Muséum d'Histoire naturelle, Le Havre, voir Péron (1807-1817).

p. 162 : Lamarck en 1821, Wellcome Institute Library, Londres, voir Desmond (1989).

Sur la trace de leurs aînés

p. 172 : Rose de Freycinet, voir Rivière (1996).

p. 188 : Gravure représentant Lesson, voir le frontispice de l'ouvrage de Lesson (1838).

p. 200 : Gravure représentant Cuvier par J. Thompson, Society for the Diffusion of Useful Knowledge.

p. 214 : Bougainville, voir Bougainville (1837) et Rivière (1999).

Le dernier continent

p. 228, 262 : Lithographie représentant Dumont d'Urville par Antoine Maurin (1833), voir Dumont d'Urville (1830-35), Atlas Historique.

p. 248 : Lithographie représentant Darwin par T.H. Maguire (1849), Wellcome Institute for the History of Medicine, voir Olby (1967).

REMERCIEMENTS

Ce travail a commencé dans le cadre d'une Creative Fellowship grâce à l'aide généreuse de la State Library of Victoria. Il n'aurait pu se faire en dehors de ce programme qui m'a donné accès aux collections de la State Library sur les expéditions françaises en Australie. Je voudrais remercier en particulier Shane Carmody et Diane Reilly (State Library) pour leur soutien et leur encouragement. J'aimerais aussi remercier mes collègues de la Creative Fellowship, Carolyn Rasmussen et Paul Fox, pour leurs observations pénétrantes en ce qui concerne la recherche, l'histoire naturelle et bien d'autres sujets.

J'ai eu le grand bonheur de collaborer avec mon amie, le Dr Carol Harrison (université du Kansas). Il nous a fallu de nombreuses années pour concevoir un travail qui intégrerait l'histoire de France et la zoologie mais je pense que le résultat en vaut la peine. J'ai eu grand plaisir à partager avec elle l'attention au détail, l'obsession et la fascination caractéristiques de la recherche et j'ai infiniment bénéficié des connaissances historiques et linguistiques de Carol.

Comme toujours, mes collègues du département de zoologie à l'université de Melbourne m'ont donné leur appui pour ces étranges excursions dans d'autres disciplines. Je voudrais remercier en particulier David Young pour ses connaissances en matière d'histoire de la théorie de l'évolution. Je remercie aussi Jenny Lee (département d'anglais, université de Melbourne) : non seulement elle m'a donné l'occasion d'enseigner l'écriture dans le cadre d'un cours sur l'édition et la communication, mais elle m'a aussi remplacée pour me permettre de terminer ce livre.

Un travail de ce genre n'est possible qu'avec le soutien d'un grand nombre de bibliothèques et de leur personnel. Des Cowley et Peter Mappin (State Library of Victoria) m'ont beaucoup aidée à trouver les récits des expéditions et à reproduire les illustrations. La Baillieu Library (université de Melbourne) et, en particulier, le service de prêts entre bibliothèques m'a permis de me procurer facilement les documents venant d'autres États ou de l'étranger. Je remercie aussi le personnel de la National State Library of Australia qui m'a envoyé des copies de manuscrits et a pris le temps de me lire au téléphone des extraits de journaux français qui ne pouvaient pas être prêtés. J'ai eu la grande chance de recevoir chez moi des documents que je n'avais pas la possibilité d'aller voir sur place. Pour les mêmes raisons, je suis redevable envers ceux et celles qui ont fait tant d'efforts pour mettre à la disposition d'un plus grand public les documents originaux, par le biais de la numérisation et de la mise en ligne des textes et des manuscrits de Lamarck, Cuvier, Buffon, Darwin et d'autres. À propos d'accessibilité, je voudrais aussi remercier tous celles et ceux qui, aujourd'hui et hier, ont pris la peine de traduire les ouvrages français en anglais et de publier des manuscrits jusque-là inédits, par exemple ceux de Baudin et de Dumont d'Urville. Je n'aurais pu concevoir ce travail sans l'existence d'une vaste littérature sur les personnes, les endroits et les événements qui en sont le sujet : je suis redevable à des générations d'érudits et d'écrivains qui ont étudié et écrit des livres sur les explorateurs et hommes de science français.

Je remercie Sandra Gulland, Paul Corcoran, Klaus Toft, Jean Fornasiero et John West-Sooby pour de nombreuses discussions ainsi que leurs conseils et leur aide. Tous m'ont accordé leur temps et m'ont offert leur assistance avec beaucoup de générosité. Gary Poore, Patsy Mc Laughlin, Steven Haddock, Phil Pugh, Martin Gomon, Ken Walker et Catriona McPhee m'ont beaucoup aidée à identifier le nom moderne de certaines espèces.

Comme toujours, je remercie Jenny Darling et Donica Bettanin pour leurs encouragements. J'ai été enchantée de travailler avec Tracy O'Shaughnessy et Cinzia Cavallaro à Melbourne University Press. Enfin, je dois surtout remercier ma famille – Mike, Lauren et Rachel – pour leur soutien et leur compréhension pendant ce travail, même aux moments difficiles. L'ascendance française qui a suscité mon intérêt pour ce sujet me vient de ma mère, l'anglophobie congénitale de mon père a orienté ma recherche vers les explorateurs français. Ce livre n'est peut-être pas aussi anti-capitaine Cook qu'il l'aurait aimé, mais j'espère qu'il se rendra compte que dans le cas présent, la réalité n'a pas su briser l'élan d'une bonne histoire.

TABLE DES MATIÈRES

Prologue · 1

À la recherche de Lapérouse : d'Entrecasteaux (1791-1794)

Louis XVI · 17
Jacques-Julien Labillardière · 37
Antoine-Raymond-Joseph Bruni d'Entrecasteaux · 53
Élisabeth-Paul-Édouard de Rossel · 73
Le marin inconnu · 83
Joseph Banks · 89

Ramasser des coquillages et attraper des papillons : Baudin (1801-1804)

Joséphine Bonaparte · 105
Nicolas Baudin · 117
Étienne Geoffroy Saint-Hilaire · 135
François Péron · 151
Jean-Baptiste Lamarck · 163

Sur la trace de leurs aînés : Freycinet (1817-1820), Duperrey (1822-1824) et Bougainville (1824-1825)

Rose de Freycinet · 173
René Lesson · 189
Georges Cuvier · 201
Hyacinthe de Bougainville · 215

Le dernier continent : Dumont d'Urville (1826-1829 et 1837-1840)

Jules Dumont d'Urville · 229
Élisabeth-Paul-Édouard de Rossel · 243
Charles Darwin · 249
Jules Dumont d'Urville · 263

Notes · 276
Bibliographie · 309
Remerciements · 323

www.ingramcontent.com/pod-product-compliance
Lightning Source LLC
Chambersburg PA
CBHW021428080526
44588CB00009B/465